口絵① A: ニワオニグモ（メス）．B: トゲゴミグモ（メス）．C: ギンナガゴミグモ（メス）．D: ナガマルコガネグモ（メス）．〔第2章参照〕

口絵② A: ホウシグモ（メス）．B: アオオビハエトリ（メス）．C: カニミジングモ（メス）．D: ワクドツキジグモ（メス）．〔第3章参照〕

**口絵③**　A: 強い粘性をもつオオトリノフンダマシの網. B: オオトリノフンダマシ（メス）.〔第3章参照〕

**口絵④**　A: マルヅメオニグモ（メス）. B: チビサラグモ（メス）.〔第5章参照〕

**口絵⑤**　A: コガタコガネグモ（メス）の白帯. B: ナガコガネグモ（メス）. C: コガネグモ（メス）.〔第6章参照〕

**口絵⑥** A: アシナガサラグモ（メス）. B: デーニッツハエトリ（メス）. C: アサヒエビグモ（メス）. D: ハナグモ（メス）. E: ギンメッキグモを捕らえたオナガグモ. F: キシノウエトタテグモ（メス）〔準絶滅危惧(NT)；カテゴリーは環境省(2012)による．以下同じ〕. G: ワスレナグモ（メス）〔準絶滅危惧(NT)〕. H: キノボリトタテグモ（メス）〔準絶滅危惧(NT)〕.〔第⑥章参照〕

口絵⑦　A: ヤマトウシオグモ（メス）〔情報不足(DD)〕. B: イソコモリグモ（メス）〔絶滅危惧Ⅱ類(VU)〕. C: セアカゴケグモ（メス）.
〔第7章参照〕

口絵⑧　A: キバラコモリグモ（メス）. B: セスジアカムネグモ（メス）. C: 卵のうを抱えたキクヅキコモリグモ（メス）. D: ハラビロアシナガグモ（メス）. E: クロボシカニグモ（メス）. F: アゴブトグモ（メス）.
〔第8章参照〕

口絵⑨　アシナガグモ（メス）〔第8章および第6章参照〕

口絵⑩　ジョロウグモ（メス）〔第9章および第3章参照〕

環境Eco選書 11

# クモの科学最前線

―進化から環境まで―

編集：宮下　直

（東京大学大学院農学生命科学研究科）

北隆館

# Frontiers in spider science: from evolution to environments

Edited by

Dr. TADASHI MIYASHITA
School of Agriculture & Life Sciences, The University of Tokyo

Published by

The HOKURYUKAN CO.,LTD. Tokyo, Japan : 2015

# はじめに

クモは地球上から約 45,000 種が記録されている大きなグループで，目（分類の単位）としては，動物のなかで 7 番目に種数が多い。その最大の特徴は，何といっても糸を紡ぎだし，空中に網を張って獲物を捕えるきわめてユニークな習性であろう。もう一点特徴を挙げれば，基本的にすべてのクモが昆虫などの小動物を捕える肉食者であることだ。素人目には，他の「虫」と大差ないように見えるかもしれないが，ずいぶん個性的な生物である。

クモの研究は最近になって爆発的に増えている。“Web of Science”という世界中の科学論文を集めたデータベースを使って検索すると，その傾向は明らかである。この検索エンジンは，ある一定基準を満たした英文誌に掲載された論文を網羅していて，目的とする論文をたちどころに見つけることができる（ただし，紀要やマイナー誌は載っていない）。これを使って 1980 年以降のクモの論文を「進化」,「生態」,「糸」のキーワードで検索すると，1980 年～ 90 年代前半にかけての 15 年間は，論文数が横ばいで推移したが，その後 2014 年までの 20 年間で，年間の論文数が約 7 倍に急増している。その背景に何があったかはっきりしないが，クモが魅力ある研究対象であることが知れわたったからではないだろうか。

クモの研究は，日本でもほぼ時を同じくして発展してきた。著者が編集した『クモの生物学』（東京大学出版会）は 2000 年に出版された。日本でもようやく現代的な進化生物学や生態学をベースとしたクモ研究が根づき始めた時期である。当時の中堅・若手研究者を中心に，国内外の研究動向が紹介されており，それに感化を受けて研究を志した人もいたようだ。だが，上記の数字を見れば明らかなように，その後の研究の発展こそが現代のクモ研究の前線を知るうえで不可欠である。

この本では，クモの系統，進化，行動，生態，糸の活用などについての幅広い話題を紹介している。第1章では，クモの種数や系統推定にまつわる話題がまとめられている。DNA 解析の普及による新展開は，新たな課題も提供している。第2～4章では，クモの行動や生態に関わる適応や進化が紹介されている。クモの代表的な網である円網のデザインと機能の関係，餌の特殊化がもたらす進化的・生態的な意義，さらにクモを餌として利用する生物の多様な生態など，一昔前では想像もつかないようなトピックが満載である。第5～9章は，クモと環境の関係をとりあげている。ここでは，生物多様性の保全や生態系影響評価など，自然と人との関わりを「クモ目線」から捉えている点が特徴である。生態系のタイプごとの括りに加え，クモの親戚であるザトウムシと環境との関係や，福島原発事故の影響についても扱っている。そして本書は，スパイバー社によるクモ糸の実用化についての夢のある挑戦で締めくくられている。クモ糸が製品としてだけでなく環境問題にも貢献できるという主張は，我々にとって誇らしい話である。

クモの研究は，いまや生物学や環境科学，そして材料科学を横断する新たな「クモの科学」に発展しているのは間違いない。現に執筆者の何人かは，もともとクモを専門に研究してきた人ではない。そのこと自体が研究分野の裾野が広がっていることを示している。さらに本書でとりあげた多岐にわたる話題には，日本の研究者が少なからず貢献している。それは巻末にまとめた引用文献からも推察できるだろう。

本書は専門性の高い内容が随所に盛り込まれているが，一般読者でも十分理解できる文章にしたつもりである。詳細な図や表を省き，写真や描画を基本にしたのはそのためである。本書を通して，さまざまな立場や職業の方々がクモの魅力や有用性を感じとっていただければ望外の喜びである。

本書を出版する過程で多くの方々にお世話になった。池田博明，緒方清人，小澤 創，小西和彦，清水　晃，新海　明，菅野富雄，高田まゆら，陀安一郎，直江将司，原口なおみ，日臺利夫，松尾和典，松井宏光，渡邊彰子の諸氏には，研究や原稿執筆の過程でお世話になった。また，谷中滋養農園とStano Pekár氏には，写真を提供していただいた。この場を借りてお礼を申し上げる。最後に角谷裕通氏（北隆館編集部）には，当時あまり気乗りのしなかった本書の出版を強く勧めていただいた。いま振り返ると，お引き受けして本当によかったと思っている。著者が子供の頃あこがれた昆虫図鑑を出版してきた社なので，その思いはなお更である。

2015年2月

宮下　直

# 目 次

▼執筆者

綾部慈子（名古屋大学大学院生命農学研究科）
菅原潤一（スパイバー株式会社）
関山和秀（スパイバー株式会社）
高須賀圭三（神戸大学大学院農学研究科）
谷川明男（東京大学大学院農学生命科学研究科）
鶴崎展巨（鳥取大学地域学部）
中田兼介（京都女子大学現代社会学部）
馬場友希（(独)農業環境技術研究所 生物多様性研究領域）
原口　岳（(独)森林総合研究所 森林昆虫研究領域）
肘井直樹（名古屋大学大学院生命農学研究科）
宮下　直（東京大学大学院農学生命科学研究科）
吉田　真（立命館大学名誉教授）

（五十音順）

# I．進化と多様性

# 1 クモの系統と多様性

現在，世界で約 45,000 種のクモ類が知られているが，まだ多くの未知種が存在し，これからの研究によって，既知種数は 3 倍近くになるとの予測もある。これらクモ類の系統分類に関しては，前世紀末まではもっぱら外部形態に基づいて研究されてきた。分岐分析の登場によって，難題の系統推定が理論的に行えるようになり，クモ類の系統に関してもある程度の形は作り上げられた。今世紀に入ってからは，DNA を用いた推定が盛んに行われるようになり，それまでの系統仮説がテストされ，多くの問題点が指摘されている。しかし，DNA による系統解析はまだ発展途上であり，一貫した結果が得られていない事例も少なくない。この先，解析に用いる遺伝子の数や対象分類群を増やしてさらに研究を進める必要がある。ここでは，これまでの形態による系統推定結果をふりかえり，DNA 解析による推定結果によって明らかになった問題点，および一貫して支持されている系統群などについて紹介したい。特に，クモ目内の系統で注目を浴びてきた円網グモ類の単系統性に関する研究の経過については詳しく取り上げる。

## 1．クモの多様性

### （1）クモの種数

クモ類は，分類学的には節足動物門クモガタ綱クモ目に位置づけられている。節足動物門にはクモガタ綱のほか外顎綱（昆虫綱），軟甲綱（エビやカニ，ダンゴムシの仲間），ムカデ綱，ヤスデ綱などが含まれる（石川，2008）。クモガタ綱にはクモ目のほかにダニ目，ザトウムシ目などの 10 目がある（小野，2008）。

クモ類は，海岸，乾燥地，草原，森林，洞窟内など，いろいろな環境に適応して生活しており，世界で知られているクモの種数は，2014 年 10 月 23 日時点で 114 科 45,081 種であった（World Spider Catalog Ver. 15.5）。他の生物と比較すると，甲虫目の約 35 万種には遠くおよばないが，トンボ目の約 5,000 種やバッタ目の約 2 万種よりははるかに多い。同じクモガタ綱のダニ目では約5万種が知られ，ザトウムシ目では約6,500種が知られている。クモ目112科のなかで種数がいちばん多いのはハエトリグモ科で，5,779種である。ハエトリグモ類は，網を張らずに狩猟生活を送っている。歩脚があまり長くなく，前向きのくりくりした大きな目がよくめだって，ふっとこちらを振り向いたりする姿が愛らしいので人気の高いクモである。家屋内でもよく見られるのでご存知の方も多いかと思う。日本の家屋内でよく見られるのは，地域によって多少の違いがあるが，チャスジハエトリ *Plexippus paykulli*，アダンソンハエトリ *Hasarius adansoni*（図1），ミスジハエトリ *Plexippus setipes* といった種である。次に多いのが4,497種のサラグモ科である。サラグモ類は粘らないシート状の網を張っており（図

**図1** アダンソンハエトリのオス．オスとメスとでは姿がまったく異なる．

**図2** タイリクサラグモ *Neriene emphana* の皿網．サラグモ類の張る網は粘らない．

**図 3**　オニグモ *Araneus ventricosus* の円網．らせん状に張られている横糸に粘球が付着していて粘る．

**図 4**　ハツリグモ *Acusilas coccineus* の円網．中央に枯葉がつってあり，クモはこの中に隠れている．

2)，草の根元の株の中や森林内の落葉の下などにすんでいる微小な種が多い。そのため，日本のサラグモ類にはまだまだ未記載種（いまだ学名がつけられていないもの）がたくさんいるが（谷川，2008），現在，このグループを専門としているアクティブな研究者がおらず研究は停滞している。3 番めに多いのがコガネグモ科の 3,056 種である。多くの人がクモというと丸くてねばねばする網を連想すると思うが，そのような網（円網，図3）を張っているのがコガネグモ科の仲間である。この仲間は網を張るのに必要な足場さえあれば，森林や草地，人家の周囲など，いろいろな環境に生活している。基本的にはみな円網を張るが，その変形として，網の真ん中に枯葉をつったり（図4），三角の網を作ったり，また，網を張らないものもいる。日本では，2014年3月現在で1,599種のクモが知られており（谷川，2014），県単位ではおよそ500種前後（新海ら，2014），市町村単位では200種前後（谷川，2009）といったところが平均的な種数である。

### (2) あとどのくらいいるのか

ずいぶんたくさんの種がいるようだが，実はわかっているのは一部分で，未知の種がまだたくさんいる。最近の推定では，世界のクモの実種数は現在の3倍近い12万以上であろうと見積もられている（Agnarsson *et al.*, 2013）。比較的研究の進んでいる温帯地域はともかく，膨大な種数が見込まれるにも関わらず研究の進んでいない熱帯地域を思い浮かべればこの数字も頷ける。また，DNA解析の技術の進歩がこれに拍車をかけてもいる。伝統的な分類学では，形態がよく似ている個体をまとめて種というカテゴリーとしてきた。しかし，外部形態ではほとんど見分けることができないのに，互いに交配しない（生殖的に隔離した）別種，つまり隠蔽種というものが存在することが知られ（Lancefield, 1929; Dobzhansky & Epling, 1944），両性生殖をする生物では形態の差ではなく，生殖的隔離という基準で種を区別しようという考え（生物学的種概念；Mayr, 1942）が広く認められるようになった。しかし隠蔽種の多くは，幼虫で区別できたり（佐々治，1977），食物が違う（片倉，1976）など，われわれが認識できる何らかの違いをもっていた。ところがDNAの解析技術が進むと，外部形態や生態的特徴などでは区別することはできないのに遺伝子交流がない隔離集団を比較的容易に見つけられるようになった。たとえば，沖縄島のキムラグモ属では，これまで北部にヤンバルキムラグモ *Heptathela yanbaruensis* だけが生息しているとされていたが（Haupt, 2003），島内各地から採集した標本のミトコンドリアDNAのCOI遺伝子と核DNAの28SリボゾームRNA遺伝子の解析により，沖縄島北端にはヤンバルキムラグモとは系統的にかなり隔たった集団（HHとする）が存在することが明らかになった。この両者は外見では明確に区別できなかった。沖縄島の北部の綿密な分布調査により，2カ所で同所的な生息地を探し当てることができ，そこから採集した63個体のうち，58個体がCOIでヤンバルキムラグモと判断され，残りがHHと判断された。次に，両者の間で核の28Sとヒストン H3遺伝子（H3）の塩基配列を比較したところ，28Sの2つのサイトの塩基が，ヤンバルキムラグモではすべての個体でTのホモ接合であったのに対し，HHではすべてでCのホモ接合であった。また，H3の3つのサイトの塩基が，ヤンバルキムラグモのすべての個体でC，C，Gのホモ接合であったのに対してHHではT，T，Aのホモ接合であった。もし，ヤンバルキムラグモとHHとの間で交雑が起きれば，これらの部分はヘテロ接合となるはずであるから，これは両者の間に交雑が起きていないことを示している。圧倒的多数のヤンバルキムラグモに囲まれている少数派のHHが，独自の遺伝子構成を保持できていることは，両者の間に確たる生殖的隔離が成立している証拠である。つまり，この両者は形態的には区別することはできないが，生殖的に隔離された別種である（Tanikawa & Miyashita, 2014）。外部形態で認識できる未知種がたくさんいるのに加えて，このような見た目では区別できない別種（隠蔽種）もどうやらたくさんいる気配なのだ。

比較的研究の進んでいる日本でも，目録に掲載されているクモの種数はまだまだ増加の一途をたどっている。日本蜘蛛学会会誌のActa Arachnologicaには，新種の記載や既知種の日本からの新記録という内容の論文がほぼ毎号掲載されている。先に述べたように2014年3月現在での日本産クモ類は1,599種であるが，2000年の目録（谷川，2000）では1,317種であった。ここ14年間で282種増加したことになり，1年あたり約20種という増加率である。まだまだ未解決のクモがたくさん存在している何よりの証拠である。また，新種といっても全くの新発見の種ではなく，これまでの同定が間違っていて，実は新種として発表しなくてはならなくなった場合もたくさんある。昔はまさかこんなに多くのよく似た種がいるとは思っていなかったのか，大雑把な類似だけで同種として同定されることが多々あったようだ。とくに日本産のクモでは，大航海時代にヨーロッパの研究者によって記載された東南アジア産の種に誤同定されていたものがいくつも明らかになっている（Tanikawa, 2013b）。古い時代の原記載（そのクモを新種として初めて記載した論文）はあまり精緻とは言えないので誤同定が起きたのだろう。本来は原記載が怪しいときにはタイプ標本を見るべきであるが，通信輸送手段が発達している現代と違って，昔は外国とのやり取りにはとても時間がかかり，また，そもそも海外の博物館から標本を借用するという発想すらなかったのだろう。

## 2. クモの系統

### (1) 系統と分類

生物の分類は，その系統情報に基づいて行う系統分類が最も好ましい。それは生物の進化の歴史は唯一無二のものだからである（Coddington, 2005）。ところがその系統を明らかにすることがたいへん難しい。

目の前にいる生物たちを，よく似たものどうしでくくって種を認識することはだれでも感覚的に行うことができ，しかも個人差もあまり大きくならない。ニューギニアの先住民の鳥の種認識と，鳥類学者の種認識がほとんど同一であったという話（Mayr, 1987）がそれをよく物語っている。われわれには感覚的に種というものを捉える能力が備わっているらしい。しかし，種というものを科学的に定義することはきわめて難しく，現在でも異論のない種の定義はない。先住民と分類学者の認識が一致したからといっても，それは種が実在することの証拠ではなく，われわれの認識に共通するカテゴリー化が存在していることの証拠であろう（三中，2009）。われわれは，認識できるものは実在すると思いがちであるが，自然界に種などは存在しないから科学的に定義することができないのだという見方もできる。それでもなお，われわれの心の中には何かがあって種を感じるのだ。だが，われわれの心眼でも，進化の歴史を見ることはできない。時間の尺度がわれわれの感覚とは異なる次元にあるからだ。だから，よく似ているものは近縁だろうと推し測っていくしかない。

カラス，ハト，イヌ，ネコを系統分類しようとすれば，カラスとハト，イヌとネコがそれ以外の組み合わせよりもたくさんの特徴においてよく似ているので，カラスとハトが同じ系統に属し，イヌとネコはそれとは違う系統に属すと推定し，それぞれに分類群を設定する。この繰り返しで，地球上の生物を分類してきた。カラス，ハト，イヌ，ネコの場合には大きな違いがあっ

**表 1**　分岐分析のための特徴の一覧表の例．

| 動物 | カエル | カラス | ハト | ネコ | イヌ |
|---|---|---|---|---|---|
| 繁殖 | 卵生 | 卵生 | 卵生 | 胎生 | 胎生 |
| 体表 | 粘液表皮 | 羽毛 | 羽毛 | 毛 | 毛 |

て，類似関係は一目瞭然で，みな同じ見解をもつのでまったく問題にはならない。しかし，クモ目内部の系統関係のような，その違いが微妙な場合には人によって感じ方が違うので混乱が生ずる。そんな時，単に想像をめぐらせるだけでは科学の必須条件である再現性や反証可能性が担保されず，議論が成り立たない。私は，この「議論ができない」ことが，分類学を科学から遊離させ，リベラルな研究者に敬遠される大きな原因になったと思っている。

ここに理論的な方法を持ち込んだのが Hennig である。分岐分析によって系統関係を推定し，得られた系統情報を用いて分類体系を作成するという方法を考案した（Hennig, 1966）。この方法では，進化は最節約的に起きたと仮定する。すなわち分類対象のそれぞれの生物のもつ特徴が，進化の過程で起こした変化の数が最も少なくなるような最短の経路を探し出すのである。ごく簡単に例を示そう。先ほどのカラス，ハト，ネコ，イヌについて，表 1 に示した特徴で類縁関係を推定すると次のようになる。表の中のカエルは，それぞれの特徴が対象の生物と近縁な別のグループ（外群）にもみられる「原始形質」なのか，対象のグループで出現した「派生形質」なのかを決めるための比較対象として用いる。もし図 5A のようにカラスとハト，イヌとネコ

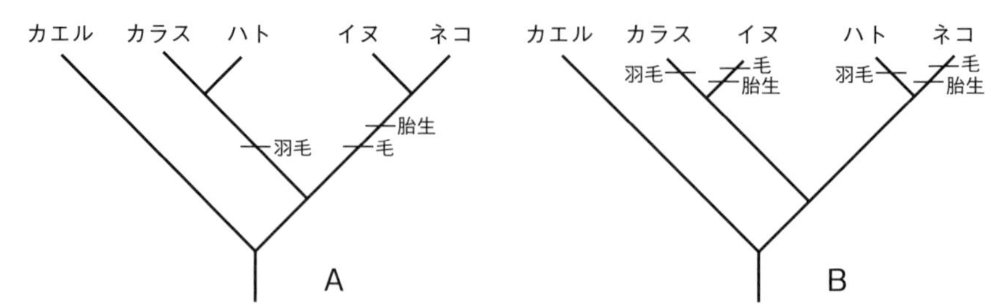


**図 5**　分岐図の選択．A の系統関係では毛や胎生の進化があわせて 3 回ですむが，B の系統関係ではあわせて 6 回になる．A のほうが節約的（変化の回数が少ない）なので，そちらのほうがよりもっともらしいと結論する．

を同じ系統とすると胎生はイヌとネコとの共通祖先で1回，体表の羽毛と毛はカラスとハトの祖先とイヌとネコの祖先でそれぞれ1回ずつ出現したことになる（卵生は外群のカエルと共通する原始形質であるから，それ以前に出現したものであり，ここでの推定では使わない）。図5Bのように，カラスとイヌ，ハトとネコを同じ系統とすると，羽毛はカラスとハトで計2回，毛と胎生はイヌとネコでそれぞれ2回ずつ出現したことになる。すなわち進化の歴史の中で生じた形質の変化は，図5Aの場合には合計3回，図5Bの場合には合計6回となるので，回数の少ない図5Aのほうがもっともらしいと結論する。この方法では系統を推定する対象生物の特徴の一覧表が示され，どのように推定したのかというアルゴリズムも明示されている。だから同じ特徴の一覧表をもちい，同じアルゴリズムを使えば，だれがいつどこでやろうとも同じ結果が出る。以前には，研究者がどの形質を重視するかによって導かれる結論が異なるということがままあり，さらに，ひどい場合には，その道の権威者といわれる人が，明確な論拠の提示のないまま「いろいろな形質を十分に考慮した結果，このような系統関係であると判断する」などといった発言をするようなこともあった。だが上記の系統推定には，そのような恣意性が入りにくい．指定された手順に従って作業すれば，今日初めて分類学に興味をもった者でも同じ結果を出すことができるので，再現性にも反証可能性にも問題はなくなった。何よりも分類学を長年の修業を経た者だけのものから，研究を始めたばかりの若者にまで，興味をもつすべての人に開放した。もちろんこの手法によればだれでも簡単に真の答えにたどり着くなどと言っているのではない。その最大の意義は，結論が反証可能なこと，つまり，どのような特徴を使うのか，どのようなアルゴリズムで推定するのかを具体的に議論しながら先へ進むことができることだ。

### (2) 外部形態によるクモ目内の系統推定

クモガタ綱のなかでのクモ目の共有派生形質（そのグループのメンバーに共通して見られる派生形質）は，鋏角（クモが獲物に咬みつくのに使っている上顎）に毒腺があること，オスの触肢が移精器官としての働きをすること，腹部に出糸突起と糸腺があることなどであり，その単系統性は強く支持されている（Coddington & Levi, 1991）。ここでは，2005年にCoddington

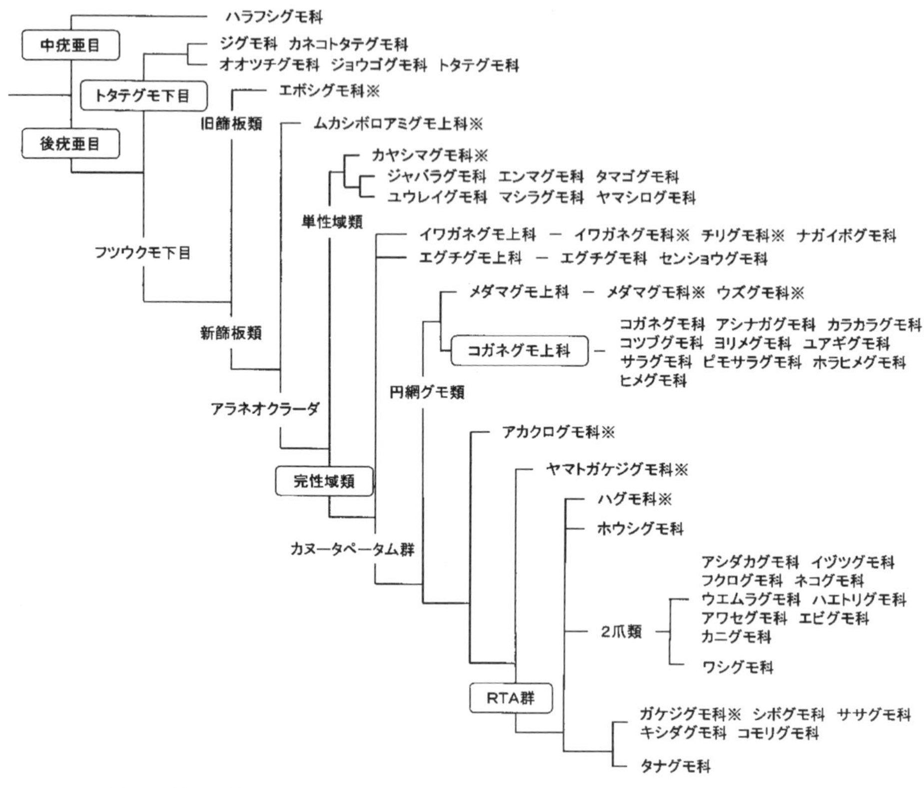


**図 6**　外部形態を用いた分岐分析の結果に基づいたクモ目内の系統関係．Coddington（2005）がそれまでの先行研究の結果をまとめたものを，日本に生息する科を中心にして簡略化したもの．四角で囲った系統群はその後の系統推定でも支持されている．※をつけたのは篩板を有する仲間．

が外部形態を用いて推定したクモ目内の系統を紹介する（図 6）。クモ目は大きく中疣亜目と後疣亜目との 2 つの系統から成り立っていると推定された（Platnick & Gertch, 1976）。中疣亜目はハラフシグモ科（図 7）のみを含み，その他のすべてのクモは後疣亜目に入る。ハラフシグモ科のクモは，東アジアから東南アジアにかけてのみ現存しており（Haupt, 2003），日本ではキムラグモ属とオキナワキムラグモ属の 2 属 14 種が九州の別府と島原を結ぶ線付近から南西諸島の西表島までの範囲に生息している（小野，2009；Tanikawa, 2013a）。ハラフシグモ科のクモの腹部には背板があって体節の痕

図7 ヤクシマキムラグモ *Heptathela yakushimaensis* のメス．腹部の背面に体節の痕跡である背板を有するのがハラフシグモ科のクモの顕著な特徴．

跡を残しているのに対して，後疣亜目のクモ類の腹部にはこのような特徴は見られない。また，ハラフシグモ科のクモ類では，糸疣が腹部腹面の中央付近にあり（図8A），その他の後疣亜目のクモ類では糸疣は腹部末端に位置している（図8B，これが中疣，後疣の名の由来）。

後疣亜目にはトタテグモ下目とフツウクモ下目との2つの系統群が含まれる（Coddington, 2005）。トタテグモ下目のクモ類は地面などに掘った穴の中で生活するものが多く，穴の入り口に戸蓋をつけるもの（トタテグモ科）や

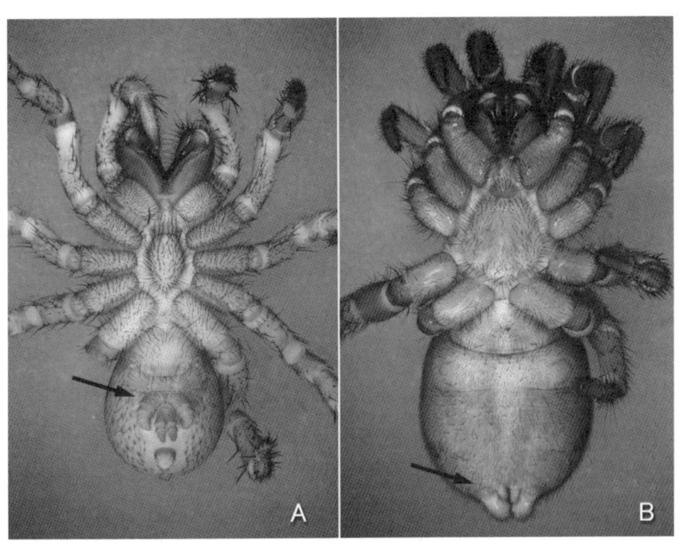


図8 糸疣の位置の比較．中疣亜目ハラフシグモ科（A）では腹部腹面中央付近にあるが，その他の後疣亜目のクモ類では腹部末端にある（Bはトタテグモ科）．

簡単な網を張るもの(ジョウゴグモ科)がいる。トタテグモ下目のクモ類では，フツウクモ下目のクモ類がもっている梨状腺という糸腺がない（Coddington, 2005)。この梨状腺は糸と糸，あるいは糸と基質とを接着する付着板を作るのに使われるので，この糸腺がないと空間に見事な網を張ることはできない。トタテグモ下目のクモが糸を基質につけるためには，腹部を左右に振って基質に幅広く糸をこすりつけなくてはならない。トタテグモ下目のクモ類の多くはバルーニング（空中分散）をせず，歩くだけなので分散力がとても弱く，結果として地域集団間に形態差のないまま深い遺伝的分化が見られる（Bond *et al.*, 2001)。トタテグモ下目の既知種数はフツウクモ下目の10分の1未満であるが（World Spider Catalog Ver. 15.5)，その一因としてはトタテグモ下目のクモ類の種が形態では見分けにくく，真の種多様性が見過ごされている可能性も考えられる（Agnarsson *et al.*, 2013)。

フツウクモ下目の共有派生形質は前内出糸突起（クモ類がもともと第4，第5腹節に2対ずつ持っていた出糸突起のうち，前方内側の1対；多くのクモで退化している）が融合して篩板（図9）となっていることである（Coddington, 2005)。篩板から出される篩板糸は非常に繊細で，ファンデルワールス力（電荷をもたない原子や分子の間にはたらく引力）による接着性をもつ糸である（Hawthorn & Opell, 2002)。フツウクモ下目はクモ目の90%以上の種を含んでおり（World Spider Catalog Ver. 15.5)，旧篩板類と新篩板類との2つの系統からなる。旧篩板類の系統にはエボシグモ科だけが含まれる。すなわち北アメリカに生息するエボシグモ科のクモが，それ以外のフツウクモ下目全部と姉妹群関係にある。新篩板類はムカシボロアミグモ上科と“アラネオクラーダ”の2つの系統からなり，“アラネオクラーダ”は単性域類と完性域類の2系統に分かれている（Coddington,

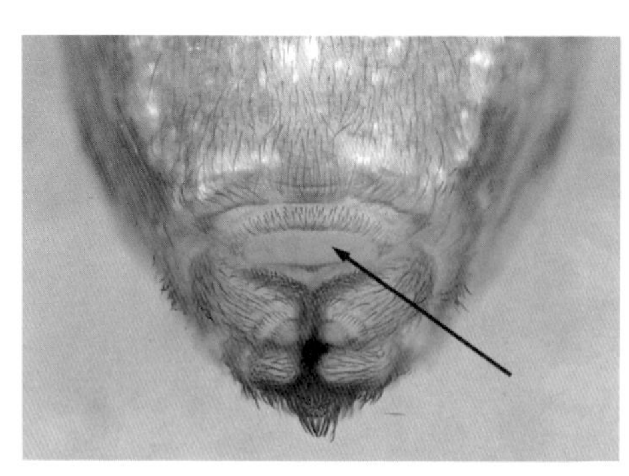

**図9** カタハリウズグモ *Octonoba sybotides* のメス腹部腹面の末端近く. 矢印で示したところが篩板.

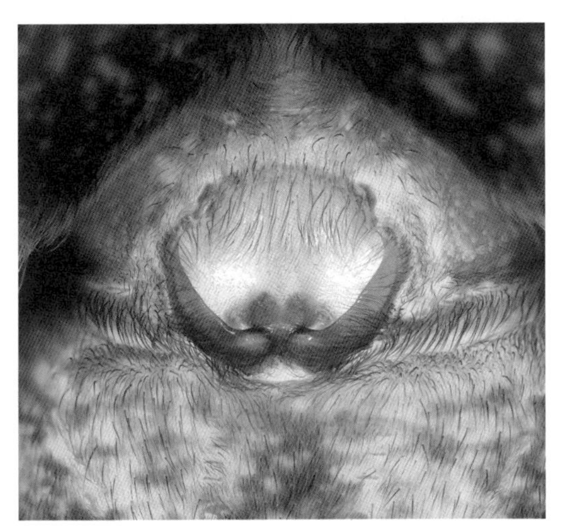

**図 10**　アオグロハシリグモ *Dolomedes raptor* の外雌器．完性域類のメスでは腹部腹面前方にこのようなキチン化した構造が形成される．

**図 11**　アオグロハシリグモのオス触肢の先端部分．完性域類のオスでは触肢先端にこのような複雑な構造ができ，交尾器として機能する．

2005)。完性域類とは，メスの腹部に交接のための外部生殖器として外雌器と呼ばれるキチン化した構造（図 10）が形成される仲間で，外雌器の受精口からは，受精嚢そして子宮へと管（受精管と授精管）がつながっていて精子が流れていく構造をもつ．オスの生殖器官もかなり複雑な構造をしており（図 11），2 つから 3 つの部分に分かれていて，いくつかの突片を伴っている。単性域類のクモではこのような構造が見られない。単性域類の共有派生形質には，鋏角（上顎），オス触肢器官，出糸器官の特徴などが挙げられているが，その支持力は弱い（Platnick *et al.*, 1991)。また，カヤシマグモ科以外のすべての単性域類では篩板が消失しており，カヤシマグモ科がそのほかの単性域類全体の姉妹群と推定されている（Coddington, 2005)。完性域類のおもな共有派生形質には生殖器官と出糸器官の特徴があげられている（Griswold *et al.*, 1999）が，授精管は完性域類の中で 5 回（エグチグモ科で 2 回，ウズグモ科，ヨリメグモ科，アシナガグモ科でそれぞれ 1 回）二次的に消失し，単性域類と同じ構造になっている。精子の送り出し方にも特徴があり，完性域

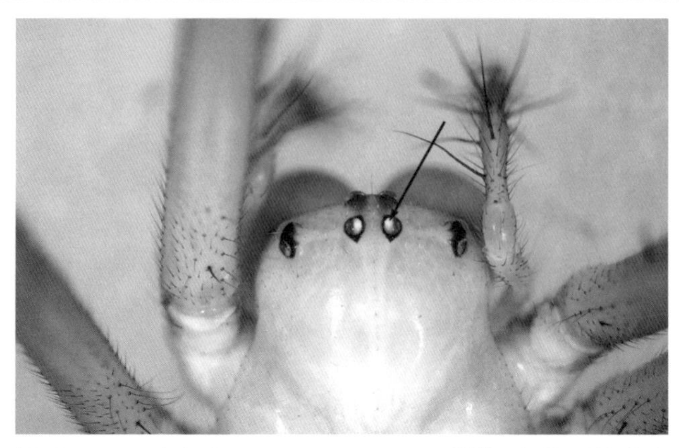

**図 12**　コシロカネグモ *Leucauge subblanda* の眼域．矢印で示した白い部分がカヌー型タペータム．

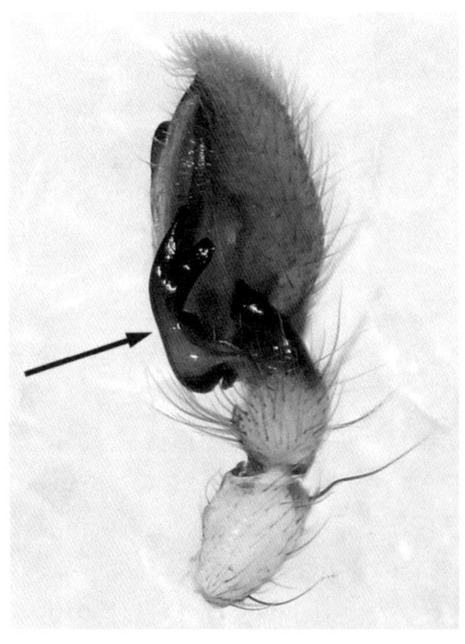

**図 13**　ヒメフクログモ *Clubiona kurilensis* のオス触肢後側面．矢印で示したものが RTA.

類以外の原始形質状態のものでは筋肉の力で送り出されるのに対して，完性域類においては筋肉を欠いていて，血液を送り込むことによる水圧方式で送り出される。完性域類のメスに見られるもう一つの共有派生形質は管状腺という糸腺をもつことである。管状腺から分泌される糸は卵のうを作成するのに使われると考えられている。完性域類内の系統には未解決な問題が多いが，イワガネグモ上科，エグチグモ上科，カヌー型タペータム群の 3 つの系統があると推定されている。眼の中にある光の反射層をタペータムというが，これがカヌーのように細長い型をしているものをカヌー型タペータムという (図 12)。カヌー型タペータム群の中には，円網グモ類と RTA (retrolateral tibial apophysis: オス触肢の脛節の後側面末端にある突起，図 13) クレードとの 2 つの主要な系統がある (Coddington, 2005)。

円網グモ類はメダマグモ上科とコガネグモ上科とからなるが，強く支持する形質がみな行動であり，この系統の単系統性には問題が残る（Coddington, 2005）。分岐分析が適用される前には，メダマグモ上科とコガネグモ上科とはかなり離れて位置づけられていた。篩板をもつメダマグモ科とウズグモ科は篩板類に置かれ，それらの張る円網が，無篩板類のコガネグモ科の円網ときわめてよく似ていることが指摘されていた（Scharff & Coddington, 1997）。古い分類体系にあった篩板類が分解されたとき（Lehtinen, 1967; Forster, 1967），メダマグモ科とウズグモ科は，円網の構造と造網行動を共有派生形質として円網グモ類の系統に含まれると推定された。円網の単一起源に反する説では，円網は獲物を捕らえるための究極のデザインであり，そのような適応的な特徴は平行的に進化しうるので，メダマグモ上科の円網とコガネグモ上科の円網とは収斂なのだと主張するが，円網が他の網よりも優れた究極の網だという証拠はない。円網単系統説のもう 1 つの問題は，メダマグモ上科の円網の横糸は篩板糸でできているが，コガネグモ上科のそれは粘球糸でできていることだ（Coddington, 2005）。

このような未解決の問題に関しては，新たな証拠を見つけ出すことが肝心である。円網が収斂であるとするならば，メダマグモ上科と円網を張らないクモとの共有派生形質を見つけ出す必要がある。

ところで，日本ではこの問題が少々誤解されている。それは，メダマグモ上科が円網グモ類の系統に含まれるか否かと，篩板をもつクモ類が 1 つの系統群にまとまるか否かという 2 つの問題が混同されている点だ。篩板類が一度は分解されたものの（小野，2000），分子系統解析において円網単系統説に対する疑義が出てくると，再び篩板類（有篩板完性域類）が上位分類群として設定された（小野，2009）。しかし，これらはまったくの別問題である。もしもメダマグモ上科と円網を張らないクモとの間に共有派生形質が発見されて，円網グモ類が単系統でないという結果が得られても，それが篩板をもつクモ類が単系統群であるということにはならない。たとえ旧篩板類を除いた新篩板類のなかで篩板をもつクモだけを対象にしても，それが単系統群であることを示すには，単性域類や RTA クレード，ガケジグモ上科をまとめている共有派生形質を上回る数の共有派生形質，正確に言えば最節約推定の結果，篩板類という系統が示されるに足る共有派生形質を発見する必要がある。そうでなければ新篩板類のなかでの篩板類というグルーピングは人為分類群とみなされる。生物の分類は人為分類ではなくて系統分類をめざすべきである。

### (3) 分子形質による系統推定法

20世紀末のころからDNA解析の技術やコンピューターの処理能力が急速に発達し，DNAの塩基配列情報を用いた系統推定が盛んに行われるようになった（Agnarrson *et al.*, 2013）。今世紀に入ると，形態や行動によって推定されていた系統をDNA情報によって再検討するようになり，クモ類の系統分類も洗練されつつある。しかしDNA情報による系統推定はいまだ発展途上で，マーカーとして使われている遺伝子もまだあまり多くない。よく使われているのは，ミトコンドリアDNAのチトクロームオキシダーゼ（COI）やNADH脱水素酵素（ND1など），16SリボゾームRNA（16S），核DNAのヒストン（H3）や18S，28SリボゾームRNAなどである（Agnarsson *et al.*, 2013）。この点ではチョウやショウジョウバエ，アリといった解析の進んでいるグループに対して立ち遅れているが，やがてクモ類についても多くの遺伝子が使われるようになるのは明らかである。さらにDNA解析の技術は次世代シーケンサーの登場によって飛躍的な発展期を迎えている。核内の機能遺伝子には，遺伝子としての機能をもたないイントロン部分があり，その長さにきわめて変異が多いので，塩基配列を相同な位置にそろえるアラインメント作業を困難にしてきた。しかし，mRNA（伝令RNA）はスプライシングによってイントロン部分が除去されているので，細胞から取り出したmRNAから逆転写によってcDNA（相補的DNA）を作り，その配列を解読すれば，エキソン部分だけを解読することができ，アラインメントがより楽に行える。しかし，細胞内にはいろいろな配列のmRNAが混在しているので，そこから逆転写したcDNAにもいろいろなものが混在する。配列の違うものを同時に読み取ることができなかった従来のシーケンサーではこれを解読することはできず，事前に同じ配列ごとに分けるためのクローニング作業が必要であった。しかし，次世代シーケンサーを用いれば，新たに発明された方法（メーカーによっていくつかの方法がある）によって配列決定を並行処理することができるので，細胞から抽出した全mRNAからまとめてcDNA

を合成し，それを一度に同時並行で解読することが可能なのだ。つまりクローニングの作業が必要なくなったので，多くの遺伝子配列を用いた系統解析がずっと容易に行えるようになったのである。mRNA から逆転写で cDNA を合成する方法の難点は，標本を RNA 抽出に適する方法で保存しなくてはならないという点だ。ほとんどの場合にクモの標本はエチルアルコール液浸で室温保存されているが，このような標本は RNA 抽出には使えないので，新たに新鮮な標本を採集しなくてはならない。大きな望みは，新鮮な材料を用いた解析結果をもとにして優れたマーカーを設計し，それによってこれまでに蓄積された多くのクモ標本を用いた系統解析が行えるようになる可能性だ（Agnarsson *et al*., 2013）。さらに，近い将来にはゲノム全体を用いた系統推定がより一般的に行われるようになるであろう。ゲノム全体の塩基配列の数は膨大であり，その解析にはこれまた膨大な量の計算処理をしなくてはならないので，現時点ではコンピューターの処理能力などの技術的な困難さも残ってはいるが，技術の進歩は目覚ましいものがある。

### (4) 分子形質によるクモ目内の系統

Coddington（2005）の系統関係のまとめ以後も，形態のみ，形態と分子のトータル，分子のみ，によるたくさんの系統推定の研究が行われた（Agnarsson *et al*., 2013）。そこから見えてきたことを一言でいうと，クモ目内の系統関係については未解決な部分がいまだに多く，議論の対象であり続けているということだ。分子形質を用いた系統推定の結果は，古い体系と一致しないだけでなく，それらの間でも不一致が見られることが多い。Agnarsson ら（2013）のまとめによると，古い体系における系統群のうち，最近の分子形質の利用を伴った系統推定でもその単系統性が支持されているのは，中疣亜目と後疣亜目，トタテグモ下目，完性域類，コガネグモ上科，RTA 群であり，そのほかの多くの分岐群についてはたくさんの問題提起がなされている（ここでいう RTA 群はその後の分子系統解析（Miller *et al*., 2010）によって加えられたヤマトガケジグモ上科を含んでいる）。

Agnarsson ら（2013）は，DNA 塩基配列のデータベースに登録されている情報を使って，クモ目全体の系統推定を試みた。データベースに登録されているデータは，クモ目全体を網羅してはおらず，盛んに研究されている分類群のものに偏っている。また，これまでにマーカーとして利用されてきた遺伝子はそれほど多いとは言えず，全体に共通して適用できる遺伝子データは多くない。そのため，残念ながらミッシングデータの多いセットであり，また利用されてきた遺伝子は深い分岐を推定するのにはあまり適していないものが多いなどの問題はあるが，全体の俯瞰と問題点の提起には貴重な結果といえるだろう。ここでは彼らの結果のうち，ミッシングデータを減らすために分類群の数を絞り込んだ小さいほうのデータセットによる結果を紹介する(図 14)。

中疣亜目と後疣亜目との分岐について考察するためには，クモ目以外から

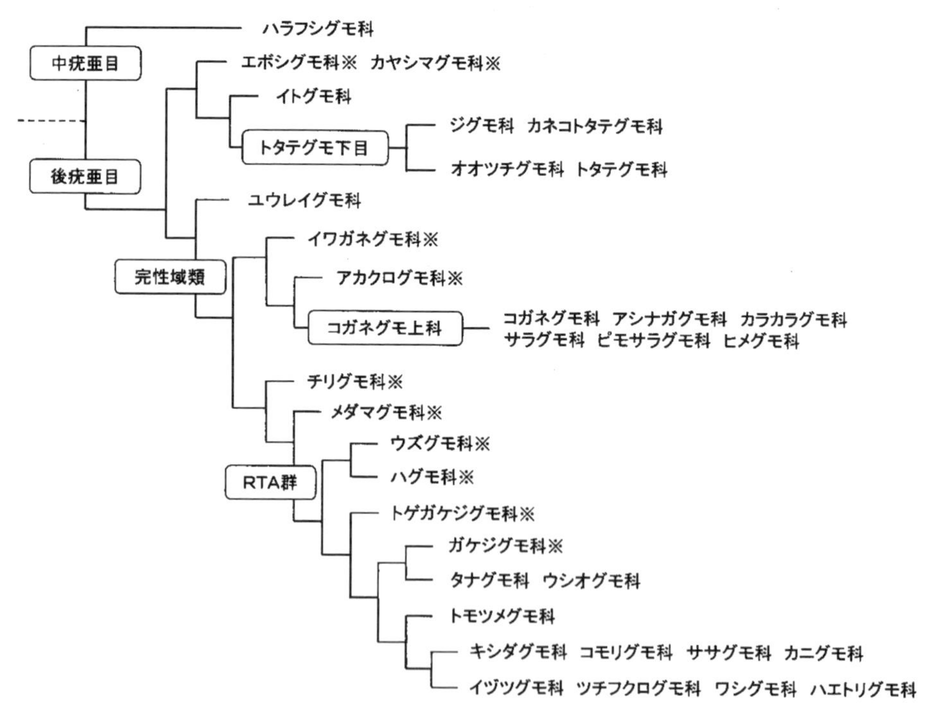


**図 14** Agnarrson ら（2013）がデータベースに登録されている塩基配列情報に基づいて行った系統推定結果．日本産の科を中心にして簡略化してある．四角で囲った系統群は他の推定でも支持されている．コガネグモ上科とメダマグモ科，ウズグモ科が一つの系統にまとまらない．※をつけたのは篩板を有する仲間．

最も近縁なものを外群として加えて系統樹の根を決めなくてはならない。この解析ではそれは行われていないので，これらの単系統性に関しては検証することはできないが，樹形はクモ目の系統の最も基部でこの2亜目が分岐しているという仮説と矛盾はしていない。その他，形態形質によって示された系統群のうち支持されているのは，完性域類，トタテグモ下目，コガネグモ上科，RTA群である。

さて，これまでの系統仮説と最も大きな違いを示しているのが，フツウクモ下目も単性域類も単系統群として見いだせないことである。単性域類はトタテグモ下目に対して側系統群となっている。さらにフツウクモ下目内で，その他のすべてのクモとの姉妹群と推定されていた旧篩板類のエボシグモ科が高めの支持率（この解析はベイズ法なので事後確率）をもって側系統の単性域類に含まれている。

また，このDNA情報はRTA群内の2爪類の単系統性にも疑問を投げかけた。この解析ではカニグモ科がそのほかの2爪類とではなくて，コモリグモ科やササグモ科と同一の系統群にまとめられたのである。さらに円網グモ類の系統も見いだされなかった。メダマグモ科とウズグモ科はまとまらず，メダマグモ上科も単系統群ではなくなっている。メダマグモ上科のうちウズグモ科はRTA群内でハグモ科の姉妹群となっている。ウズグモ科の位置づけについては，著者らは何らかの間違いだとしているが，円網グモ類の単系統性に対する分子形質からの確固たる証拠は未発見であるので，あながち間違いとも言い切れないだろう。円網グモ類の単系統性の問題に関しては，長い間，広く注目を集めている問題なので（Blackledge *et al.*, 2011），次の項で詳しく述べたい。

### (5) 円網グモ類の単系統性

円網グモ類の単系統性に関して最初に行われた分子形質による系統推定はHausedorf（1999）の28Sを用いた解析である。この時にはコガネグモ上科はRTA群と姉妹群を形成し，メダマグモ上科（用いられたのはウズグモ科）はそれらを合わせた分岐群の姉妹群と推定された。この研究の時点ではまだ分子系統解析はその端緒についたばかりで，解析対象の分類群は全体で9，そのうち篩板円網グモが1，無篩板円網グモは2ととても少なく，使われた遺伝子は1つのみという状態であった。各分岐群の支持率（この解析は最節約法，近隣結合法，最尤法なのでブーツストラップ値）は低く，どちらとも断定しがたいものとなっている。その後，Garbら（2006）は，糸タンパク質に関してmRNAから逆転写したcDNAを用いて研究し，メダマグモ上科とコガネグモ上科との双方にMaSP2とFlagとの2つの糸タンパク遺伝子が存在することをつきとめた。MaSp2は円網の枠糸や縦糸を構成する糸タンパク遺伝子で，Flagは横糸を構成する鞭状腺の糸タンパク遺伝子である。これは円網グモ類の単系統性を支持する分子的な共有派生形質の発見であった。この発見によって円網グモ類の単系統性は分子形質によっても強く支持されたかに思えた。しかし，その結果をよく吟味すると，Flagはメダマグモ科のクモからは発見されているが，ウズグモ科のクモでは発見されていなかった。さらにその後MaSp2遺伝子はアマゾンのタランチュラからも発見され（Bittencourt *et al.*, 2010），円網グモ類の派生形質ではなく，原始形質であることが示された。

Blackledgeら（2009）は，外部形態とDNA情報とをあわせて，クモ目内のいろいろな網の系統関係を推定し，メダマグモ上科とコガネグモ上科とを合わせた円網グモ類の単系統性を示している。しかし，彼らの結果では，形態とDNAの情報をあわせた全証拠による推定では円網グモ類が単系統にまとまっているが，DNA情報のみの推定ではメダマグモ上科のうちメダマグモ科はコガネグモ上科と単系統群を形成しているものの，ウズグモ科がここに含まれていない。コガネグモ上科とメダマグモ科とを合わせた分岐群の姉妹群にはRTA群が位置づけられ，ウズグモ科はそれらを合わせたものの姉妹群となっている。すなわち，メダマグモ上科が多系統群となっているのである。全証拠による推定結果は形態形質による推定結果のほうに引っ張られてしまう傾向が指摘されているが（上島，1996），ここにおいてもその傾向が現れている。円網グモ類の単系統性については形態や行動を用いた解析では強く支持されるものの，分子形質ではなかなか支持されない。

Dimitrovら（2012）は，これまでの分子系統解析では解析対象の分類群が少ないことが問題で，対象分類群を増やすことが必要であると考え，さらに多くの分類群を加えて系統推定を行った。その結果として円網グモ類の単系統性は示されたのだが，その支持率（ブーツストラップ値）はとても低く説得力のあるものではなかった。多くのDNA情報をデータベースから取り出しているので，データセットにミッシングが多いという短所が残ってしまった。しかし，今のところ分子形質のみを用いた系統推定の結果で，円網グモ類の単系統性を支持した唯一の例である。

このように，円網グモ類の単系統性については，DNA情報を用いた系統解析ではよくても弱い支持が得られているだけで，否定的な結果が多く，

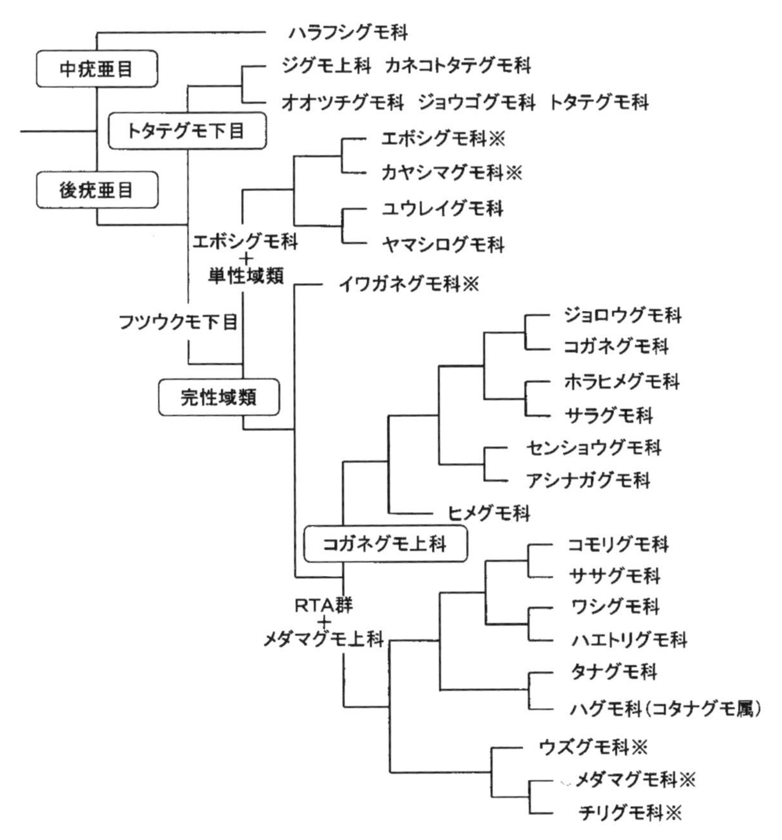

**図15** Bondら（2014）が，327遺伝子に基づいて行った系統推定結果の概略．メダマグモ科，ウズグモ科はコガネグモ上科と同一の系統グループには含まれず，RTAクレード内に位置づけられた．四角で囲んだ系統群はほかの推定でも支持されている．※をつけたのは篩板を有する仲間．

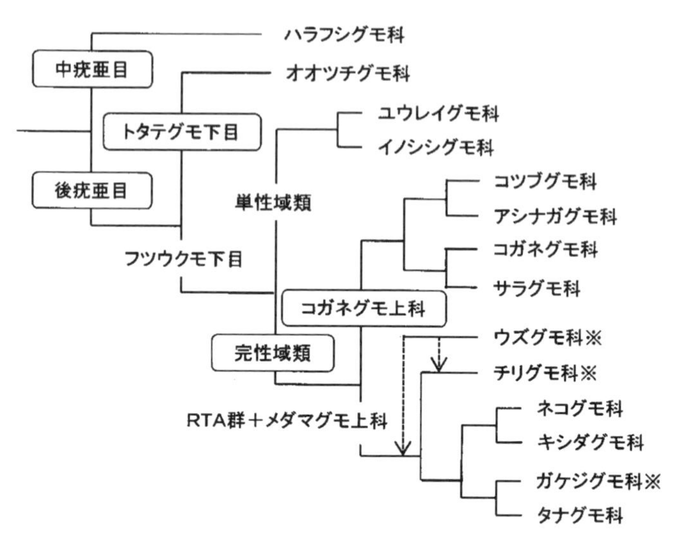


**図 16**　Fernández ら（2014）が 2,637 遺伝子に基づいて行った系統推定結果の概略. ウズグモ科はここでもコガネグモ上科と姉妹群にはなっていない. 四角で囲んだ系統群はほかの推定でも支持されている. ※をつけたのは篩板を有する仲間.

まだまだ検討し続けなくてはならない状態であった（Hormiga & Griswold, 2014)。そして最近，ゲノム規模のデータに基づいたクモ類の系統解析を行った論文がほぼ同時に 2 本発表された（Bond *et al.*, 2014; Fernández *et al.*, 2014)。いずれの研究においても，次世代シーケンサーの技術を用いて，これまでの解析とは比べものにならないほどたくさんの遺伝子による系統推定がなされている。Bond らの研究では 327 の遺伝子に基づき，36 種の対象分類群の系統関係が推定されており（図 15)，Fernández らの研究では遺伝子数が 2,637，対象分類群数が 14 である（図 16)。そして，そのいずれの推定結果でも円網グモ類の単系統性は否定されたのである。篩板円網グモ類のメダマグモ上科は，無篩板円網グモ類のコガネグモ上科とではなく，そのほとんどが網を張らないクモである RTA 群と姉妹群を形成した。すなわち円網は，コガネグモ上科とメダマグモ上科で独立して 2 回進化したか，あるいは完性域類の共有派生形質で，円網グモ類にとっては原始形質であるかのどちらかであるという推定結果となった。これまでに明らかになっている造網行動などの相同性から判断すると，円網はこれまでに考えられていたよりも起源が古く，原始形質であるという説のほうがもっともらしいが（Bond *et al.*, 2014），その答えに近づくためには，今後さらに対象分類群を増やした解析を行っていく必要がある（Fernández *et al.*, 2014）。

繰り返して強調しておくが，円網グモ類が単系統群でないということが篩板類（完性域類内の篩板類だけでも）の単系統性を支持しているわけではない。両者は別個の問題である。篩板類は全証拠による推定でも，分子形質のみでの推定でも単系統であることは完全に否定されており，一貫して多系統であることが示されている（図6および14から16に示した系統樹では，篩板を有するグループに※印をつけてあるが，いずれにおいても単系統群にはならない）。旧篩板類と新篩板類をあわせた場合はもちろん，完性域類内だけに絞ったとしても篩板を有するクモを篩板類という分類群にまとめることは人為分類である。そして円網グモ類という分類群を作ることもまた人為分類であることがほぼ確実になった。自然はわれわれの想像以上の複雑な歴史をもっているようだ。

### (6) 今後の分子系統解析

クモ目の分子系統解析はいまだ発展途上にある。今後進むべき方向は，前項にも述べたように，解析に用いる遺伝子情報と対象とする分類群を多くすることであるが，それはたやすいことではない。データの互換性をはかり，たくさんの分類群について十分な情報を蓄積するには多くの研究機関の協力が必要である（Agnarrson *et al.*, 2013）。シーケンサーやコンピューターの性能は着実に向上しているので，技術的な問題が解決されるのは時間の問題のように思う。しかし，クモ目の系統を知る上で重要な情報をもたらしてくれる可能性を秘めたクモが，知らぬ間に絶滅してしまっているなどということはあながち杞憂ではないだろう。地球規模の気候変動や，森林伐採，海洋汚染などの自然環境の破壊による致命的な影響を少しでも減らすように，月並みな言葉ではあるが，われわれは環境にやさしい生活を心がけるべきであろう。

（谷川明男）

## 2 クモの網の特徴とその機能

クモの網は，餌を捕えるために動物が生み出した最も精巧かつ複雑な罠である。クモの網には棚網，不規則網，皿網など多様な形がある。そのなかでも代表的なものが，放射状に張られた縦糸と粘着性の横糸を平面状に配置してできる円網である。円網の形状は，餌が網に衝突したときそのエネルギーを効率的に吸収し，また餌を長時間網上に保持できるように進化したと考えられている。また円網には，餌を網に引き寄せて捕食の成功を高める仕組みも備わっている。だが同種であっても網の特徴はさまざまな要因によって変わる。その主要因は，1）風の強さや造網空間の形状などから受ける物理的な制約，2）餌の違いによって糸の性質が栄養学的な影響を受けることや，発育段階の違いから生じる生物学的な制約，3）クモ自身が，環境条件や自らの生理的状態・発育段階などに合わせて網の建築行動を柔軟に変化させることで生じる適応的調整，の 3 つが挙げられる。これら 3 つの要因は相互に関係しあうため，網の特徴とその機能の理解には，これらを総合したアプローチが必要である。

### 1. 網の多様性

#### （1）さまざまな網

クモは，陸上における重要な無脊椎動物捕食者で，2014 年 10 月現在世界中で 45,000 を越える種が確認されている多様なグループである（World Spider Catalog Ver. 15.5）。その捕食方法も多様だが，網を用いて餌を捕えるものが多数を占めることが，クモを他の捕食者から区別する重要な特徴といえる。網の材料は，クモ自身が分泌するタンパク質からなる糸である。この糸を平面的もしくは立体的に配置してできるものが網で，配置の仕方によってさまざまな形状に分類される（Foelix, 2010）。クサグモ *Agelena silvatica* などが張る棚網は，糸を密に敷きつめた水平なシート状の網に加え，垂直方向に張りめぐらされた不規則な糸と，隠れ家として利用する漏斗状の構造物が付属している。クモはふつう隠れ家付近で餌を待ち，餌がシートの上に落下すると，その場所に急行して捕獲を行う。サラグモ類もシート状の構造を持ち，その上下に不規則に糸が張り巡らされている。このシートは中央部が上または下方向に盛り上がって全体として皿状になっているものが多く，クモは通常中央部の下面で餌を待つ。ヒメグモ類が張る代表的な網は不規則網とよばれ，シート状の捕獲域のようなはっきりした構造をもたず，いろんな方向に糸が張り巡らされた形状をしている。オオヒメグモ *Parasteatoda tepidariorum* のようにここから糸を地面に垂らすものもおり，糸と地面の接点（粘着性がある）に餌がかかると接点で糸が切れて餌は糸から吊り下げられる。こうして支点を失った餌は，もがいても力がうまく伝わらず，網から逃れられなくなる。

### (2) 円網の構造と糸の性質

上記の網はみな糸が立体的に配置されているが，クモの網の代表ともいえる円網では，糸は基本的に平面上に配置される（図 1）。円網の糸の配置は，多様なクモの網の中で最も規則的でかつ秩序立ったものといえるが，網の進化という点では後から現れてきたものではない。サラグモ類やヒメグモ類の立体網を含む多様な形の網の多くが，円網から派生してきたと考えられている（Blackledge *et al.*, 2009, Griswold *et al.*, 1998）。

網の主要な機能は，クモの捕食を容易にすることにある。この機能を司る捕獲域は，放射状に張られた縦糸と，その上にらせん状に配置された粘着性の横糸で構成される（図 1）。縦糸は捕獲域からさらに外側に伸びて全体の支持構造である枠糸に付着し，網全体は水平から垂直までさまざまな角度で空中に保持される。クモは中央で縦糸が集まる「こしき部」に座って餌を待つことが多い。これは，餌が網のどの場所にかかったとしても同じくらい速く餌に襲いかかることができるためだと考えられている。また，網の中央にいると餌を効率良く発見できることも利点かもしれない。クモが網にかかった餌を発見するための主な手がかりは，餌が網に衝突した時の衝撃や，もがいて逃げようとして発する振動である。この振動は主に縦糸を伝わってくるので，縦糸の集まる「こしき部」にいれば，網のどの部分に餌がかかっても，その振動を確実に捉えることができる。こしき部に情報センターとしての役割があることは，網の外部に作った隠れ家に潜む種類のクモの行動からも示

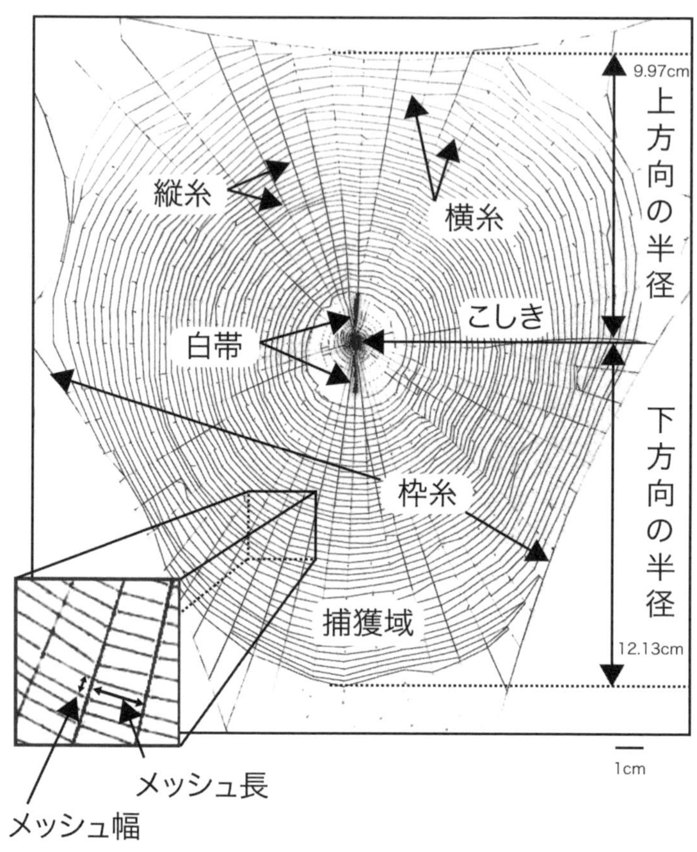


**図1**　ミナミノシマゴミグモ *Cyclosa confusa* の垂直円網．黒背景で撮影された写真を白黒反転させている．「こしき」から一番外側の横糸までの距離は上方向より下方向で長い．また，「こしき」より上側でメッシュ幅は中心部より外縁部で広くなっているのに対して，下側ではメッシュ幅は狭いままである．

唆される。この場合，クモは「こしき部」に信号糸とよばれる一本の糸を張り，隠れ家でじっと糸をつかんで餌の発する振動を待つのである。

クモが餌にありつくためには，飛んできた餌が網に衝突したときに，網が壊れることなく餌のスピードを殺し，クモが移動してきて餌を捕えるまで網上に餌を留めておく必要がある（Harmer *et al.*, 2011）。この点で，円網の糸の配置は理にかなったものと言える。縦糸と横糸はそれぞれ異なる分泌腺から紡ぎ出され，その大きく異なる性質によって餌を捕まえるのに必要な役割を分担している（第 11 章も参照）。縦糸は粘着性をもたないが破断強度は大きく，放射状に配置された形状全体で餌が衝突したときの運動エネルギーを受けとめ，網の破壊を防いでいる。一方，餌を網上に留める働きをするのは，粘着性があり，わずかな力でも柔らかく伸びる横糸である（横糸の粘着性は，糸を覆う糖タンパクが主成分の粘球に由来するものと，細かい繊維状の構造に由来するものと二通りある）。仮に横糸が堅くあまり伸びなければ，衝突した餌は網から跳ね返って逃げてしまうだろう。

クモの糸の物理化学的性質は，大瓶状腺から分泌される糸について集中的に研究されてきた。この糸は，縦糸，枠糸，しおり糸として使われており，その成分には MaSp1，MaSp2 とよばれる遺伝子が発現してできる 2 種類のタンパク質が含まれている（Herberstein & Tso, 2011）。MaSp1 は糸の引っ張り強度，MaSp2 は伸張性に関わるタンパク質であり，これらの配合度合によって糸の性質が変わってくる。だから，クモの種によって糸の性質が大きく異なるのは，遺伝的違いがその背景にあり，自然選択の働きを通して現在みられる多様な糸の性質が形成されたと考えられる。一方，糸は分泌腺内に存在するときは液状だが，腹部腹面に位置する出糸突起から体外に引き出されるときに固化する。このときの突起の開口度合や糸の引き出し速度を調整することによって，糸の断面積や成分タンパク質の配向度合いを制御することができる。このような非遺伝的なメカニズムによっても糸の性質は影響を受ける。

## 2. 円網に見られる餌捕獲のためのデザイン

### (1) 網の形態と餌の捕獲効率

糸の性質は，網の性能を決める重要な要因であるが，糸の集合体としての網の形態も，餌をより多くとらえるための進化的なデザインと考えられる。その一例として垂直に張られる円網の形が挙げられる（中田，2010）。垂直円網は，中心から外周までの距離がどの方向でも等しい真円ではなく，上下非対称な形をしていて，「こしき」より下の網の下半分が上半分より大きいことが多い。この形には，捕獲できる餌量を最大にする利点があると考えられている（ap Rhisiart & Vollrath, 1994, Masters & Moffat, 1983）。餌が網の上半分にかかった場合，クモは重力に逆らって餌のかかった場所まで移動しなくてはならないが，このときの速度は，餌が網の下半分にかかったときよりも遅くなる。横糸は優れた粘着性があるが，時間さえかければ餌は網から脱出することができる。このため，クモが瞬時には移動できない網の上方向では，下方向より餌がより逃げやすく，狩り場として劣っている。これには，狩り場として優れた下方向に網を広げ，逆に上方向を縮めることで，より多くの餌を捕獲できるように対処している。

こう考えると，網の上下非対称性は，重力下で餌を効率よく捕獲するための適応の結果としてみることができる。これと関連する現象に，クモが「こしき」で餌を待つ際の頭の向きがある。ほとんどすべてのクモが頭を下に向けて網にとまるのだが，これは速く移動できる方向にあらかじめ向いておくことで，方向転換の際に生じる時間のロスを減らすためであると考えられる（Zschokke & Nakata, 2010）。ところが興味深いことに，日本に見られるゴミグモ属のクモの一部には，頭を上に向けて（つまり逆さまに）網にとまる変わった習性をもつものが知られている。このようなクモは，一見すると上の説明が間違っているかのように思える。しかし，詳しく調べてみると，やはり頭の向きと網の上下非対称性が餌をより多く捕えるために調整されていることがわかった。つまり，頭を上に向けて網にとまるクモでは，網は上半分が下半分より大きい逆さまな形をしており，重力の存在にもかかわらず，上方向にも下方向と変わらない速度で移動できるのである。上下に移動する速度が変わらないなら，網の上半分の方が良い狩り場になる。なぜなら，餌自体も重力の影響で網の上を転げ落ちてくる場合があるからだ。網の下半分にかかった餌が網の上を転げ落ちれば，中心にいるクモからは餌が遠ざかる方向へ逃げていくことになる反面，上半分にかかった餌は労せずしてクモの手に落ちてくる。こうした原理で，頭を上に向けてとまるクモでは，上方向に網を広げるようになったのである（Nakata & Zschokke, 2010）（図 2）。

捕獲域内で横糸と縦糸をどのように配置するかも，餌捕獲装置としての網の性能と密接に関係する。網の粘着性は横糸一本あたりの粘着性に加えて，網の目の幅（隣接する横糸間の距離，以下メッシュ幅とよぶ）によっても決まり，この幅が細かいほど網の面積あたりの粘着性は高くなる（Blackledge

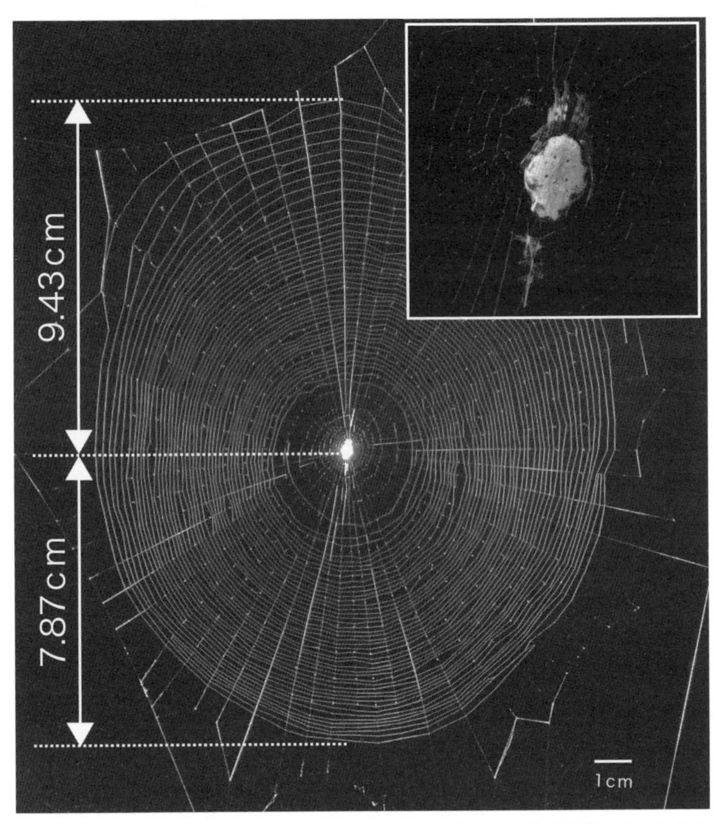


**図2**　ギンメッキゴミグモ *Cyclosa argenteoalba* と，その垂直円網.「こしき」から一番外側の横糸までの距離は下方向より上方向で長い.

& Zevenbergen, 2006)。それにも関わらず，メッシュ幅は，捕獲域中心より外縁の方が広くなっていることが多い。この理由を説明する仮説の一つが，餌の動きを止める縦糸の機能と，餌を網上に留める横糸の機能のバランスを維持するためには，網目の形をできるかぎり一定に保つ必要がある，というものである (Zschokke, 2002)。捕獲域外縁部では隣接する縦糸間の距離（メッシュ長）が広がる。ここで網の形を変えないためには，メッシュ幅も同様に大きくする必要がある（図 3-1)。

一方，網の下方向では，メッシュ幅は外縁部でも大きくならないことが多

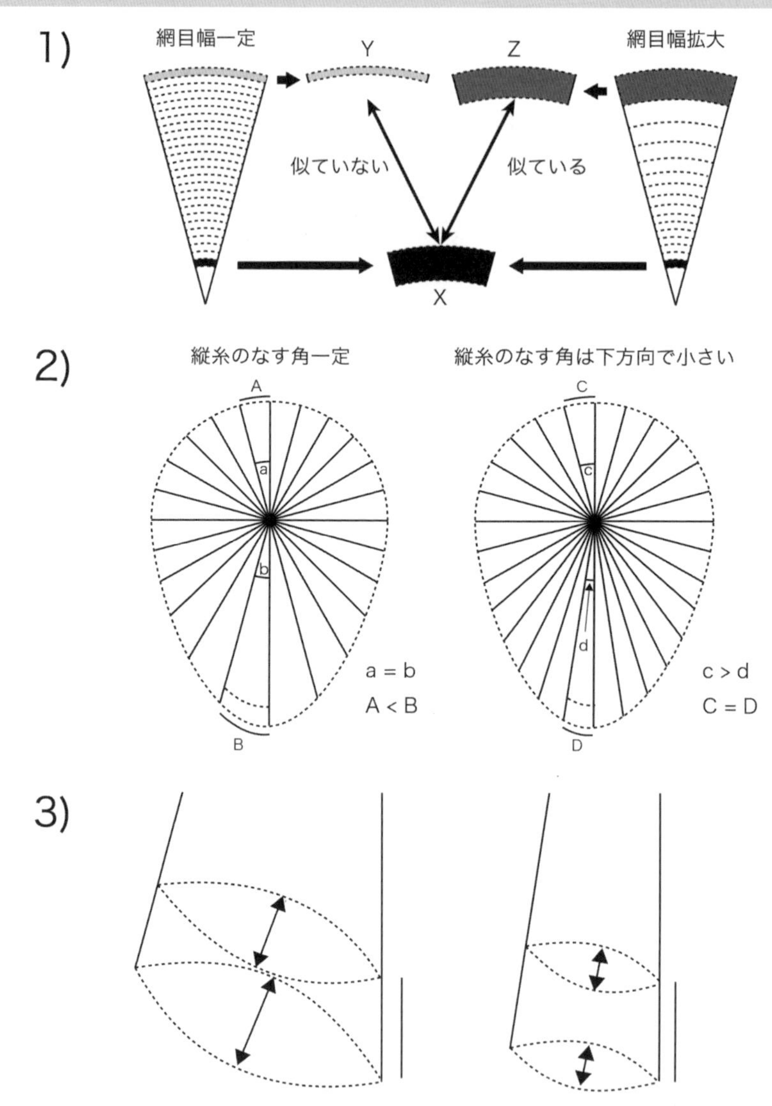


**図 3**　縦糸・横糸の配置方法．縦糸を実線，横糸を破線で示した．1）メッシュ幅を一定にした場合（左），網目の形は中心部（X，4.5 倍に拡大している）と外縁部（Y）で大きく異なるのに対して，メッシュ幅を外縁部にいくにつれ拡大した場合（右），中心部（X）と外縁部（Z）で網目の形はよく似ている．2）縦糸のなす角が方向によらず一定である場合（左），外縁部のメッシュ長は上下で異なるのに対し，縦糸のなす角を下方向で小さくすれば（右）外縁部のメッシュ長は上下で等しくなる．3）図 3-2 の下側外縁部を拡大したもの．縦糸のなす角が方向によらず一定である場合（左），縦糸のなす角が下方向で小さい場合（右）と比べて，横糸が風で揺れた時の振幅は大きくなる．

い（図1）。これは，最下部で網目をつめておけば，餌が網上を転がり落ちても，最後の部分で落下を食い止めることができるからだと説明されている（de Crespigny *et al.*, 2001）。また，隣接する縦糸がなす角は，上半分より下半分で小さいことが多い。クモは網を建築する際に，最初に何本かの縦糸を，例えばYの字になるように張り，その後，すでに存在する縦糸の間を埋めるように新たな縦糸を張っていく。この際に，張り方を上下で変えているのだろう。この現象を適応的な観点から説明する仮説の一つが，縦糸の間の距離がある程度以上（限界メッシュ長と呼ぶことにする）に広がれば，餌が衝突したときに，餌の動きを止めることが難しくなったり網が壊れてしまう可能性がでてくるため，というものである（Zschokke & Nakata, 2015）。縦糸を必要以上に密に張るのは糸の無駄遣いなので，捕獲域外縁部のメッシュ長はどの方向でも限界メッシュ長に一致する，つまり同じ長さになると考えられる（放射状に広がる縦糸の間の距離が最も大きくなるのは捕獲域外縁部なので，ここでのメッシュ長が限界メッシュ長であれば，網のどの場所に餌が衝突しても餌の動きが止められなかったり網が壊れたりといった問題は起らないだろう）。そして，網の形が上下非対称であるため，捕獲域外縁部は網の下方向では上方向より「こしき」から遠くに位置することになり，外縁部のメッシュ長がどの方向でも一定ということは，縦糸間の角度が上方向よりも下方向で小さいことと同じである（図3-2）（Zschokke & Nakata, 2015）。これに対するもう一つの仮説は，横糸が絡まるのを防ぐため，というものである（Eberhard, 2014）。野外で円網を見ていると，横糸が風に煽られて上下に振動している場合があることに気がつく。風が強いと振動が大きくなり，隣接する横糸どうしが絡まってしまい，二本が一本のようになってしまうことがある。こうなると，網は本来の性能を発揮できなくなる。そして，先述したように捕獲域下側の外縁部では隣接する横糸の間隔が狭く，そのままであれば横糸の絡みが生じやすくなる。しかし，縦糸を小さな角度で配置すれば，それだけ横糸が振動する際の振れ幅を小さく抑えることができ，互いに絡みにくくなるだろう（図3-3）。

以上のように，糸の配置が網の性能に影響を与えるという観点から，網の形態を説明するさまざまな仮説が提出されている。しかし，これらの当否の検証はこれからの課題である。

クモが多くの餌にありつくには，網にかかった餌を逃がさないことに加え，網にかかる餌の数を増やすことも重要である。餌がたくさんいる場所に網を張ることは，この目的にかなうだろう。その手段として，クモは網にかかる餌が少ないと，利用している場所を捨てて別の場所に網を移すことが知られている。また縦糸や横糸は光を反射しにくく，餌が網を見つけて回避行動を行うことを防いでいると考えられている。原始的で空中に網を張らないクモも糸を出すが，その糸は昆虫が見える紫外線領域を含む光をよく反射する。このことから，進化の過程で網の視認性を下げるよう糸の性質が進化したと考えられる（Craig, 2003）。網を大きくすることも網にかかる餌の量を増やすだろう（Venner & Casas, 2005）。しかし，大きくなった網では，外縁部に餌がかかった場合，クモが餌の場所まで移動するのに時間がかかったり，餌が出した振動が「こしき部」まで届かないかもしれず，餌に逃げられる可能性が高くなる。また大きな網では，網の建築にかかる材料（糸の原料のタンパク質は，クモの成長や繁殖にも必要であることに注意してほしい）と時間のコストが大きい。このため，網をむやみに大きくしても，それに見合うだけの餌量の増加があるとは限らず，網の大きさは一定の値にとどまるのだ。

### (2) 餌を呼び寄せるルアー

クモの網には，餌を騙して行動を操作し，網に誘引する効果をもつ装置もある。昼行性のクモの円網にしばしば見られる装飾物（多くの場合「こしき」付近にある）がそれであり，その少なくとも一部が，騙しのテクニックとして使われている。装飾物のなかには糸でできた白帯とよばれるものがある（図1）。白帯を作る際に使われる糸は，縦糸や横糸と異なり紫外線領域の光を強く反射し，餌の昆虫からよく見える。白帯の有無と餌捕獲の関係を調べると，白帯をもつ網の方が多くの餌を捕らえていることが示されている（Bruce *et al*., 2001）。また，T字迷路実験（T字型の通路を作り，Tの横棒にあたる部分の先に異なる刺激を提示したうえで，縦棒を通ってきた動物が交点部でどの方向に進むかを観察する実験）で餌昆虫に白帯の「ある網」と「ない網」を提示すると，餌は白帯の「ある網」の方を選ぶことが多いが，この傾向は網を照らす光から紫外線成分を取り除くと失われる（Watanabe, 1999）。つまり，餌昆虫は紫外線領域でよく目立つものに引き寄せられ，網にかかるのである。ただし，すべての白帯に餌誘引機能があるわけではないようで，鳥などが網にぶつからないよう網の存在を告知している場合や，捕食者の注意をそちらに向けることで対捕食者防御に役立っている場合もある（Blackledge & Wenzel, 1999, Bruce *et al.*, 2001）。また，白帯で餌誘引を行っている種でも，目立つことで捕食者を誘引するリスクもあるようで，両者の間にはトレードオフ関係があると考えられている（Tseng & Tso, 2009）。またクモのなかには，網に餌の食べかす等のゴミを飾る種もいる。このゴミリボンは隠蔽の機能があるらしい（Gonzaga & Vasconcellos-Neto, 2005）が，一部のクモではゴミから発生する匂いがハエなどを誘引しているようである（Bjorkman-Chiswell *et al.*, 2004）。

## 3. 網の特徴の変異を生みだす要因

### （1）物理的制約

これまで述べてきたように，網の形態的特徴はその性能に大きな影響を与える。一方，網を詳しく調べると，その特徴には種内でも大きな変異がみられる。まず物理的環境から受ける制約が網の形の変異をもたらしている。クモが網を張るためには，枠糸を付着させるための適切な空間が必要だが，そのような空間が簡単に見つかるとは限らない。そのような場合，クモは利用できる空間に応じて柔軟に網の形を変えることができる。Vollrath *et al.*（1997）は，さまざまな大きさや形の枠の中でニワオニグモ *Araneus diadematus*（口絵①A）に網を張らせたところ，小さな枠の中では網サイズは小さくなったが，枠内で網の占める部分の比率が大きくなり，メッシュ幅も小さくなった。小さな網しか張れないことによるデメリットを，メッシュを細かくして補ったと解釈できる。つまり，クモは網のサイズを単に縮小させたのではなく，与えられた空間をより効率的に利用できるように網の建築行動を調整したのである。また，横長の枠の中では，通常の縦長ではなく，横長の網が張られた。これも空間をより効率的に利用するための柔軟な建築行動の現れであろう。また，Harmer & Herberstein（2009）は，「はしご網」を作る *Telaprocera maudae* というクモが樹木の幹に添って網を張ることに着目し，通常この種が利用する空間よりもっと大きな幅をもった空間をクモに与え，網形態の変化を観察した。すると驚くべきことに，この人工的な環境で張られた網は通常の円網に近いものであった。われわれが観察するクモの網の特徴は，特定の物理的条件下でたまたま現われているものに過ぎず，クモに内在的に備わっている性質を見ているのではないのかもしれない。

強い風もさまざまな影響を網に与えている。Turner *et al.*（2011）は，風があるとクモが網にかかった餌に到達するのに長い時間がかかることを示している。これは，風の影響で餌捕獲効率が低下することを意味しており，風の強い日にクモが網をたたむ習性と関係している。また強風は網を破壊することもある。Vollrath *et al.*（1997）は，風が吹いている環境で張られるニワオニグモの網は，サイズが小さく，縦糸や横糸の本数が少ないことを観察している。また Vollrath *et al.*（1997）は，この網の中心に重りをぶら下げてみたところ，風のない条件下で張られた網に比べて，変形度合が小さかったことも報告している。風が吹く環境では網はより大きな力を受けるので，クモはあらかじめ強い網を張ってこれに備えていると考えられる。Liao *et al.*（2009）はトゲゴミグモ *Cyclosa mulmeinensis*（口絵①B）でも同じように，風が吹くと網が小さく強くなることを報告し，この現象が生じるさらに詳しいメカニズムを調べている。その結果，縦糸を構成するアミノ酸の種類と糸の太さは，風の有無に関わらず同じであることがわかった。このことから，網の性質の変化は，タンパク発現に原因があるのではなく，クモが糸を紡ぐ際の行動に由来する可能性が示唆される。

さらに風に抗する必要性は，異なる環境に住む種間の網形態の違いを説明することができる。風が吹きやすい海岸に生息するトゲゴミグモの網の縦糸は，風の少ない林内に網を張るギンナガゴミグモ *Cyclosa ginnaga*（口絵①C）のものと比べて大きな引っ張り強度をもち，糸が切れるまでに吸収できるエネルギーも大きい。この違いには糸のアミノ酸構成が影響しており，トゲゴミグモの縦糸はギンナガゴミグモよりグリシンに富み，グルタミンが少ない。また，風のある環境下ではトゲゴミグモの網は目が粗くなり，これも風によって引っ張られる力を小さくすることに寄与していると考えられている（Liao *et al.*, 2009）。またトゲゴミグモは，横糸を覆う粘着物質の量を増やすことで網構造の変化による性能低下を補っているようである（Wu *et al.*, 2013）。

### (2) 生物学的制約

網の形態には生物学的制約も影響している。例えばクモの成長は網の形態に影響する（Heiling & Herberstein, 1998）。網の上下非対称性も成長によって変化し，下半分が全体の面積に占める割合が成長に伴って次第に大きくなっていく。この現象は，クモが成長して初めて非対称な網が完成するためだと考えられていたが，最近では成長につれて上下に移動する際の速度差が大きくなることへの対応として，クモが積極的に行っている可能性も示唆されている（Gregorič *et al.*, 2013, Kuntner *et al.*, 2010, Nakata, 2010b）。また，過去の餌捕獲量が低下して分泌腺内に蓄えられている糸タンパクが少なくなると，網の大きさ，縦糸横糸の本数，白帯の大きさが制約されることもわかっている（Eberhard, 1988, Tso, 2004）。

クモは一般的に網にかかった餌を分け隔てなく食べる何でも屋の捕食者とされている。このためクモの採餌生態の研究の多くは，種類に関わらず捕獲した餌の総量を興味の中心としてきた。一方，近年は餌の栄養的な質にも注目が集まっており，成長率，生存率，繁殖率といったさまざまな面で餌の質の影響が明らかにされている（Wilder, 2011）。餌の質はタンパク質のアミノ酸構成を介して糸の性質にも影響する（Craig *et al.*, 2000, Tso *et al.*, 2005）。アミノ酸のなかで，体内で合成できないものや，合成にコストがかかるものは餌から得る必要がある。そして，網の構造には餌の質も影響するが，影響の仕方は種によって異なっている。例えば，高タンパク餌を与えると，タイリクキレアミグモ *Zygiella x-notata*，ナガマルコガネグモ *Argiope aemula*（口絵①D），トゲゴミグモでは，縦糸の本数が増えた一方で，コガネグモの一種 *Argiope keyserlingi* ではそのような傾向は見られなかった（Blamires *et al.*, 2009; Mayntz *et al.*, 2009）。一方，白帯サイズはコガネグモの一種 *Argiope keyserlingi* とナガマルコガネグモで高タンパク餌条件下での増加が見られ，ナガマルコガネグモではさらにメッシュが粗くなった（Blamires *et al.*, 2009; Blamires & Tso, 2013）。

### (3) 状況に応じて変わる建築行動

網の形態は環境から制約を受けるだけではなく，クモによる能動的な調整によっても変化する。満腹時や産卵・脱皮直前のように餌の必要性が小さい状況では，クモは小さな網を張ることが一般的である（Sherman, 1994）。一方，飼育下で餌の存在を示す手がかりを与えると，クモは網の建築頻度を増やしたり（Herberstein *et al.*, 2000），網のサイズを大きくする（Nakata, 2007）。この現象は，実際に餌を食べなくても観察されるので，クモは自らが得た手がかりをもとに，高い餌獲得を期待して採餌活動を高めていると解釈できる。逆に，捕食者の存在を示す手がかりに晒されると，クモは網を小さくする（Li & Lee, 2004, Nakata, 2008, Nakata, 2009）。これは，捕食者の襲撃が予測されるときは，捕食されるリスクが高い網張り行動を行う時間を短くしようとするからだと考えられている。また，ミツカドオニグモの仲間 *Parawixia bistriata* は，餌として大型のシロアリ有翅虫が期待されるときは，メッシュが粗い大きな網を張る（Sandoval, 1994）。クモは網の上下非対称性も能動的に調整しているようで，飼育下で網の片側だけに餌を与えると，その側だけ捕獲域が広がった網が観察される（Heiling & Herberstein, 1999, Nakata, 2012）。さらに，クモは網を張る場所を，餌のとれやすさや，捕食者の有無，網を壊す大型動物との接触頻度などによって変えることも知られている（Chmiel *et al.*, 2000, Nakata & Ushimaru, 1999, Nakata & Ushimaru, 2013）。そして，網を新しい場所に移した直後には，網のサイズは小さくなる（Nakata & Ushimaru, 2004）。これはおそらく未知の場所でどの程度の大きさの網を張ればいいかわからないときに，無駄に網を大きくすることを避けるためである（Mori & Nakata, 2008）。このように，クモは状況に応じて建築行動を柔軟に変える能力が大きい。先に記した餌の栄養的質が網形態に与える影響は，必ずしも利用できるタンパク質の量が制約として生じているのではなく，入手したタンパク質量を手がかりとした能動的な形態調整の可能性もあるだろう。しかし今のところ，どちらが支配的なのかはわかっていない。

### （4）制約と適応の綱引き

個々の網の形態的特徴の変異には，環境からの制約として強いられるものと，クモ自身の適応的調整の結果として現れるものの両方が存在する。さらに，この二つの要因は必ずしも独立なものではなく，相互作用しながら影響していくものであろう（図 4）。物理的・生物的制約は，網の形態を最適な状態にすることを妨げる一方で，クモの能動的な建築行動の調整は，それら

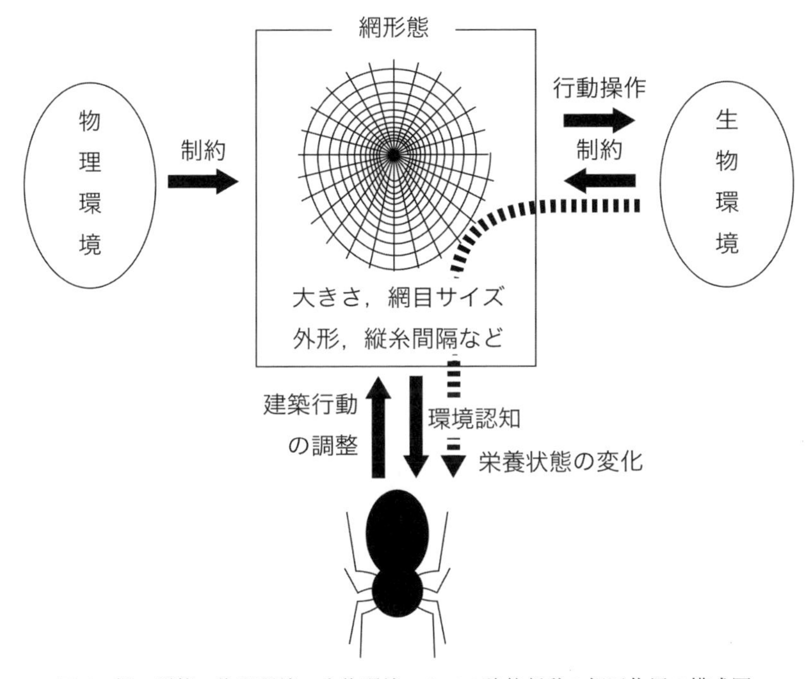


**図 4**　網の形態，物理環境，生物環境，クモの建築行動の相互作用の模式図.

制約を緩和，もしくは強化する働きをすると考えられる。さらに，建築行動を調整するためには，クモは現在の環境条件がどのようなものかを知る必要があるが，その手がかりの多くが過去の採餌経験から得られることは非常に重要である。というのは，網から離れることがほとんどなく，網を伝わる振動によって環境の状態を知るクモにとって，網の形態や糸の特性はクモの環境認知に関わってくるからだ（Nakata, 2010a）。このため，制約と適応的調整の相互作用の影響は，ある一時点だけでなく将来にわたっても続くだろう。ある時点でのあるクモの網の形態の意義について理解しようとするならば，過去の履歴も含めて複雑に絡み合った要因を丁寧に解きほぐしていくことが必要になるのである。

（中田兼介）

## 3 クモと餌

クモは陸上生態系を代表する捕食者であり，すべての種が肉食性とされている。捕食者の最も面白い点は，餌の捕獲様式の多様性ではないだろうか。植食者や腐食者でみられる，ただ餌を食べるだけの行動とはまるで違うからである。例えば，アリや蛾に特殊化したクモの存在は古くからナチュラリストが注目するところであった。一方で，餌とクモの多様な関係を理解するには，自然界のクモがどのような餌環境のもとで暮らしているかという背景要因を知る必要がある。そこで本章ではまず，クモがおかれている餌不足の実態とその対処法について，餌の量と質の両面から紹介する。次に，最近研究が著しく発展しているクモの餌に対する特殊化について，その進化的な背景や行動的な特徴に注目して紹介する。最後に，これも近年の研究発展が目覚ましいクモの植食とその意義について紹介する。クモの変わった行動の記載を超えた，新たな潮流を垣間見ることができるだろう。

### 1．餌の量と質

#### （1）餌量の制約

クモの個別論に入る前に，まず肉食者のメリットとデメリットを考えてみよう。これは，植食者と比べるとわかりやすい。まずメリットとしては，餌の質が植食者より断然高い。植物には，細胞壁を構成するセルロースやリグニンなど，動物が消化できない物質が多量に含まれているが，肉食者の餌は動物なので，タンパク質や脂質などの栄養分の構成が自身とよく似ていて，消化や吸収の効率がいい。一方で肉食者には大きなデメリットもある。まず餌の絶対量が限られている。植食性昆虫の幼虫は，食草や食樹の上で暮らしているので，食と住が一体化している。ウサギやシカのような哺乳類でも，ふつう餌植物の集まり（パッチ）は自身の体よりも十分に大きい。もちろん数が増えすぎれば餌不足になるが，肉食者にとっては，贅沢な話である。もう一点のデメリットは，餌を捕まえにくいことである。植物は逃げることはないが，動物は肉食者から逃げる術をもっている。だから，それを上回るだ

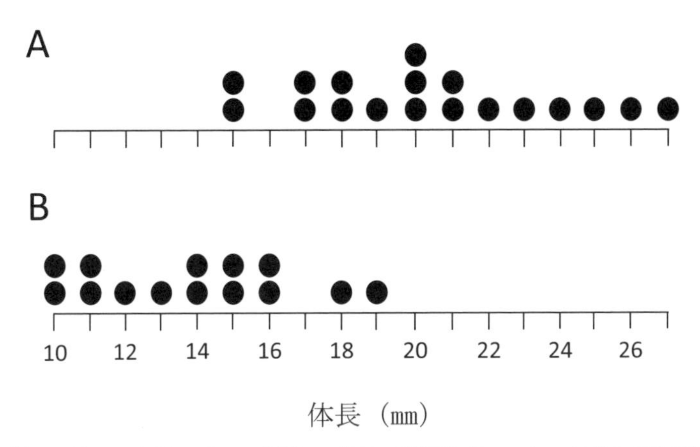


**図1**　ジョロウグモ（メス成体）の体長の頻度分布．A と B はそれぞれ東京都田無市における生息地，黒丸は個体を表す．Miyashita（1992）を改変．

けの捕獲術がないと餌にありつけない。以上まとめると，肉食者は全般に，餌の質には恵まれているが，量的には困窮していることが推察される。

クモは肉食者の一員なので，自然界で餌に不自由していることは容易に想像がつく。餌不足を裏づける間接証拠として，クモの体サイズの大きなバラツキが挙げられる。ジョロウグモ *Nephila clavata*（口絵⑩）は日本でもっとも眼につく大型の円網種である。東京都田無市における 2 カ所の集団（200 m ほど離れている）で調べた結果によれば，ジョロウグモのメス成体の体長は 10 ～ 27 mm の範囲でばらついていた（図 1；Miyashita（1992）を改変）。この差を体重換算すれば 10 倍以上の開きになる。また，2 つの集団間の平均体長にも 1.5 倍ほどの差があった。メス 1 個体の 1 日当たりの摂食量を見取り調査で推定したところ，サイト A では 72mg，サイト B では 20mg で，やはり数倍の開きがあった（Miyashita, 1992）。クモではメスの体サイズと産卵数に強い相関があるので，次世代に残す子の数にも大きな影響を及ぼしている。野外のクモは，個体レベルだけでなく，個体群レベルでも餌が制限要因になっているのである。

一方で，クモは餌不足に対して積極的な適応もしている。飢餓状態になると，代謝率を平常時の半分以下に落とすことができ，水だけで数週間も生存できる（Tanaka & Ito, 1982）。さらに，クモは運動時の代謝も低いらしい。

これは，嫌気呼吸を行って低代謝を維持しているからだと考えられている。驚くことに，脚の筋肉の細胞には，酸素呼吸をつかさどるミトコンドリアがほとんどないという（Linzen & Gallowitz, 1975）。こうした節約的な生理特性のため，おそらく野外で餓死するクモはほとんどいないと思われる。さらに，造網性クモでは，空腹になると多くの餌を獲得するために，網の大きさや構造を変えることが知られているが，詳細については第2章を参考にされたい。

### （2）餌の質の問題

植食者では，よく餌の質が問題となる。100 種以上の樹木の葉を食べるマイマイガやアメリカシロヒトリのような種は例外で，オオルリシジミやミヤマシジミのように，食草が特定の種（それぞれマメ科のクララとコマツナギ）に限定されることは珍しくない。植物はタンニンやアルカロイドなど，植食者にとって有害な化学物質を多数発達させているので，植食者は自分に合った植物を餌として選ぶ必要がある。

一方でクモは肉食者だから，餌の質はあまり重要でないように思える。だが，クモの主な餌である昆虫の体内に含まれる栄養素を調べると，種類よって質に大きなバラツキがある。窒素含有率では 6 ～ 13％，脂質にいたっては 5 ～ 56％も開きがあるのだ（Pekár *et al.*, 2010）。植物のように有害な化学物質がないとしても，バランスを崩した食事では，さまざまな障害がでる。実際，クモに同じ餌を与え続けて飼育すると，脱皮の失敗などで成体になるまで育て上げることが難しいことはよく知られている。

そのため，クモは栄養バランスを保つために，餌の摂食を調節している。コモリグモの一種 *Pardosa prativaga* を用いた実験によると，事前にタンパク質の含有量が高いショウジョウバエを食べると，その後は脂質含有量の高いショウジョウバエを多く食べ，逆に脂質の多い餌を食べた後はタンパク質の高い餌を多く食べるという（Mayntz *et al.*, 2005）。また，タンパク質と脂質の比率は，餌の種類だけでなく，個体のパーツによっても異なっている。一般に昆虫類では，頭部と胸部には筋肉を構成するタンパク質が多く，腹部には脂質が多いからである。アリを専門に捕食するホウシグモの一種 *Zodarion rubidum* は，アリの腹部よりも頭胸部を優先的に摂食する。このクモに，アリの頭胸部と腹部のいずれか一方を与えて飼育すると，腹部のみを与えたクモは1カ月ほどで全て死亡したが，頭胸部を与えた個体は順調に発育した(Pekár *et al.*, 2010)。このクモは，栄養バランスのいいアリの頭胸部を選択的に食べることで，餌の専食から生じる栄養の偏りを回避していたのである。

クモにとっての餌の量と質の関係は次のようにまとめられる。自然界のクモは餌不足の状態にあり，いかに多くの餌を獲得するかが第1の課題となっている。それがある程度満たされた後は，栄養バランスの維持という第2の課題があり，摂食する餌の質を調節している。次節で紹介する特定の餌に専食しているクモでは，そうした質の偏りを克服するための行動的あるいは生理的な適応が発達していると思われる。しかし，後者についてはほとんど未解明である。

## 2. 多様な餌メニュー

クモの主な餌は文句なく昆虫である。その圧倒的な個体数とともに，体サイズもクモとほぼ同じ範囲であることを考えれば当然であろう。目レベルではほとんどの分類群を餌としているが，その中心はハエ目（43%），カメムシ目（17%），コウチュウ目（8%），ハチ目アリ科（8%）の順である（Pekár *et al.*, 2011; 400編以上の論文から集めた約135,000匹の餌から算出）。

昆虫以外で注目すべき餌はクモ自身である。クモ目は動物で7番めに種数の多い目であり，個体数も多いことからして，専食が生じても不思議はない。だが，生活様式の似た捕食者を餌にすることはリスクがありそうだ。昆虫やクモ以外の無脊椎動物では，甲殻類やミミズが餌として知られているが，ごく一部のグループが利用するに過ぎない。大型のクモでは，脊椎動物が捕食対象になることもある。魚類や両生類は，水辺に住むハシリグモ類やシボグモ類，コモリグモ類など徘徊性のクモの餌になっている（Menin *et al.*, 2005; Nyffeler & Pusey, 2014）。また小型の鳥類やコウモリは，ジョロウグモ類やオニグモ類など，空中に大型の網を張るクモの餌となることもある（Nyffeler & Knornschild, 2013）。日本でも，オリイコキクガシラコウモリがオオジョロウグモ *Nephila pilipes* の餌になっている写真が撮影されている(図2)。ただし，クモによる脊椎動物の捕食は，人目を引く珍しい記録として派手さはあるが，クモの主要な餌になっているとは考えにくい。養魚場でハシリグモが多数の

**図2**　オリイコキクガシラコウモリを捕食するオオジョロウグモ．鹿児島県奄美大島にて前園泰徳撮影．

小魚を殺したという記録はあるが（Nyffeler & Pusey, 2014），餌としての価値は，せいぜい特定の個体に対して気まぐれな「ボーナス」を提供する程度であろう。

この節では，クモにおける餌への特殊化(specialization)を，昆虫を中心とした節足動物との関係から紹介する。餌の特殊化は，形態や行動，生理的な特殊化をともない，時として種分化にもかかわるため，進化生物学的に大変興味深い現象である。なお，ここでは餌の特殊化を専食(stenophagy)と同義に扱う。専食は，ある特定の餌を利用することを意味するが，依存度が100%（単食：monophagy）とは限らないことを付け加えておく。クモに限らず，捕食者で単食は非常に希と思われる。

## 3. クモの専食

### (1) 専食のタイプと進化傾向

専食の定義は相当に難しい。まず，「ランダムな存在量より多くの個体を餌にする」という確率論は通じない。そもそも生活形や行動，体サイズが異なる膨大な昆虫について，野外で偏りのないサンプリングなどできないからである。専食を特殊化の反映と捉えれば，特定の昆虫に対する特別な捕獲手段の有無を基準とすることは進化生物学的に意味がある。しかし，研究がそこまで進んでいるクモは少ない。クモ目全体を俯瞰するには，多少の恣意性はあっても，やはり餌の構成をもとに数値基準を設けて定義するのが現実的であろう。

Pekár *et al.*（2011）は，1903年から2009年の間に出版された65科，311属，562種のクモの餌データを使って，クモ各種について専食の判定を行い，専食のタイプと頻度，系統樹に基づいた進化傾向などを明らかにした。専食の定義は，基本的に目レベルを単位とした餌の多様度指数を用いた（詳細は原著参考）。その結果，156種のクモが専食と判断され，内訳は，アリ科50%，クモ目18%，チョウ目14%，シロアリ目10%，ハエ目7%，甲殻類2.6%となった。

まずアリやクモへの専食は，さまざまな系統で何度も独立に起きている。ともに捕食者であり手ごわい相手であるが，一度特殊化すれば，個体数が多いため良い餌資源に違いない。ハエトリグモ科やホウシグモ科でよくみられるアリ専食や，コガネグモ科で2回進化した蛾への専食は，系統進化的には比較的最近になって起きたようである（図3）。反対にクモの専食は祖先的なものが多い（図3）。アリや蛾に比べてクモの出現ははるかに古いので，大進化の歴史とほぼ一致しているようだ。マイナーなところでは，イノシシグモ科でみられる甲殻類（おもにダンゴムシ）への特殊化も派生的である。特殊化が系統的に後から起きること自体は，ごく自然であろう。

2000年以降になって，クモの専食についての研究は飛躍的に進んでいる。特に興味深いのは，ホウシグモ類（口絵②A）のアリへの専食とハエトリグ

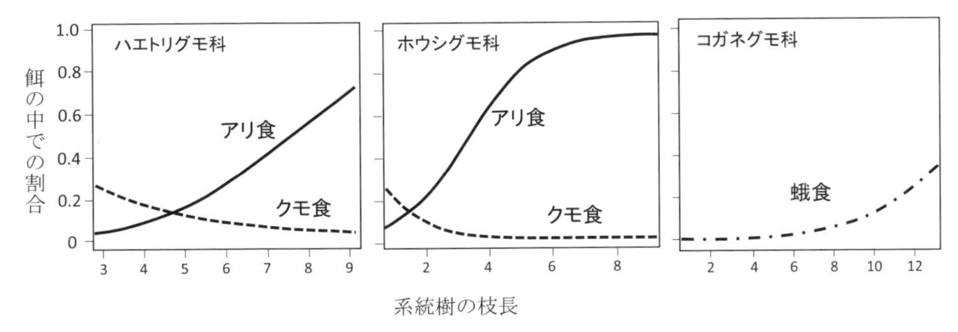


**図3** クモの系統樹上での位置と特定の分類群が餌中に占める割合との関係．枝が長いほど分岐年代が新しいことを表している．Pekár *et al.*（2011）を改変．

モの一種による蚊の専食である。また，蛾の専食については目覚ましい進展はないものの，著者らによる新たな発見も加わっている。さらに，証拠としてまだ十分ではないが，死体の専食の可能性についても簡単に触れたい。クモ食については，本書の第④章や宮下（2000）で紹介されているので割愛する。

### （2）アリ食い

アリに特殊化したクモはさまざまな科でみられる。日本ではアオオビハエトリ *Siler vittatus*（口絵②B；ハエトリグモ科）やミジングモ類（口絵②C；ヒメグモ科）がよく知られている。またホウシグモ科では *Zodarion* 属を中心に，派生的な種のほとんどはアリに特殊化している。地面を見ればたいていの場所でアリが歩いているように，少なくとも量に関しては申し分ない餌であり，特殊化する価値は大きい。しかし，アリは集団で餌を襲う捕食者であるから，それを狙うのは危険な賭けでもある。だからアリを専食するクモは，むやみに噛みついて力ずくで抑えるのではなく，距離をとりながら脚などに一瞬だけ噛みつき，いったん退いて様子を見るような慎重な攻撃をすることが多い。アリ食に限らないが，餌の特殊化にはほぼ間違いなく行動の特殊化が絡んでいる。

ただし，これらのクモでは餌のすべてがアリとは限らない。ヨーロッパのヤマジハエトリの一種 *Aelurillus m-nigrum* では，実験的に餌を与えると，他の昆虫より明らかにアリを好んで捕らえるが，野外のクモの餌でアリが占める割合は 4 割程度であった（Huseynov *et al.*, 2008）。アリに特殊化したハエトリグモ全般についても同じことがいえるようで，特殊化しているとはいえ，他の昆虫も十分餌として認識している。

だがホウシグモの仲間は，ほぼ完全にアリ食のようだ。ヨーロッパの *Zodarion germanicum* と *Z. rubidum* では，野外で捕獲した餌（83 匹）の全てがアリだった。実験的にハエやコウチュウを与えてもまったく攻撃しなかったことから，他の昆虫は餌と認識していないようである。さらに驚くべきことに，*Z. germanicum* では，餌としてアリの亜科レベルで特殊化している。ヤマアリ亜科のみを餌に飼育すると正常に発育するが，フタフシアリ亜科のアリのみの場合は，かなりの個体が途中で死亡した（Pekár *et al.*, 2008）。アリの亜科間では，タンパク質や脂質などの含有量に違いはなかったので，微

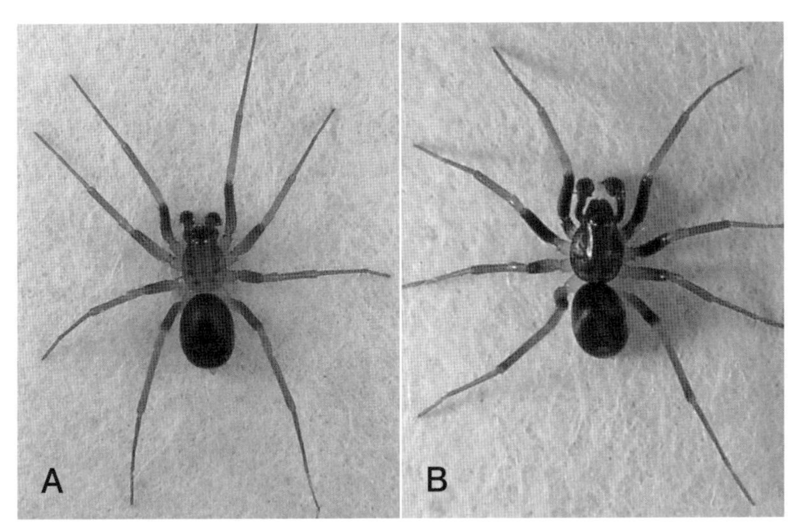


**図4**　ポルトガルに住むホウシグモの一種 *Zodarion styliferum* の2種類のタイプ．外見はきわめて類似しており，色彩以外の形態ではほとんど区別できない．Stano Pekár 撮影．

量の栄養素か毒物質が関与していると思われる。

ホウシグモの研究では，さらに面白いことがわかってきている（Pekár *et al.*, 2012）。ポルトガルの *Z. styliferum* には，体色のみで区別可能な2タイプ（ここではA, Bとする）がいる（図4）。Aは草地や裸地などの開放環境に住み，Bは藪のある環境に住んでいる。Aはヤマアリ亜科，Bはフタフシアリ亜科を主な餌にしている。実験的にクモからアリへの攻撃率を調べると，自身の餌に対してよく攻撃した。また，クモの噛みつきによって注入される毒物に対する感受性にも違いがあり，ヤマアリ亜科はAの攻撃で早く麻痺し，フタフシアリ亜科ではBの攻撃で早く麻痺して動けなくなった。毒成分であるペプチドの分子構造にも2タイプのクモで違いがあったので，行動だけでなく化学物質においても，それぞれの餌に対して局所適応していることがわかった。交配実験でも他のタイプとは交配する頻度が低かったことから，ホウシグモのAとBは，形態では明確に区別できない「隠蔽種」としてすでに種分化が起きている可能性が高い。寄生者や植食者でみられる宿主適応と同じ現象が，捕食者であるクモでも起きているという，非常に興味深い例である。

### (3) 蛾食い

蛾や蝶は他の昆虫と違って翅が鱗粉で覆われている。だから粘性に優れた円網にかかっても，鱗粉のみを網に残して本体は逃れることができる。著者は，以前に多数のジョロウグモを観察していた頃，蛾の鱗粉で汚れた網（本体の残骸はない）を何度も見たことがある。もちろん，時にはクモの餌になることはあるが，蛾は一般にクモが最も捕えにくい昆虫である。クモでは蛾への明確な特殊化が，コガネグモ科で2回起きているだけなのは，そのためであろう。

トリノフンダマシ亜科は，全てが蛾の専食者である。ナゲナワグモ類は特に有名で，先端に巨大な粘球をつけた一本の糸を振り回し，自分よりはるかに大きな蛾を捕らえる（図5）。粘球の粘性と糸の伸縮性はともに非常に強く，一度かかった蛾はまず逃れることはできない。一方，トリノフンダマシ類（口絵③）は円網を張るが，横糸と縦糸は数本しかなく，やはり糸の粘性や伸縮性は非常に強い。普通の円網と違って，横糸に蛾が触れると，縦糸との片方の接点がたちどころに切れ，蛾は宙吊り状態になる（図5）。一本の横糸が，まるで伸縮自在なゴム紐のようになり，ばたつく蛾のエネルギーを吸収できるのである。

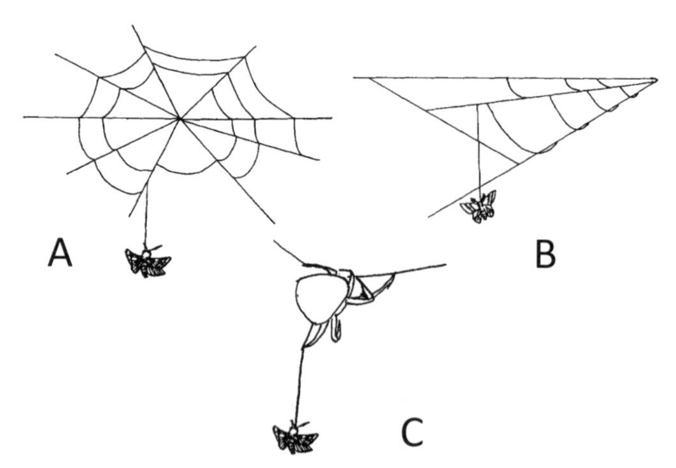


**図5** トリノフンダマシ亜科の網と餌捕獲の様式．A：トリノフンダマシ類，B：ツキジグモ類，C：ナゲナワグモ類．

ナゲナワグモは餌を待つとき，ヨトウガの仲間の性フェロモンと同じ物質を体から放出する。だから特定の種のオスの蛾が，クモの体のすぐそばに接近してくる。匂い物質を使って他の生物を騙して攻撃するという意味で，「攻撃的化学擬態」とよばれている。トリノフンダマシの餌も多くが蛾であるが，餌の種類は多様で雌雄ともに含まれている（Miyashita *et al.*, 2001）。だから，トリノフンダマシは匂い物質を放出していないと考えられる。ナゲナワグモと違い，メッシュは粗いが大きな網を張るので，誘引する必要がないのだろう。

トリノフンダマシ亜科でみられる強力な糸の粘性は，蛾への特殊化のために進化した新たな形質である。だが，特殊化は往々にして他の機能を低下させる。トリノフンダマシでは，糸の粘性が数時間で低下し，その後はまったく粘らなくなってしまう（Cartan & Miyashita, 2000）。この性質は本亜科に共通しており，三角形の簡素な網を張るワクドツキジグモ *Pasilobus bufoninus*（口絵②D）でも確かめられており（谷川，2012），ナゲナワグモでもそのように推測されている（Eberhard, 1980）。他のクモの横糸は，何日たっても粘性が低下しないのとは対照的である。ただ，トリノフンダマシの糸でも実験的に湿度を100％近くに保つと，粘性は数時間しても低下しない（Baba *et al.*, 2014）。言い換えると，トリノフンダマシの糸は，高湿度でしか機能しないのである。
そのためか，トリノフンダマシの造網の時間帯は不規則で，湿度が95％以上にならないと造網しない（Baba *et al.*, 2014）。湿った日は日没直後に造網するが，夏の乾燥した日には朝露が降りる午前3時頃まで網を張らない。他の円網クモでは規則正しい時間に網を張るのとは好対照である。こうした違いをもたらす物質的な仕組みは未解明だが，強力な粘性をもつことと，粘性を維持することには別の物質が関与している可能性が高い。その配合によって，どちらの性質が高まるかが決まるのだろう。

### （4）蚊食い

ハエ目は個体数が最も多い昆虫のひとつであろう。野外に粘着トラップを設置すると，数日で無数のユスリカやクロバネキノコバエが捕まる。そのうえ，アリのような攻撃性はないし，蛾のように鱗粉で防御していることもない。その気になればいくらでも捕えられる餌であり，あえて特殊化する必要もないように思える。そのためか，クモのハエ目への特殊化はあまり話題に上がらなかった。しかし，アフリカに住むハエトリグモの一種 *Evarcha culicivora* は，哺乳類の血を吸ったガンビエハマダラカ *Anopheles gambiae* のメスを選択的に食べることがわかった（Jackson *et al.*, 2005）。この発見は，非常に話題性のある研究に発展しつつある。

このハエトリグモを用いた餌の選択実験によれば，他の種類の昆虫はもとより，ガンビエハマダラカであっても吸血していない場合は，他の昆虫と同程度の選択性しか示さないことがわかった。この選択は，視覚と嗅覚のどちらか一方だけでも行える。さらに，クモにさまざまな合成画像を提示して選択性をみる実験を行ったところ，ガンビエハマダラカの静止時の姿勢，つまり腹部を持ち上げる独特の姿勢に対して反応していることもわかった（Nelson & Jackson, 2006）。

さらに驚くべきことに，吸血した蚊を摂食したクモには異性を誘引する効果があり，血の匂いがあたかも香水のように働いているらしい（Cross & Jackson, 2010）。動物の血液は栄養的なメリットがあることに加え，異性を魅惑するメリットもあるという予想外の結果である。なおこのクモは，ユスリカなどが圧倒的に多い環境のなかでもガンビエハマダラカを選んでいるが，時にはユスリカも利用しており，ホウシグモやナゲナワグモほどの特殊化はしていないようだ。

### （5）死体食い

捕食者であっても必ず生きた生物を食べているわけではない。死体に出会えば，むしろ労せず得られる餌として歓迎すべきかもしれない。だが肉食哺乳類で普通にみられるそうした行動は，昆虫（腐肉食者は除く）やクモでは意外と報告が少ない。

大型の造網性クモの網では，よく体長 1 mm ほどのアブラムシやユスリカが放置されたまま死んでいる。ジョロウグモをよく観察すると，時々思いだしたようにこれらの死体を拾い食いしている。また，網を張り替えるときは，古い糸を摂食してタンパク質をリサイクルするが，その際に死んだ昆虫も一緒に摂食している。また，クモの飼育容器内で死んだまま放置されていた餌が，いつの間にかなくなっていることもある。これらの事例はどれも死体食いには違いないが，積極的な行動とはいえないし，まして特殊化ではない。

ところが，人家に住むドクイトグモ *Loxosceles reclusa* では，積極的に死体を食べているという報告がある（Sandidge, 2003）。カンザスの 71 戸の人家を調べたところ，25 戸以上で昆虫などの死体を食べていたが，生きた餌を襲って食べた例は一度も目撃されなかった。生きた昆虫と死んだ昆虫を用いた餌の選択実験でも，84％で死体を摂食した。ドクイトグモは死体食いに特殊化しているとはいえないが，副次的な死体食い以上の積極性があるようだ。家屋には，その中に迷い込んで死んだ昆虫が豊富である。こうした環境では，反撃されるリスクのない死体を選ぶほうが適応的であるため，ドクイトグモの死体食い行動が進化したのかもしれない。日本にも同属のイトグモ *Loxosceles rufescens*（図 6）がいて，やはり家屋に住んでいるが，死体にどの程度依存しているかは全く不明である。

**図 6**　イトグモのメス．谷川明男撮影．

## 4. 植物食

純肉食性とされるクモが植物を食べるなど，以前は想像すらできなかったが，最近の研究で続々とその実態が解明されている。もっとも，フランスではオオカミが熟したブドウを食べに来ると言うのだから，クモが植物食をしても不思議はないのかもしれない。ここでは，クモの植物食の事例を紹介し，その生態学的意義について考えていく。

### （1）花蜜

花の蜜は糖類のほか，アミノ酸，脂質，ビタミン，ミネラルを含む栄養価の高い資源であり，ミツバチをはじめ多くの訪花昆虫が利用している。クモ類についても，以前からハエトリグモやカニグモの仲間が花や花外蜜腺に訪

**図7**　綿の花．谷中滋養農園提供．

れるという報告はあった。だが，実際に蜜をどの程度摂取しているかは不明であった。昆虫を食べるのとは違い，蜜を本当に摂食しているかどうかの判断は，外見からでは難しい。蜜食いの直接証拠となるのが，植物の蜜や果実に由来するフルクトース（果糖）の存在である。野外でクモを採集し，胃のなかにフルクトースがあれば，クモが植物から蜜を得ている証拠となる。

アメリカの綿花畑で採集された1,000匹以上のクモについて，フルクトースの有無を調べた研究がある（図7)。カニグモ科からは35％以上，フクログモ類（イヅツグモ科，ツチフクログモ科を含む）からは20％以上，ササグモ科からも小頻度で検出された（Taylor & Pfannenstiel, 2008)。体内での糖の分解などを考えると，この数値は過小評価であろう。ケニアのランタナの花に来ていたクモを調べた例では，13科のクモからフルクトースが検出され，先述のガンビエハマダラカを専食するハエトリグモの幼体からも35％もの高頻度で検出された。

また，花外蜜腺やカイガラムシから採取した蜜をクモに与えて飼育すると，それだけで1～2カ月生存できることがわかった（Pfannenstiel & Patt, 2012)。餌昆虫が少ない時期には，クモにとって貴重な資源になっている可能性がある。

### （2）花粉

蜜以外に植物質の資源として重要なのは花粉である。クモの花粉食についても，円網に付着した花粉をクモが網糸ごと摂取するという報告はあったが（Smith & Mommsen, 1984)，あまり重要視されてこなかった。しかし，最近の研究によれば，蜜とならんでクモの生存に貢献していることがわかっている。

綿花畑に多いコマチグモの一種 *Chiracanthium inclusum* を使った実験では，孵化直後の幼体は花粉を与えるとすぐに摂食し，花粉単独でも 2 週間以上生存できた（水だけでは 1 週間程度で死んだ）（Pfannenstiel, 2012）。また，オオタバコガの卵を用いた実験でも，卵だけの場合よりも卵に花粉を付加した場合の方が，生存率が大幅に改善された。同様の結果は，コーン畑に多いサラグモの一種 *Mermessus fradeorum* でも確かめられている（Schmidt *et al.*, 2013）。餌としての質があまり高くないアブラムシ単独よりも，アブラムシとコーンの花粉を組み合わせて与えた場合で，成長率や生存率が向上した。

蜜や花粉だけの餌では，クモの生活環を完全に維持することはできない。だが農地において，まだ害虫やその他の昆虫が少ない時期には，「つなぎ」の代替餌として機能している可能性が高い。また，代替餌として餌資源全体の底上げに寄与していれば，クモ類で生じやすい共食いや種間捕食（ギルド内捕食ともよばれる）の緩和にも役立つだろう。もし，蜜や花粉がクモの群集レベルでの密度の向上に貢献していれば，クモの捕食を通して，間接的に害虫防除にも役立っている可能性がある。実際，綿花畑では，大豆やコーン畑よりも花蜜や花粉の生産量が高く，クモの密度も高く，さらにガの卵への捕食圧も高いらしい（Pfannenstiel, 2012）。その因果関係については確かめられていないが，大いにありそうなことである。近年，総合的害虫管理や環境保全型農業の分野では，害虫でも天敵でもない昆虫（ユスリカやトビムシなど）が代替餌として天敵を支え，間接的に害虫の発生を抑えているという筋書きが重視されている（第8章参照）。植物が生産する蜜と花粉は，天敵による害虫防除機能を支える新たな代替餌として，今後注目すべきであろう。

### (3) 完全な植食

これまで紹介してきた植物の蜜と花粉は言わば副食のようなもので，必須の餌ではなかった。したがって，これらの発見は肉食者としてのクモの地位の見直しを迫るものではない。ところが最近，植食（草食）性のクモというべき事例がみつかった。中米に分布するハエトリグモの一種 *Bagheera kiplingi* である。

このハエトリグモは，ある種のアカシアの葉の先端にある栄養体（タンパク質や脂質などからなる）をもっぱら餌としている（Meehen *et al.*, 2009）。

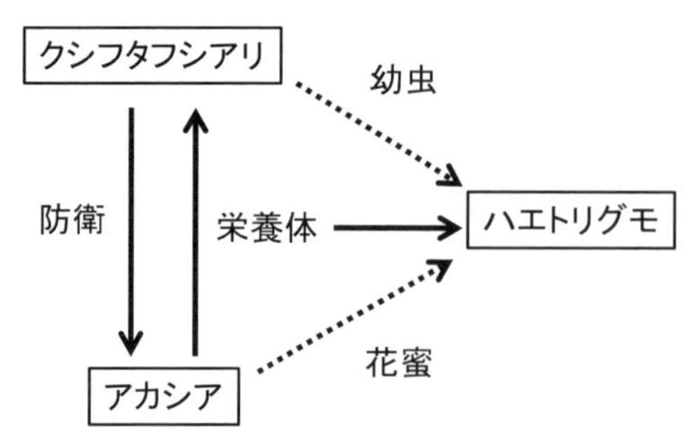


図8　ハエトリグモの一種 *Bagheera kiplingi* の餌と生物間の関係．実線は生物間の強い関係性を表し，点線は弱い関係性を表す．

このアカシアは，クシフタフシアリの一種と相利共生関係にあり，アリがアカシアを植食者から守る一方，アカシアはアリに栄養体を与えている。クシフタフシアリの攻撃性は非常に強いので，アカシアの樹上には昆虫が非常に少ない。ハエトリグモはこの共生関係をうまく利用している（図8）。

### 安定同位体を用いた「食う・食われる」の分析

ある動物の主食を推定するには，餌を食べている現場の観察データを用いることが多い。しかし，この方法には二つの問題がある。まず，観察事例に偏りがあるかもしれない。例えば，夜間の観察は不十分なことが多いし，人間が観察できない場所で特定の餌を食べているかもしれない。次に，栄養価が餌の種類によって大きく異なることがある。特に動物質と植物質の両方を食べる雑食者の場合，この問題は深刻である。重要度の定義にもよるが，ある餌が動物の「身」にどの程度なっているかを評価する必要がある。その手法として優れているのが，安定同位体分析である。

生物の体を構成する炭素や窒素などの元素には，それぞれ重さ（質量数）の違う原子が存在する。これを同位体という。放射線をだして時間がたつと崩壊する放射性同位体もあるが，「食う・食われる」の分析には，時間によって変化しない安定同位体がよく用いられる。特に炭素と窒素の安定同位体は頻繁に利用されている。炭素には質量数が 12 と 13 の同位体があり，大気中で 13 の同位体は約 1.1％含まれている。また窒素では 14 と 15 の同位体があり，15 の同位体の比率は約 0.4％である。餌として摂食された後，軽い同位体は体外へ排出されやすいため，重い同位体が体内に濃縮する。濃縮率は，窒素で約 3.4‰（パーミル；千分率），炭素では約 1‰である。また炭素の場合は，一次生産者によって同位体の比率が異なることがあるため，餌の基盤の違いを特定できる。

図は，アカシアの栄養体を食べるハエトリグモとその餌生物の候補について安定同位体分析を行った結果である。安定同位体の比率は，「標準物質」の同位体比に対する測定対象の同位体比で表現され，$\delta^{13}C$(‰) と $\delta^{15}N$(‰) などで記載される（計算法はメキシコにおいてこのハエトリグモの餌メニューを調べたところ，91％がアカシアの栄養体で，残りは蜜やアリの幼虫が数％を占めるだけだった（Meehen *et al.*, 2009）。アカシアの栄養体が，実際にクモの体を維持していることを確かめるために，安定同位体比分析を行った（下記のコラム参照）。その結果，このクモの体の実に95％が，アカシアに由来する栄養分からできていることがわかった（アカシアから直接は89％，クシフタフシアリ経由は8％）。ただアカシアの栄養体は，動物質の餌に比べればタンパク質や脂質の量が少なく，繊維分が多い。他のクモにはみられない消化システムが発達しているかもしれない。

アカシアの樹上はハエトリグモにとって住みやすい環境である。まず餌と

省略）。
ハエトリグモの安定同位体比（●）は，バラツキはあるが，窒素で3‰，炭素で28‰付近にある。ハエトリグモの主要な餌は，それらの値よりも窒素で3.4‰，炭素で1‰低いはずである。それに最も近いのは，明らかにアカシア（◇）の栄養体である。ちなみに，他の種類のクモ（□）では，注目のハエトリグモよりも窒素の安定同位体比はずっと高い。安定同位体比からも，このハエトリグモは肉食者ではなく植食者であることが見てとれる。〈宮下〉

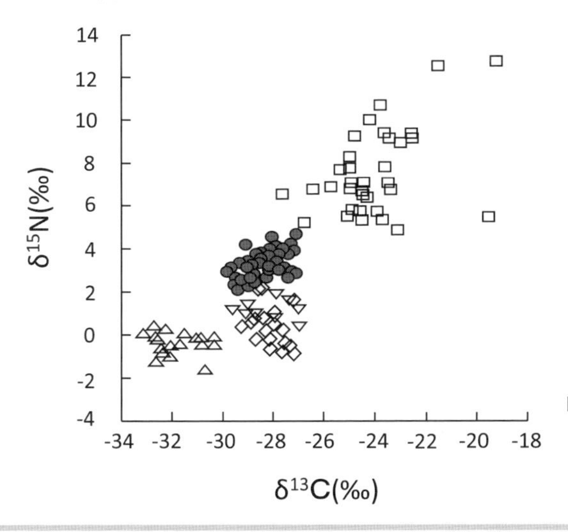


**図** ハエトリグモの一種 *Bagheera kiplingi* とその餌候補の安定同位体比．$\delta^{13}C$(‰)は炭素13の安定同位体比，$\delta^{15}N$(‰)は窒素15の安定同位体比．

しては栄養体が年中供給される。またクシフタフシアリが樹をガードしているお陰で，それ以外の天敵や競争者はほとんどいない。ハエトリグモは，このアリになるべく出会わないように枝の先端に隠れるなどして，やり過ごしているようだ。このハエトリグモの植食の起源は，おそらく他のハエトリグモ類と同様に，アカシアの蜜やクシフタフシアリに特殊化することから始まったと思われる。実際，コスタリカの同種のハエトリグモでは，栄養体への依存度はやや低く，クシフタフシアリの幼虫に対する依存度がやや高いことがわかっている。このハエトリグモは，思わぬルートを経て植食の道に入り込んだと言えよう。

## 5. 餌の特殊化研究の展望

クモの餌に関する研究は，ここ 10 年余りで急速に発展している。今回紹介した内容も，多くが 21 世紀になって発表されたものである。DNA の解析技術やコンピュータ性能の向上によりクモの系統関係が解明され，分析機器の進歩により物質レベルでの栄養素の定量化や捕食・被食関係が定量化できるようになったことが主要因であろう。餌の専食についてのパターンの記述から，メカニズムの解明，そして波及効果の推定に迫ることが可能になったのである。しかし，過去からの自然史的観察事例の蓄積が，最近になってようやく充実してきたという側面も見逃せない。今後も，まだまだ新しい餌への特殊化や新たなレパートリーの広がりは発見されるだろう。特殊化がもたらす種分化や，レパートリーの広がりがもたらす生態系レベルでの間接効果など，基礎的にも応用的にもクモの餌研究の展開は今後も見逃せない。

（宮下　直）

# 4 クモと天敵

クモは糸と網を駆使する捕食者として多様な進化を遂げてきたが，生態系における中間捕食者の代表格でもあり，被食者としても重要な役割を担っている。では，そのクモに対する高次の捕食者にはどのような生物がいるのだろうか。本章では，クモを利用する，あるいは個体数に影響を与えるクモの天敵について，脊椎動物から無脊椎動物まで広く概観する。脊椎動物にはクモを専食する種はほとんどいないが，生態系における二者の関係は深い。捕食者として同じ餌資源を取り合う場合もある。一方で，クモと体サイズが類似し，互いに密接に関わりあってきた昆虫類にはクモの専食者が多数いる。昆虫類にとって，もともと天敵であったクモを利用するためには相応の適応が必要であり，特殊な進化をしている場合が多い。本章では，まずクモが鳥類，トカゲ類，コウモリ類から受ける影響を紹介し，後半では無脊椎動物でみられる多様なクモの利用様式を紹介する。

## 1．脊椎動物

クモの天敵は意外に多い。脊椎動物では鳥類やトカゲ類などがその代表として挙げられるほか，雑食性の齧歯類や昆虫類を好むコウモリ類，カエル類，魚類などもクモを捕食する。これら昆虫を好む脊椎動物にとって，クモも昆虫と同じくらい良い餌である。

ただし，クモを専食する脊椎動物はほとんどいない。クモの生物量だけでこれら体の大きな生物をまかなうには不十分であることや，網で守られたり，隙間を動きまわるクモを専門に集めるのは非効率だからである。とはいえ，これらの脊椎動物は，クモの個体数にかなり影響を及ぼしているに違いない。ここでは，クモの捕食者である脊椎動物と被食者であるクモとの個体群相互作用に焦点を当て，その事例を見てみよう。

### （1）鳥類

動物食の鳥類が昆虫に限らずクモも好んでいることは当たり前ともいえる。しかし，鳥類がクモの個体群に与える影響を評価することは容易ではない（Foelix, 2010: P306）。鳥類のクモに対する捕食圧（トップダウン効果）を評価した研究の総説（Gunarsson, 2007）では，鳥類がクモに有意な捕食圧を与えていることを示唆する数々の研究があるものの，そこから生まれた多くの仮説はまだまだ検証の余地が多分にあるとされている。その後，Rogers *et al.*（2012）が鳥類のクモに対する明瞭なトップダウン効果を明らかにした。

Rogers らは，マリアナ諸島のうちの 4 つの島でクモ相を定量的に調べた。マリアナ諸島の一つで最南端に位置するグアム島は，1940 年代半ばにミナミオオガシラというオセアニア原産のヘビが侵入し，グアム島原産の在来鳥

## クモカリドリ

クモを専食する脊椎動物はいないが，鳥類のなかにクモカリドリとよばれるまさにクモ食いを表した名前の一群がいる。クモカリドリは，タイヨウチョウ科（英名では Sunbird）に含まれる一属で，学名では *Arachnothera*（Arachno- は，クモ綱 Arachnida に由来している），英名では Spiderhunter と呼ばれており，その名から世界的にもクモ食いであると認識されていることがわかる。1 属 10 種で構成され，属自体が東南アジアとインドの一部に固有である（Cheke & Mann, 2008）。握りこぶしほどの大きさで，抹茶色の羽と下方に細長く伸びた嘴が大きな特徴である（図）。

これだけ名前にクモ食いが強調されているが，実際には花蜜や昆虫類（クモを含む）を好み，必ずしもクモだけを食べるわけではない（Moyle *et al.*, 2011）。とはいえクモを好んでいることは間違いないようで，湯本（1999: P146）によると「クモカリドリは名のとおり，林間で造網性のクモを好んで食べている。長いくちばしは，網の上にいるクモをピンセットで挟むようにして捕るのに有効である」のだそうだ。東南アジアの熱帯雨林で繁栄するこの属は，現地に固有の植物との関係のなかで重要な送粉者としての働きをしているようである。

**図**　タテジマクモカリドリ（マレーシア，キャメロンハイランド近辺にて）.

本属がどういったクモを好み，どのようにしてクモを狩り，どれくらいクモに依存しているかなど興味は尽きない。

〈髙須賀〉

類9種を絶滅に追い込むほどの猛威を振るった。こうして，皮肉にも外来ヘビによって，マリアナ諸島には近接した鳥類のいる島（グアム島以外の3島）といない島（グアム島）が生まれ，その両者を比較することで鳥類からの影響を検出することができたのだ。クモ相調査の結果，グアム島では鳥類のいる3島に比べて，雨季では40.8倍，乾季においては2.3倍ものクモが網を張っており，鳥類の存在がクモの個体数に強く影響していることがわかった。また，鳥類のいる3島では乾季におけるクモの個体数が雨季に比べ25倍も多かったのに比べ，グアム島では1.4倍しか変わらず，雨季に減るはずのクモの個体数がグアム島では乾季と変わらず維持されていたのである。

実験対象となった鳥類の多くはクモを食べる記録があるものの，鳥類の有無とクモ個体数の相関が，鳥類による捕食だけが原因と断定することはできない。鳥類のいないグアム島でクモが多かった別の要因として，鳥類との餌資源競争の緩和や，鳥類によるクモ網衝突や巣材調達のための網破壊頻度の減少などが挙げられている。だが，いずれにせよ鳥類がクモに強い負の影響を与えていることは確かである。

### （2）トカゲ類

クモが有翅昆虫のように飛翔するわけではなく，地上で造網したり徘徊する習性をもつことから，飛翔を得意とする鳥類よりも地上で獲物を探すトカゲ類の方がクモにとってより強力な天敵となるかもしれない。実際，トカゲがクモに強いトップダウン効果を及ぼしている例が30年以上前から報告されている。

アメリカ合衆国のThomas Schoenerを中心とした研究グループは，中米のカリブ海北部に浮かぶバハマ諸島の島々において，トカゲのいる島といない島での比較調査や大規模なトカゲの人為的除去実験などを行い，アノールトカゲの存在が造網性クモ類の個体数や種数を低く制限していることを明らかにした（Schoener & Toft, 1983; Schoener & Spiller, 1987; Spiller & Schoener, 1998）。またトカゲ排除区では飛翔昆虫も減少していたことから，トカゲの影響は捕食によるトップダウン効果だけではなく，間接的な資源競争も関係していることを示唆している。トカゲはクモの捕食者にもなり得るし，飛翔昆虫などの餌資源をめぐる競争相手にもなり得るのである。ただし，トカゲの有無がクモや昆虫の個体数に及ぼす影響を調べるだけでは，そのどちらが強く効いているのかを明らかにするのは困難である。トカゲによる捕食とトカゲとの競争がともにはたらき，クモの個体数が減ったと考えられるからである（Spiller & Schoener, 1990）。

これらの研究は，トカゲとクモの関係を裏づける重要な示唆を提供しているが，調査地域がカリブ海に集中していることや，捕食者のトカゲがアノール属に偏っていること，実際の捕食圧がどの程度なのか不明瞭であることなどが問題点として挙げられ，今後の研究のさらなる発展が望まれる。

比較的最近の研究で，異なる視点から両者の関係性を明らかにした興味深い報告がある。これまでの研究ではコガネグモ科を中心とした典型的な円網性種をその対象としていたが，Manicom *et al.*（2008）はオーストラリア北東部のヒンチンブルック島で，網に隠れ家を作るクモ（スズミグモやヒメグモなど）と作らないクモ（メダマグモやコガネグモ，アシナガグモなど）とに分けて，島に優占する地表性トカゲ（*Carlia* 属）を排除する実験により，その個体数の変化を調べた。その結果，隠れ家を作らないクモ類のみがトカゲから強い影響を受け，クモの隠れ家がトカゲからの捕食に対し有効であることが示唆されている。

### (3) コウモリ類

鳥類やトカゲ類などがクモの天敵であることは直感的にわかりやすいが，意外なことにコウモリ類がクモの天敵としてトップダウン効果を与えていることが示唆されている。

Williams-Guillén *et al.*（2008）は，鳥類やコウモリ類の多様性が豊かなメキシコのコーヒー農園に，それらの侵入を妨ぐネットを昼のみ（鳥類排除），夜のみ（コウモリ類排除），終日（両者とも排除）かぶせることで，鳥類やコウモリ類の無脊椎動物への影響を調べた。その結果，鳥類は雨季乾季によらず，クモを含む無脊椎動物に強いトップダウン効果を与えていることが明らかとなったが，コウモリ類も雨季には鳥類よりも強い効果があることが認められた。クモ類だけでみると，鳥類排除区で有意に増えた一方で，コウモリ排除区では明確ではなかった。しかし，コウモリ排除区でもネットをかぶせなかった対照区より増加傾向にあり，コウモリがクモにトップダウン効果をもたらしている可能性はある。

Kalka *et al.*（2008）は，パナマのバロ・コロラド島（パナマ運河を形成するガトゥン湖にある島）で上と同様の実験を行い，鳥類よりもコウモリの方が無脊椎動物に強いトップダウン効果を与えていることを明らかにした。個々の分類群で統計解析は行ってないものの，クモ類もコウモリ排除区で最も多い個体数を示した。

さらに最近の研究では，インドネシアのスラウェシ島のカカオ農園で同様の実験を行い，夜間にネットをした場合にクモが明らかに増えることが報告されており（Maas *et al.*, 2013），コウモリからクモへのトップダウン効果を示唆する事例が蓄積しつつある。

これらの研究は，コウモリ類がクモを積極的に捕食している証拠とはならないが，クモを専門に食べるコウモリもわずかに報告されている。Schulz（2000）は，オーストラリアに生息する8種のコウモリを捕まえ，その糞に含まれている未消化の餌生物のかけらを調べたところ，ヒナコウモリ科の一種である *Kerivoula papuensis* では雨季乾季を問わず100％近い割合で糞からクモ類が検出された。さらに，科まで同定できたクモ5個体がすべてコガネグモ科かアシナガグモ科であったので，食べられているクモは円網性種に偏っていることが予想された。一方で2種のコウモリでは，10～30％の割合でクモ類が含まれており，残る5種では全く検出されなかった。つまり，クモ類に特殊化したコウモリはいるものの，コウモリ類にとってクモ類が普遍的な餌資源とまではいえないと考えられる。元来，空中を飛びまわる昆虫類を好んで捕獲する習性があるので，空中の一点にとどまるクモを捕えるように進化するのは容易ではないのかもしれない。一方で，コウモリの飛翔する昆虫を捕食する習性は，同じく飛翔昆虫を専食する円網性クモ類にとって強力な資源競争相手なっている可能性は高い。

## 2. 無脊椎動物

クモの天敵という観点からみれば無脊椎動物は脊椎動物に比べ圧倒的に多様であり，その多くが専食者であるためクモの利用法も非常に多岐にわたる。クモの天敵となる無脊椎動物とクモとの関係の面白さは，いうまでもなくクモを利用するために進化した特殊な生態である。ここでは，クモを特異的に利用する無脊椎動物を概観し，クモに対する適応的な行動様式を紹介する。

### (1) ハチ類

クモを餌とするハチ類は多数のグループで確認されており，その個体数の多さと高い狩りの能力から，クモにとって恐るべき天敵といえるだろう。ハチ目の大まかな高次の系統樹を図1に示す。ハチ類はもともと植食性の種から始まり，他種への寄生習性を獲得したことで爆発的に種分化した。植食性ハチ類と有剣類以外はすべて寄生蜂であり，その多様さが際立つ（有剣類のなかにも寄生性を持つ種がいる）。われわれに馴染み深いミツバチやスズメ

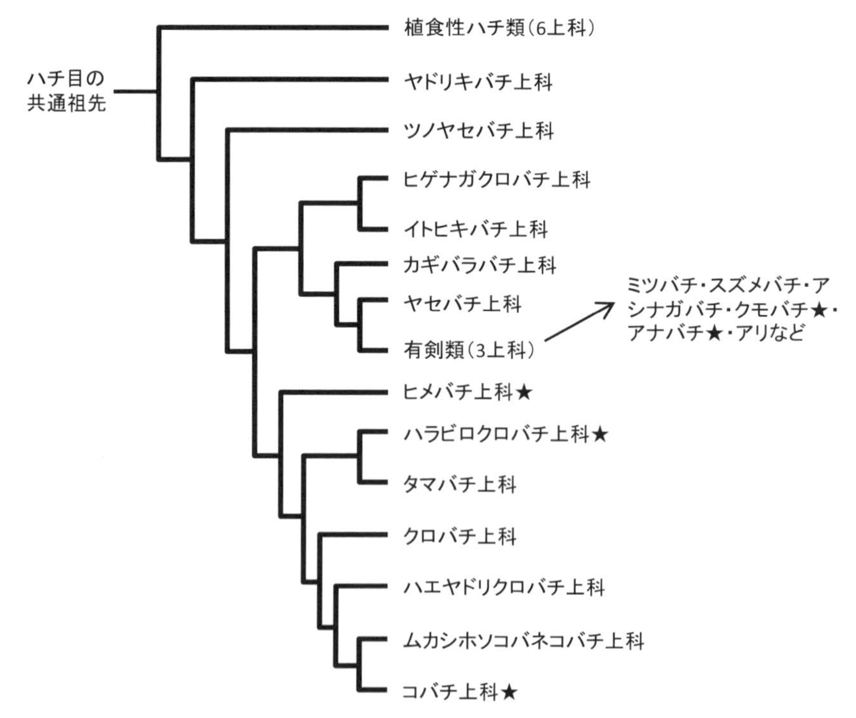


**図1**　Sharkey *et al.*（2012）より引用したハチ目の高次の系統樹．★マークはクモ利用が生じている上科を意味する．ただし，上科内でのクモ利用が共有派生形質であるとは限らない．

バチ，アリ，狩りバチ類などは，多様化した寄生蜂類のなかで派生的に生じた有剣類として一群にまとめられる。ハチ目のなかでクモ利用が進化したグループをマッピングすると，複数のグループで何度も独立に進化していることがわかり，その多様性も特筆すべきものがある。

クモを利用するハチの習性はグループによってさまざまだが，いずれの場合も捕えたクモは自身の獲物となるわけではなく，その幼虫の餌となるという点で共通している。ただし，クモの体表に卵を置き去りにする「捕食寄生型」と，巣を用意し麻酔したクモを運び込む「狩りバチ型」という大きな違いがある。捕食寄生型にはクモの卵塊を餌に利用する種も多い。

### ■寄生蜂類

他の昆虫に産卵し孵化した幼虫がその昆虫を食べる寄生蜂類は，極めて多様で個体数も多い。ほとんどが昆虫を寄生の対象(寄主という)としているが，3上科でクモ利用がそれぞれ進化している。その多くはクモの卵や卵塊を利用する。最近，クモの体そのものを餌として利用する種がナガコバチ科とトガリヒメバチ亜科（ヒメバチ科）でもみつかったが，クモの体を利用する習性を軸に繁栄したグループはクモヒメバチ属群（ヒラタヒメバチ亜科）とその祖先種の一部に限られる。

トガリヒメバチ亜科は最も多様なクモ卵塊寄生蜂を有し，2族14属でその記録がある（表1)。属内の全種がクモ卵塊を利用する場合もあり，クモ卵塊利用が属の単系統性を支持していると考えられる。多くの属では昆虫を利用する種も包含し，とりわけ糸でできた繭内のハチやガの蛹を利用する種が多い。おそらく寄主探索時に繭の糸を手掛かりとしていたことが，クモの卵のうの探索に転用され，クモ卵塊寄生が何度も生じたのだろう（Austin, 1985)。クモ卵塊寄生蜂では，1匹あるいは少数のハチ幼虫が卵塊を食べて育つため，ごく稀にハチとともに少数の食われなかったクモの孵化幼体が出てくることもあるようだが（Bowers *et al.*, 1998; Guarisco, 2006)，ほとんどの場合卵はすべて食べられる。

クモ卵塊の利用がハチの系統をある程度反映しているということは，母グモに反撃されないように卵のうに産卵する行動が新たな種の分化や適応放散に関与しているはずである。ところが，これだけクモ卵塊寄生蜂が記録されていながら，トガリヒメバチ類が卵のうに産卵する瞬間を捉えた報告は数少ない。卵のうから羽化するハチの採集は容易でも，野外で産卵を観察するのは困難だからである。数少ない報告のなかから一例を紹介しよう。*Trychosis cyperia* は，トウワタの葉を2枚綴った卵室を作って卵を保護するヒメハナグモ *Misumena vatia* の卵塊を利用する。ハチは卵室を形成している葉に着地

**表1**　クモを利用する寄生蜂の分類群と生態的情報（二次寄生蜂は除く）．報告の偏りにより，分布の基準は欧州および豪州が中心となっている．分布の典拠は，欧州が Finch（2005）*，Fitton *et al.*（1987）** および両方†，ならびに Schwarz & Shaw（2000），Korenko *et al.*（2013），豪州が Austin（1985）‡．種数の典拠はヒメバチ上科が Yu *et al.*（2012），コバチ上科がNoyes（2014），ハラビロクロバチ上科がJohnson & Austin（1992）．

| 分類群 | 寄生対象・様式 | 寄主記録のあるクモの科 | 種数 | 寄生の単・多 | クモ利用が共有派生形質か |
|---|---|---|---|---|---|
| ■ヒメバチ上科 | | | | | |
| □ヒメバチ科 Ichneumonidae | | | | | |
| トガリヒメバチ亜科 Cryptinae | | | | | |
| Phygadeuontini 族 | | | | | |
| *Hemiteles*† | クモ卵塊 | コガネグモ科**，センショウグモ科* | 55 | 多 | ○** |
| *Aclastus*† | クモ卵塊＋昆虫 | サラグモ科†，ガケジグモ科** | 19 | 単/多 | × |
| *Polyaulon*† | クモ卵塊 | コガネグモ科* | 9 | ? | ? |
| *Gelis*†‡ | クモ卵塊＋クモの体＋昆虫 | コガネグモ科†‡，サラグモ科*，ヒメグモ科**‡，アシナガグモ科*，センショウグモ科†，ウエムラグモ科†，ハグモ科**，コモリグモ科**‡，ワシグモ科**‡，エビグモ科**‡，フクログモ科**‡，ハエトリグモ科**，キシダグモ科**，タナグモ科‡，ホウシグモ科(Korenko *et al.* 2013) | 294 | 単/多 | × |
| *Agasthenes*** | クモ卵塊 | アシナガグモ科** | 5 | ? | × |
| *Gnypetomorpha*** | クモ卵塊＋昆虫 | ヒメグモ科**，コガネグモ科，タナグモ科(Schwarz & Shaw 2000) | 2 | 単 | × |
| *Bathythrix*† | クモ卵塊＋昆虫 | アシナガグモ科**，ウエムラグモ科* | 57 | 単? | × |
| *Austriteles*‡ | クモ卵塊 | コガネグモ科‡ | 1 | ? | ? |
| *Thaumatogelis** | クモ卵塊 | ウエムラグモ科*，タナグモ科，ワシグモ科(Schwarz & Shaw 2000) | 30 | 単 | ○(S & S 2000) |
| *Eudeles* (S & S 2000) | クモ卵塊＋昆虫 | カニグモ科，エビグモ科(Schwarz & Shaw 2000) | 10 | ? | × |
| *Paraphylax*‡ | クモ卵塊＋昆虫 | コガネグモ科‡，ヒメグモ科‡ | 58 | ? | × |
| Cryptini 族 | | | | | |
| *Hidryta*†‡ | クモ卵塊 | コモリグモ科†‡ | 8 | 単 | ? |
| *Idiolispa*† | クモ卵塊＋(?)昆虫 | コモリグモ科† | 11 | 単 | ? |
| *Trychosis*†‡ | クモ卵塊＋(?)昆虫 | キシダグモ科†‡，ササグモ科†，カニグモ科†‡，コマチグモ科(?)**，フクログモ科(?)**，エビグモ科*，ワシグモ科‡ | 44 | 単・多 | ? |

| | | | | | |
|---|---|---|---|---|---|
| ヒラタヒメバチ亜科 Pimplinae | | | | | |
| Ephialtini 族（フシダカヒメバチ族） | | | | | |
| *Clistopyga**‡ | クモ卵塊 | フクログモ科**, コガネグモ科‡, エンマグモ科‡ | 34 | 多？ | ○ |
| *Tromatobia*†‡ | クモ卵塊 | コガネグモ科†‡, エビグモ科**‡, サラグモ科*, フクログモ科‡, ヒメグモ科‡ | 33 | 単・多 | ○ |
| *Zaglyptus*†‡ | クモ卵塊＋クモの体 | コガネグモ科‡, コマチグモ科**, ハエトリグモ科**‡, フクログモ科†‡, ヒメグモ科**‡, アシナガグモ科‡ | 24 | 多 | ○ |
| クモヒメバチ属群・23 属 | クモの体（飼い殺し） | 本文参照 | 241 | 単 | ○ |
| Pedunculinae 亜科 | | | | | |
| *Adelphion*‡ | クモ卵塊 | コガネグモ科‡ | 1 | ？ | ○ |
| ■コバチ上科 | | | | | |
| □コガネコバチ科 Pteromalidae | | | | | |
| *Pteromalus***‡ | クモ卵塊＋昆虫 | ハグモ科**, コガネグモ科‡, ガケジグモ科‡ | 483 | ？ | × |
| *Arachnopteromalus*‡ | クモ卵塊 | ウズグモ科‡, エビグモ科‡ | 1 | ？ | ○‡ |
| *Trichomalopsis*‡ | クモ卵塊＋昆虫 | コガネグモ科‡, エビグモ科‡ | 55 | ？ | × |
| □ナガコバチ科 Eupelmidae | | | | | |
| *Calymmochilus* (K 2013) | クモの体＋昆虫 | ホウシグモ科(Korenko *et al.* 2013) | 10 | 単 | × |
| *Anastatus*‡ | クモ卵塊＋昆虫 | ワシグモ科‡ | 147 | ？ | × |
| *Arachnophaga*‡ | クモ卵塊＋昆虫 | コガネグモ科‡, ハエトリグモ科‡, ヒメグモ科‡ | 32 | ？ | × |
| □カタビロコバチ科 Eurytomidae | | | | | |
| *Eurytoma*‡ | クモ卵塊＋昆虫 | コガネグモ科‡, ウズグモ科‡, ヒメグモ科‡ | 685 | ？ | × |
| □トビコバチ科 Encyrtidae | | | | | |
| *Amira*‡ | クモ卵 | コガネグモ科‡ | 3 | 単 | ○‡ |
| *Ooencyrtus*‡ | クモ卵＋昆虫 | ナガイボグモ科‡ | 306 | 単 | × |
| □ヒメコバチ科 Eulophidae | | | | | |
| *Tetrastichus*‡ | クモ卵塊＋昆虫 | コガネグモ科‡, フクログモ科‡, ヒメグモ科‡ | 505 | ？ | × |
| *Aprostocetus* (LaSalle 1990) | クモ卵塊＋昆虫 | コガネグモ科（北米）, ヒメグモ科（南米）(LaSalle 1990) | 769 | ？ | × |
| *Arachnoobius* (LaSalle 1990) | クモ卵塊 | コガネグモ科（豪）(LaSalle 1990) | 1 | ？ | ○ |
| *Aranobroter* (LaSalle 1990) | クモ卵塊 | コガネグモ科（メキシコ）(LaSalle 1990) | 2 | 多 | ○ |
| *Baryscapus* (LaSalle 1990) | クモ卵塊＋昆虫 | ハエトリグモ科（北米）, カニグモ科（北米）(LaSalle 1990) | 119 | ？ | × |
| ■ハラビロクロバチ上科 | | | | | |
| □タマゴクロバチ科 Scelionidae | | | | | |
| *Idris***‡ *Ceratobaeus* は本属のシノニム | クモ卵 | エンマグモ科**‡, コモリグモ科**‡, タナグモ科‡, ガケジグモ科‡, コガネグモ科‡, トタテグモ科‡, ハエトリグモ科‡, アシナガグモ科‡, ヒメグモ科‡, カニグモ科‡, ウズグモ科‡フクログモ科‡, ワシグモ科‡, ナキタナアミグモ科（Stiphidiidae）‡ | 159 | 単 | ○‡ |
| *Baeus***‡ 種数は Stevens & Austin (2007) | クモ卵 | イノシシグモ科**‡, タナグモ科**‡, ヒメグモ科**‡, コガネグモ科**‡, サラグモ科‡, コモリグモ科‡ | 42 | 単 | ○‡ |
| *Echthrodesis*‡ | クモ卵 | ガケジグモ科‡ | 1 | 単 | ○‡ |
| *Hickmanella*‡ | クモ卵 | ハエトリグモ科‡ | 2 | 単 | ○‡ |
| *Mirobaeoides*‡ | クモ卵 | ササグモ科‡ | 12 | 単 | ○‡ |
| *Mirobaeus*‡ | クモ卵 | ナキタナアミグモ科‡ | 2 | 単 | ○‡ |
| *Odontacolus*‡ | クモ卵 | フクログモ科‡ | 6 | 単 | ○‡ |

し，盛んに動き回って葉の間へ産卵管を差し込もうとするが，クモもハチを認識し捕食時にみられるような態勢で激しい反撃を行う。ハチはクモに襲われる度に卵室の反対側に移動することでクモに捕食されることはない（Morse, 1988）。しかし，結果的にこのクモの卵塊は寄生されておらず，クモ卵のうへの産卵も容易ではないようである。

同じヒメバチ科でもトガリヒメバチ亜科とは遠縁のヒラタヒメバチ亜科でもクモを利用する一群が生まれている。前者ではさまざまな系統でクモ利用が生じているのに対し，後者では1回しか起こっていない。ヒタラヒメバチ亜科フシダカヒメバチ族は明瞭な5属群に分けられ，さらにそのうちの *Sericopimpla* 属群（複数の属の集合）でのみクモ利用がみられる。*Sericopimpla* 属群は，Gauld *et al.*（2002）の提唱する系統樹の祖先的な順に，カレハガやミノガなど頑丈な繭を作る蛾類の蛹に寄生する3属（Aタイプ），クモの卵塊を利用する3属（Bタイプ），そしてクモの体に外部寄生するクモヒメバチ属群（23属；以下，クモヒメバチと表記する）（Cタイプ）によって構成される。

古い文献であるが，ヒメバチ科分類の大家であった Townes（1969: 97-98）によるこれらのハチの進化史の仮説がある。フシダカヒメバチ族の多くは，植物中にいる昆虫の幼虫に産卵する。そのなかで，糸で紡がれた構造物に潜む幼虫を利用するハチが現れる（Aタイプ）。次に，卵のうに包まれたクモの卵塊を利用するハチが現れ（Bタイプ），ここで生じたクモ卵の利用が，クモ自体への寄生のきっかけとなりクモヒメバチが派生してきた（Cタイプ）と予想している。その根拠として，クモ卵塊の寄生蜂のなかで，フクログモ科を利用する *Zaglyptus* は，フクログモが葉を織って作った葉巻住居に侵入した後，卵のうを守る母グモまでを攻撃し，永続的に麻酔する。産下された卵は孵化後，卵塊と一緒に麻酔された母グモまで食べてしまう（図2）。母グモまで攻撃して幼虫がそれを食べるという習性が，クモヒメバチによるクモの体の利用につながっているのである。実際に，クモヒメバチのなかで祖先的な位置にいる *Schizopyga* は，同様に葉巻住居に潜むフクログモを利用することが知られている。また，トガリヒメバチ亜科での例のように，昆虫の幼虫が紡ぐ糸をハチが寄主探索に用い始めたことがきっかけとなり，糸の探索能力がクモの探索に転用されたと考えられている。この派生の順番は，その後の系統解析によっても支持されている（Gauld *et al.* 2002; Gauld & Dubois, 2006）。

クモ卵塊の寄生蜂から派生し，クモの体に寄生するようになったクモヒメバチは23属で構成され，これらは強い単系統性が支持されている（Gauld & Dubois, 2006）。この一群に属する全種は，寄生蜂のなかで唯一クモを生かしたまま体外に寄生する習性をもっており，生態と単系統性がきれいに合致する好例である。クモの体を利用する術を獲得したことを機に，異なる種のクモへ寄主をシフトしながら23属もの多様な系統へと適応放散したと考えられる。属群全体として，タナグモ科，フクログモ科，ワシグモ科，ハエトリグモ科（未確定），サラグモ科，アシナガグモ科，ジョロウグモ科，コガネグモ科，ヒメグモ科，ハグモ科の10科を利用することが記録されている。その一方で個々の種への寄主特異性は非常に高く，たいていの場合1種か近縁の数種のクモだけを利用する。また，近縁のハチは近縁のクモを利用する傾向にあり，寄主クモの転換と種分化に密接な関係があることがうかがえる。

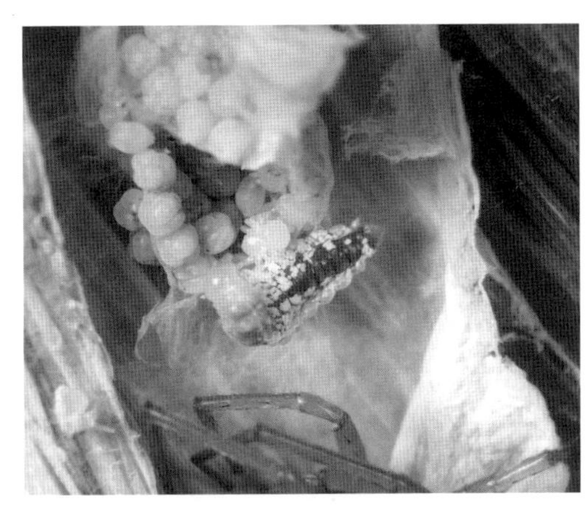

**図2**　コマチグモかフクログモのなかまの孵化卵塊と麻酔された母グモを食べる *Zaglyptus* の一種.

生活史も非常に特異的である。産卵メスは，対象とするクモに刺針して一時的に麻酔した後（図3a），1個の卵を体表面の特定の部位に貼り付ける。麻酔から覚めたクモは通常の生活を再開し，造網も捕食も行うが，その体表面でハチの幼虫はゆっくりと成長し始める（図3b）。ハチの幼虫は脚がないにも関わらず，動くクモの体表で付着を維持できるのは，腹面にある特殊な突起でクモの体表に脱ぎ捨てた自身の卵殻を掴んでいるからである（Nielsen, 1923）。卵殻は幼虫がクモを出血させることにより固着されていると推察されているが（Eberhard, 2000a），その実態は明らかではない。終齢になる頃，幼虫はクモの体液を一気に吸収してクモを殺す（図3c）。脚のない幼虫は，

**図3** a：オオヒメグモを麻酔するマダラコブクモヒメバチ成虫，b：テントウムシを食べるニホンヒメグモの体表に寄生する *Zatypota maculata* 若齢幼虫，c：クスミサラグモの体液を吸って，背中の突起で網にぶら下がる *Longitibia* sp. の終齢幼虫，d：オオヒメグモの網に紡がれたマダラコブクモヒメバチの繭.

クモが死んで動けなくなる終齢時にだけ，背部に刺毛の密集した突起を複数持ち，自力でクモの糸にぶら下がることができる。その後，網の上で繭を紡いで蛹化する（図 3d)。その寄生様式だけでも，他の寄生蜂にみられない特徴的な習性が多くみられるが，生活史のなかで特筆に値する二つの大きなイベントがある。一つが網に潜むクモに対するハチの産卵行動で，もう一つが終齢直前のハチが寄主クモを操作することによる網の強化である。

クモ卵の寄生蜂と異なり，クモの体に寄生するためには，ハチは強力な捕食者であるクモと対峙し麻酔をしなければならない。先に挙げたクモヒメバチに利用されるクモの科をみればわかるとおり，棚網から葉巻住居，円網，不規則網と，科それぞれに多様な形状の網を張る。クモヒメバチはこれらの網型やクモの捕食様式を攻略して，クモを麻酔する術を獲得しているのである。クモヒメバチの系統（主に属）ごとに利用するクモに傾向がある背景には，各網型に特化した特異的な産卵行動があり，寄主シフト時に網型の似た近縁のクモにしか転用できないのだと考えられる。未発表例も含め，クモヒメバチ各種の産卵行動様式が松本（2014）に総説されている。

クモヒメバチ幼虫が若齢のうちは,寄主クモも活発で網は健全に保たれる。だが，幼虫の成長に伴ってクモは殺されて網のメンテナンスがなくなってしまうので，約10日間のハチの蛹期を支えるには脆弱な構造となる。この問題を解決するために，多くのクモヒメバチの幼虫は，クモを殺す直前にクモの造網行動を操作し，クモが不在の蛹期でも十分耐えられるように網を強化することが知られている。この現象も産卵行動と同様に，科によって網型が大きく異なるので，操作の結果できあがる「操作網」（cocoon web）も実に多様である。Eberhard（2000b, 2010）は，操作が行われる直前にハチの幼虫をクモから人為的に取り外しても，造網行動の操作が継続して行われたことから，網の操作がクモの体内に打ち込まれた化学的な物質によって引き起こされていると示唆した。クモヒメバチによるクモの網操作は,髙須賀（2015）に総説されている。

コバチ上科においても5科11属でクモ卵塊への寄生が記録されているが（表1），生態学的な研究はほとんどなされていない。クモ卵を利用するコバチ類は卵のうが粗いコガネグモ科やエビグモ科，ヒメグモ科を利用する種が多く（Austin, 1985），それは産卵管の短さに起因するのかもしれない。実際，*Tetrastichus* や *Eurytoma* の一種で，卵のう上に卵を置き初齢幼虫が自ら卵のうを開けて入っていく様子を著者が観察している。

ハラビロクロバチ上科タマゴクロバチ科は，すべての種が昆虫やクモの卵寄生蜂である（山岸，1998）。クモ卵を利用するタマゴクロバチは，卵塊中の1卵につき1個体が寄生するため（Shaw, 2002），卵塊寄生蜂とは寄生様式の定義が異なる。クモ卵を利用する属は7属が知られ（表1），その全属がクモ卵を利用する種のみで構成されていると考えられている（Austin, 1985）。この記録は1985年当時のものなので，その後に新たな発見がされているかもしれない。

Eason *et al.*（1967）は，飼育実験によってコモリグモの一種 *Pardosa lapidicina* の卵に寄生する *Idris* sp. の生態を記録している。このハチは，同属の別種のクモであっても産卵しないほど寄主特異性が高い。飼育容器に卵のうをもったクモとハチを入れると，ハチは卵のうに直進するように近づいて卵のうに飛び乗り，触角で触れながら卵のうを調べ，古い卵のうの場合は放棄する。寄生に適した若い卵のうの場合は，産卵管を挿し込んで，5～10秒かけて産卵しては前進し，同じ動作（産卵）を繰り返す。卵のう越しでも自身の産卵した卵は識別でき，過寄生を避けることができる。卵のうに接する卵塊の外側の卵はほとんど寄生されるが，産卵管の短さから中心部の卵は寄生されない。産卵の間，母グモは時々ハチを脚で払いのけようとするが，ハチは動きを止めてその攻撃を避けることができる。まれに母グモはハチを殺すようだが，その場合でも母グモはハチを食べることはなかった。コモリグモは仔グモの出のう時に卵のうを開けるが，仔グモもハチも母グモによる卵のうの裂開がなければ出のうできない。飼育下でハチに寄生させた8例の卵塊は平均82％の卵がハチに寄生されていたが，すべての例で少数の仔グモも出のうしてきた。フクログモの一種 *Clubiona robusta* の卵塊を利用する *Ceratobaeus*（=*Idris*）*maneri* も，表層の二層しか寄生できず，内側の卵は決して寄生されなかった（Austin, 1984a）。南オーストラリアにおける *Ceratobaeus*（=*Idris*）3種による *Clubiona* 3種への寄生率は，3年間の調査で10～35％に及んでいる（Austin, 1984b）。

### ■クモバチ科

クモバチ科（旧ベッコウバチ科, 図4）はスズメバチ上科に含まれる一群で，世界から4,200種以上が記録されている（Brothers & Finnamore, 1993）。クモバチ科の生態の最大の特徴は，クモを自身の幼虫の餌とすることであり，それ自体が単系統性の根拠の一つともなっている。また，1匹の幼虫に対し1匹のクモを与えるという習性もほとんどの種に共通するが，托卵寄生性（後述）の一種では例外的に1匹のクモに複数卵を産み，それらが共食いせずに生育して成虫になる（Shimizu *et al.*, 2012）。

その生活様式は，(1) 巣（育房）を作り，そのなかにクモを運び込んで卵を産みつけてから巣を閉じる営巣狩猟性，(2) 巣を作らず，クモを一時的に麻痺させ，卵を産みつけたままにする捕食寄生性，そして (3) 狩りや造巣を一切行わず，他種のクモバチの獲物と巣を利用する托卵寄生性，の3つのタイプに分けられる（清水，2002）。科内の系統ごとに，利用するクモの系

**図4** アシダカグモのなかまを運ぶオオモンクロクモバチ.

統に一定の傾向が認められるが，その傾向の強弱はさまざまで，1種対1種の寄生者・寄主の関係は稀である。

クモバチ科が利用するクモは実に多岐に渡り，トタテグモ下目では10科，クモ下目では34科にも及ぶ（清水，2002）。クモバチ科内の原始的な系統は，原始的なクモを利用し，派生的な系統は派生的なクモを利用する傾向にあるが，その詳細は清水（2002）を参照されたい。また，造巣習性など多彩な行動様式については岩田（1971）に，托卵寄生性については清水（2005, 2008），捕食寄生性については清水（2009）に詳しいので，そちらに譲る。

クモバチ科の種数がこれだけ多様で，狩猟対象のクモも多様であることから，利用するクモに対する特異的な狩猟の行動様式があると予想されるが，その研究例は限られている。集団で円網を張るコガネグモ科の一種 *Metepeira incrassata* を利用する *Poecilopompilus mixtus* は，円網上でクモを捕えるのではなく，クモに向かって急降下して驚かすことで，クモを網から落下させる。クモが牽引糸でぶら下がった場合は空中でさらに攻撃を繰り返し，地面に落とし切る。ハチは，牽引糸を切られ地面に落とされたクモにすかさず襲いかかるが，逃げられて視界から消えた場合は，匂いを手掛かりにして追跡するようである（Rayor, 1996）。このように，利用するクモの習性に適応した行動が進化していることからも，習性や網型が全く異なる他のクモを利用するハチの行動も解明する価値がある。実際に，利用するクモの範囲の狭い系統には，機能形態と思われる固有形質がみられることがある（清水，2002）。例えば，コガネグモ類のみを狩るクモバチの一部には，体の一部にはがれやすい毛が密集しており，粘球を伴う円網のクモを狙う際に粘球に絡まった時の身代わりとして重要な役割を果たしていると考えられる。また，トタテグモ類のみを狩るクモバチの一部では，頭部前面や胸部前方に特異な形態が発達しており，土を掘ったり上蓋を開けるなど，土中のトタテグモを襲う際に利用されていると考えられる。

### ■アナバチ類

アナバチ科とギングチバチ科はハナバチ上科に含まれる一群で，世界からそれぞれ660種，3,400種以上が記録されている（Finnamore & Michener, 1993）。両科とも直翅類を中心に昆虫類（直翅類のほかは，アナバチ科はチョウ目幼虫，ギングチバチ科はハエ類，カメムシ類，ガ類など）を狩るが（田仲，2012），クモを狩る系統がそれぞれに生まれている。アナバチ科では，ドロジガバチ亜科の2属 *Sceliphron* および *Chalybion* の全種が，ギングチバチ科では，ギングチバチ亜科のジガバチモドキ族（*Trypoxylon* および *Pison*）の全種がもっぱらクモ類を狩る。それぞれの系統でクモ利用が共有派生形質となっているが，両系統は科が異なるので，クモ利用がハナバチ上科のなかで少なくとも2回進化したと考えられる。これらのハチはクモバチ科と同じ狩猟営巣性であるが，一つの卵に対し複数個体のクモを与えるという違いがある。クモバチ科と同様に，利用するクモの系統に緩やかな傾向はあっても，高い特異性はないようである。

ジガバチモドキ族（*Trypoxylon*）の一種での狩猟行動の記録では，コガネグモ科の一種 *Metepeira incrassata* に対し，ハチは常に円網の中心でクモを仕留め，クモが落ちた場合には追跡をしなかった（Rayor, 1996）。一方で，コガネグモ属のクモに対し，ドロジガバチ亜科の一種 *Sceliphron caementarium* では，クモを網から落としてから追跡して捕獲する。またドロジガバチ亜科の別種 *Chalybion caeruleum* は，円網そのものか円網を支える枠糸がつながる基質に着地し，中脚で糸を引っ張って体を震わせることで獲物と勘違いしたクモをおびき寄せて仕留めることがわかっている（Blackledge & Pickett, 2000）。

クモを利用するアナバチやギングチバチの造巣習性については，岩田（1971）による「本能の進化」第10章に詳しい。

### (2) その他のクモ利用無脊椎動物

#### ■ハエ類

ハエ目のなかにもクモに寄生する系統が複数存在する。クモを利用するハエ類は，クモの体を利用するコガシラアブ科，クモの卵塊を利用するキモグリバエ科，ノミバエ科，ヤドリバエ科，ニクバエ科，ミギワバエ科の6科で知られている。

これらのなかで特筆すべきは，クモの体に内部寄生するコガシラアブ科である。約700種が記録されており（Grimaldi & Engel, 2005），科のすべての種がクモの内部寄生者であると考えられている（Schlinger, 1987）。ただし，この科は捕食寄生性ではなく寄主クモを殺さない真の寄生性である。母バエが直接クモに産卵するわけではなく，多数の卵を植物上に産み落とし，孵った初齢幼虫が歩き回り，偶然にクモにとりついてその体内へと潜り込む。初齢幼虫はプラニディウムと呼ばれるほっそりとして逆立った毛を具える特殊な形態をしており，徘徊して寄主を探すことに適している（Grimaldi & Engel, 2005）。コモリグモ科の一種 *Pardosa prativaga* に寄生する *Acrocera orbicula* は，クモの体内への侵入時に，クモの体に咬みついた状態で初齢幼虫の脱皮殻をクモ体外に残して無毛の2齢幼虫に脱皮し，初齢時に開けた穴から侵入する（Nielsen & Toft, 1999）。クモの組織を食べ，クモから脱出するまでに数カ月から，場合によっては数年を要する（Foelix, 2010: P306）。

キモグリバエ科は，一部の系統でクモ卵塊を利用することが知られている。オニグモヤドリキモグリバエ *Pseutogaurax chiyokoae* は，飛びながらオニグモ類の腹部背面に卵を多数産みつけ，クモが産卵するのに合わせて孵った初齢幼虫が糸疣に移動して卵のうに移動することがわかっている（船曳・桝元, 2009）。南カリフォルニアに在来の *Pseudogaurax signatus* が，外来のハイイロゴケグモ *Latrodectus geometricus* の卵塊に寄生している例も報告されている（Vetter *et al.*, 2012）。

その他多くのクモ卵塊の寄生バエは，卵のうの外側に卵を産みつけ，孵化幼虫が自ら卵のうの中へ潜り込むのだろうと考えられている（Austin, 1985）。

## ■クモ類

クモ類を専門に捕食するクモは多数存在し，その種数も個体数も多いことから，被食されるクモにとって恐るべき天敵であろう。

クモ食いの習性（araneophagy）をもつクモはヒメグモ科に多く，ホシヒメグモ属やイソウロウグモ亜科（日本産で6属）が挙げられる。イソウロウグモ亜科では他種の網に侵入して餌を盗み取る居候性のクモが多いが，それらのクモも侵入先の網の主を捕食することがある（新海，2006; 池田，2013）。このなかでオナガグモ属（イソウロウグモ亜科）だけは造網性で，数本の糸を渡しただけの条網（すじあみ）を張って，そこを渡ってくるクモを狩る習性が知られている（図5; 池田，2013）。

**図5** 条網を使ってカニグモのなかまを捕えたオナガグモ *Ariamnes cylindrogaster*.

ヒメグモ科の他には，コガネグモ科のカナエグモ属やクチバハエトリグモ亜科（ハエトリグモ科）のアミカケハエトリグモ属，*Brettus* 属，*Cyrba* 属，エグチグモ科の *Palpimanus*（Pekár *et al.*, 2011），科自体がクモ食いに特化したセンショウグモ科などが挙げられる。また，ユウレイグモ科の一種であるイエユウレイグモ *Pholcus phalangioides* は，造網性であるとともにクモ食い習性も知られる（Jackson & Brassington, 1987）。クチバハエトリグモやセンショウグモ，イエユウレイグモは，標的となったクモが張っている網の外側から振動を与え，獲物や求愛オスと勘違いして近づいてきたクモを捕食する攻撃的擬態を有している（Jackson, 1990a, b; Jackson & Brassington, 1987; Jackson & Hallas, 1986）。

### カマキリモドキ科

カマキリモドキ科は，アミメカゲロウ目のなかで唯一クモを利用するグループである。鎌状の前脚を含めカマキリによく似た形態を持ち（図 6），前脚で昆虫を捕食するという生態まで同じである。1 科で 400 種以上が知られ，そのほとんどがクモの卵塊を利用して成長すると考えられている（昆虫類の幼虫を利用する種も一部いる）。

**図 6**　灯火に飛来したカマキリモドキの一種（マレーシア，バリ島にて）．

カマキリモドキは数百から数千の卵を一度に産み，孵化した初齢幼虫は寄主であるクモに便乗するため，あるいは直接クモ卵に侵入するために積極的に動き回る。一方で，クモ卵に辿りつくと動く必要はなくなるため，2齢と3齢（終齢）では脚は矮小化する（Redborg, 1998）。1種対1種ほどの寄主特異性はないようだが，初齢幼虫の便乗のしやすさからか，徘徊性のクモが主に利用されるようである。日本産種のヒメカマキリモドキとキカマキリモドキが便乗していたクモには，シボグモ科，ナミハグモ科，ガケジグモ科，イヅツグモ科，ウエムラグモ科，ネコグモ科，アシダカグモ科，エビグモ科，カニグモ科，ハエトリグモ科が記録されている（平田，2009）。蛹は卵のうから離れた場所に移動するために動くことができ，それはファレート幼虫と呼ばれる。

本科の生態は，平田（2009）による和文総説に詳しい。

### ■サシガメ類

意外な分類群であるが，サシガメ科（カメムシ目）のなかにクモを主要な獲物とする種がおり，アシナガサシガメ亜科の *Stenolemus* やモンシロサシガメ亜科の *Scipinnia*，*Nagusta* などで知られている。

*Stenolemus bituberus* は，各種のクモの網に侵入し，糸を揺らすことでクモをおびき出す攻撃的擬態か，クモに気づかれないように糸を渡って近づいてクモを襲うストーキングの2種類の戦術を持ちあわせている（Wignall & Taylor, 2008, 2009, 2010）。このサシガメが侵入する網の主としては，ヒメグモ科，ユウレイグモ科，ウシオグモ科，ウズグモ科，ナキタナアミグモ科，ハエトリグモ科（退避用シェルター）が記録されており，クモ卵の捕食も観察されている。Wignall & Taylor（2011）は，ヒメグモ類の不規則網を用いて，*S. bituberus* がだす網の振動を，本物の獲物（ショウジョウバエ，アブラムシ）や求愛オス，落葉が引き起こす振動と比較した。その結果，攻撃的擬態と本物の獲物が起こす振動は酷似しており，それに対するクモの反応もやはり酷似していた。

モンシロサシガメ亜科の *Scipinnia* と *Nagusta* は，造網性クモを捕える *Stenolemus* とは異なり，特にハエトリグモ科を主要な獲物にしている。その対象は，社会性のハエトリグモ3種，それらを捕食しにきたアミカケハエトリグモ属の一種，そしてアリグモ類 2 種に及んでいる（Jackson *et al.*, 2010）。

このようにクモを餌資源として利用する無脊椎動物は専食者が多く，実にさまざまな戦略や戦術を進化させて巧みにクモを捕えていることがわかる。しかしながら，その習性がわかっているものはごくわずかである。また，クモの種数を勘案すると，クモ専門の無脊椎動物はまだまだたくさんいるだろう。その発見と特殊な習性の解明は，個体レベルの生態学にうってつけの題材である。

（高須賀圭三）

# Ⅱ．生態系との関わり

# 5 森林とクモ

森林には，草原や農地などの他の生態系と比較して，多種のクモが生息している。森林で多種多様なクモが生息する理由は何だろうか？ また，多種のクモが生息できる森林の条件は何だろうか？ これらの問いを突き詰めて考えると，ある場所に生息するクモの種がどのように決まっているのか，という疑問に帰着する。この疑問に答えるには，複雑な自然を個々の要素に分解し，クモの種構成や個々の種の数を制限しているものを特定する必要がある。そこで，まず，森林内でのクモの多様性の分布，言い換えれば群集構造について概要を紹介する。そのうえで，過去の研究例をもとに，何がその場所に生息するクモの種構成や数を決めているのかについて考えてみる。最後に，森林が時間的・空間的に変化していくこと，そして，そうした森林の変化と，そこに生息するクモ群集とがいかに密接に関わっているのかを解説する。

## 1．クモにとって森林はどんな所か？

クモの住む環境として森林を捉える場合，その特徴はどこにあるだろうか。クモにとって森林環境がどのようなものであるかを理解するには，クモが生きる時間と空間の範囲が人間とは異なっていることを認識する必要がある。多くのクモは1年程しか生きず，人間ほど長距離を頻繁に移動することもない。個体が生命をまっとうするために必要な時間や空間も，人間より遙かに小さい。ところが，クモが生息している場所は，人間が日常的に見ている範囲の外にまで及んでいる。その範囲は，人間が目にとめる機会の少ない，地表面に堆積した落ち葉や枯れ枝（リター）から，地上数十メートルの林冠部にまで及ぶ。注目すべきは，森林に生息するクモの多くが，地表面・低木・樹皮・林冠といった住み場所のうち，おもにどれか一つを利用していることである。クモにとって，森林全体が一つの住み場所なのではなく，微小な住み場所（マイクロハビタット）のひとつひとつが，個々のクモにとっての住み場所になっている。森林は，クモにとって全く性質の異なるさまざまな住み場所を提供していることが，森林生態系のクモ多様性をもたらす要因の一つである。

図1は，森林内の異なるマイクロハビタットごとにクモを採集し，出現した種をもとに，どれくらいの種が重複しているかを示している。おおまかに「クモが種ごとにどのように住み分けているのか」を表した図である。地表面・低木・林冠を比較すると，地表面に最も多種のクモが生息しており，しかも

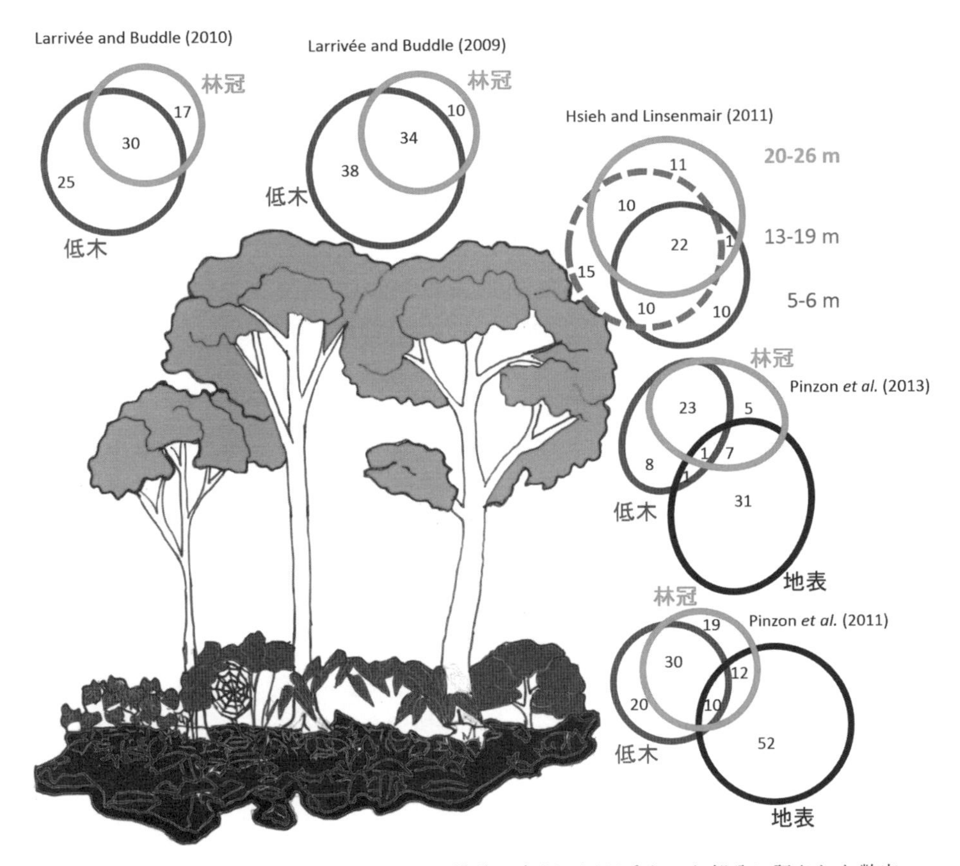


**図1**　マイクロハビタットごとのクモの種数の内訳．円が重なった部分に記された数字が，複数のマイクロハビタットで共通して採集された種数を示す．右下から順に Pinzon *et al.*（2011），Pinzon *et al.*（2013），Hsieh & Linsenmair（2011），Larrivée & Buddle（2009），Larrivée & Buddle（2010）の結果にもとづき，筆者が作成した．

低木や林冠部には見られない種の割合が多いことがわかる。一方，低木と林冠の種組成は比較的よく似ている。低木と林冠，どちらに多くの種が生息しているかについては，研究によって結果が異なるが，概して低木のほうに多くの種が生息している。このように，採集された種の重複からは，植物上で生活できるか否かによって，選択するマイクロハビタットが大きく異なってくることが見てとれる。また，植物の上で生活するクモ類には低木と林冠を行き来している種が相当数存在していること，林冠または低木の一方のみを利用するクモ（例：シロカネグモ属は低木，マルヅメオニグモ *Araneus semilunaris*（口絵④A）は高木）は比較的少ないことも推測できる。

さらに，人間には捉えがたい森林内での微妙な環境の違いも，クモの生存にとって重要な要因となる。たとえば同じ森林であっても，外縁部分は風雨や乾燥などに晒されやすく，内側ほど安定した環境となる。その結果，森林面積が大きい方が，単位面積当たりに，より多種の円網造網性クモ類が発見されることがわかっている（Miyashita *et al.*, 1998）。特に，面積の大きい森林には大型のコガネグモ科が多い。こうした特性をもつクモは，特に森林外からもたらされる乾燥や風のようなストレスに対して弱いのだろう。そのため，大面積の森林にはより多種類のクモが生息するのである。以上のように，森林では，鉛直方向（地表・低木・林冠）にも 水平方向（林縁・森林中央）にもクモにとって異なる環境が拡がっており，そうした環境の違いに応じて異なる種のクモが生息している。これが他の生態系に比べて，森林に多種のクモが生息している理由の一つである。

## 2. クモの生息に関わる要因

最もポピュラーなクモとして，円網を張るクモを例に考えてみよう。たとえば，網に掛かる餌が十分に得られない場所でクモが生きていくことは難しい。また，円網を張るためには，網を支えるような適切な構造物（樹木など）の存在が必要である。主として餌と住み場所，さらに気温や風の強さ・湿度など，そこで生きていくことが可能な環境条件が備わっているかどうかが，ある場所でクモが生息できるかどうかを決定している。これらの要因は，その場所でクモが生息できるか否かに関わる要因という意味で「局所要因」である。また，ある場所に生息適地としての諸条件が備わっていたとしても，

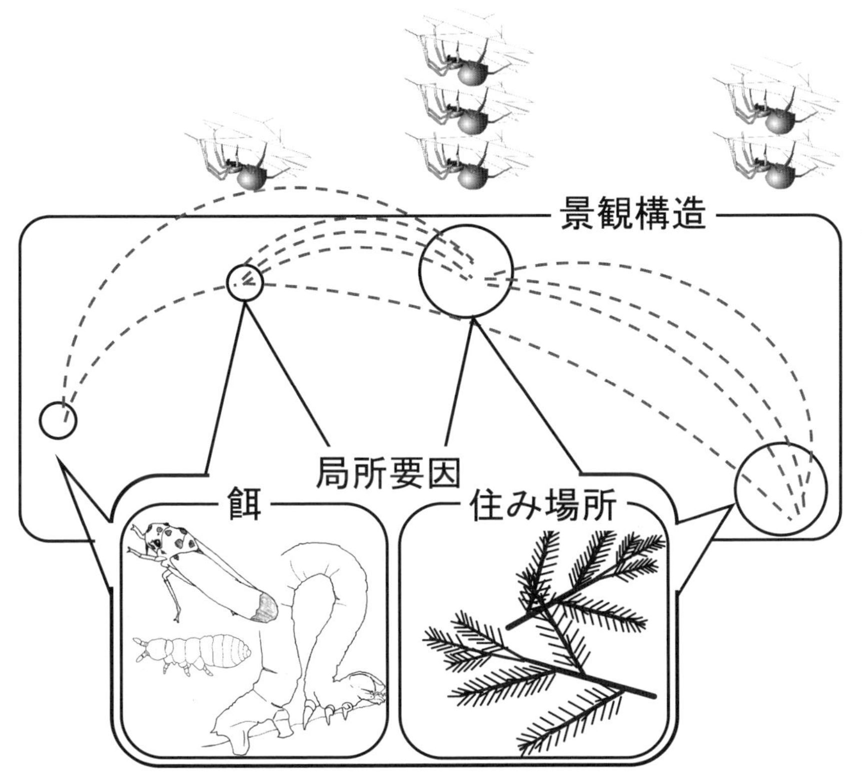


**図2** 森林に住むクモの生息状況や数に影響を与える諸要因．クモがある場所に生息できるか否かは，局所要因と景観構造に左右される．クモにとっての住み場所を「島」と考え，クモは島々を渡り歩いていると考えるとイメージしやすい．島ごとに面積や住み心地が異なり，大きく快適な島ほどクモが定着しやすい．小さい島でも，大きな島に近ければ，大きな島から頻繁にクモがやって来る．そのため，クモがいる可能性が高くなる．

そこに到達することができないかぎり，クモはその場所には存在できない。つまり，個々のクモの種の分布には，その種固有の移動・定着能力による制約がはたらいている。こうした制約は，地域内で隣り合う生息場所どうしの空間配置が関係してくるため，「景観要因」とよばれている。本節では，クモの分布を決めている諸条件のうち，クモにとっての森林環境を理解するうえで重要な因子を，餌と住み場所を中心とする局所的な効果と，景観構造の効果に分けて説明する（図2参照）。

ここで記憶に留めてもらいたいのは，これらのうちどれか一つが欠けてもクモは生息できないということだ。たとえるなら，人間生活の基本とされる衣食住，どれが不足しても健康的な生活を営むことはできない。衣服は食事の替わりにはならないし，どれだけ豊かな食生活を送っていても，住居を失った状況は好ましくないだろう。このように，互いに補完することができない要素を対比して，自然界でクモにとって最も足りていないものを見つけることで，なぜ森林でクモが多様なのか，どのような森林でクモが多様なのかという問いに答えることができる。

### （1）局所要因：餌と住み場所

ほとんどのクモは捕食者であり，クモにとって植物は直接の餌とはならない。しかし，森林に生息するクモの多くが，植物上，あるいは落ち葉や枯れ枝に生息している。このことから，住み場所を提供することを通して，植物はクモが生きていくための要件となっている。一方，クモの生息場所にどのような植物が生育しているかによって，そこに生息する昆虫も大きく異なる。クモの餌となる生物は，植物質を食べているものが少なくないので，植物はその場所で得られる餌の重要な決定要因である。したがって，実験などによって操作をしない限り，住み場所と餌は同時に変わってしまい，観察のみからクモの種構成や生息密度を決定している要因を単離することはできない。

かつては，餌をめぐる種間競争がクモの種構成を決めていると考えられてきた（Brown, 1981; Turner & Polis, 1979; Wise, 1993）。こうした推論は，クモの種構成をさまざまな場所で比べると，異なる餌を食べるような種の組み合わせになっているという観察に基づいていた。だが，観察によって得られた事実だけでは，餌をめぐるクモ同士の競争によってクモの種構成が決まっていることの直接証拠とはならない。形態が異なるクモの種間で捕食できる餌が異なることは不思議ではないが，一方で形態の違いは住み場所が異なる原因ともなり得るからである。そこで，実験によって住み場所と餌のどちらか一方のみを操作した時に，クモがどのように反応するかを調べる研究が行われてきた。クモの餌生物を大量に飼育して野外に放つのは手間が掛かり大変なので，代わりにジャガイモ，キノコ，ショウジョウバエ用の培地といった有機物，いわばクモの餌の餌を地表面に撒くと，クモにとっての住み場所はほとんど変えずに，餌だけを増やすことができる。また，住み場所のみを操作するには，生物が餌として利用できない人工構造物を用いる必要がある。プラスチックや金属からなる足場の追加は，効果的な実験方法である。

たとえば，地表面を住み場所とするクモについて，住み場所を変えずに餌だけを増やしてやると，3カ月後には，何も加えなかった場合と比べてクモの数は2倍以上になった（Chen & Wise, 1999）。したがって，自然界では餌量がクモの数を制限する要因となっているようだ。また，渓流の近辺の植物上には数多くのクモが生息しているが，その原因のひとつは，渓流から多数の水生昆虫が羽化してくるためだとされている。水生昆虫の羽化量が増えると，水面に沿って水平な円網を作るクモが増えることが知られている（Wesner, 2012）。つまり，水辺から羽化した水生昆虫が多いことで，羽化した水生昆虫を捕獲しやすい網の特徴をもった特定のクモが増え，水辺に生息するクモの種構成に影響を与えていたと考えられる（Henschel *et al.*, 2001）。このように，環境によって餌の量や組成が異なることが，野外のクモの数を制限したり優占する種を変えたりする。

また，造花用の人工の葉を用いて，住み場所としての落ち葉の量や形を変えることで，住み場所の状態とクモの関係を明らかにすることができる。落ち葉と人工葉を用いて，①自然状態を模した住み場所，②自然状態よりも複雑な住み場所，③自然状態よりも単純にした住み場所，を森に設けると，人工葉であってもクモの生息密度は減少せず，むしろ増加する傾向にあった。人工葉は落葉に比べると頑強で，より多くの住み場所空間が得られるため，人工葉の方がクモが多くなったと考えられる。一方，住み場所の複雑さの影響は明らかではなかった（Bultman & Uetz, 1982）。この実験からは，クモの数を決定しているのは住み場所であり，自然界でクモは餌余りの状況にあるのではないかとさえ思える。

植物上に生息するクモでも，住み場所がクモの数を決めていることが示されている。たとえば，針葉樹の小枝を束ねたり一部を切り落としたりする実験を行い，小枝上のクモ群集全体の変化を観測した研究がある（Halaj *et al.*, 2000）。小枝を束ねることで植物の量は1.6倍になり，その結果トビムシに代表される菌食者が8倍以上増加した。枝の一部や針葉を除くと，コガネグモ科のような造網種が増加し，枝を束ねるとフクログモ科が増加した。この研究から，クモの増減は住み場所の構造（密度・量・空間配置）によって決まっており，種構成にも影響を及ぼしていると考えられる。また，クモにとって植物上の主要な餌であると考えられるトビムシに対するクモの比率は，植物を束ねた時に最小（餌が余剰の状態）であった。この結果からは，その場の住み場所構造が餌生物とクモ間の捕食被食関係にまで影響を与えていることが示唆される。

また，外界からの餌の出入りのない囲いの中に，植物上で網を張るクモの人工的な足場（金網）を設けると，造網性のクモの生息密度（面積あたりの数）が増加するだけでなく，土壌からの羽化昆虫の数が減少した（Miyashita & Takada, 2007）。また，さまざまな森林で調査した結果，足場としての植物が多いところにはクモが多く，土壌からの羽化昆虫が少ないというパターンが得られた。この例からは，住み場所の量がクモの生息密度の増減だけでなく，クモの数を通じて，餌群集の生息密度をも変えるほどの影響を与えていると言える。すなわち森林にクモが多いか少ないかを決めるうえで，その森で得られる餌量よりも，住み場所の量によってクモの数が決まっており，因果の向きとしては，餌の量をクモの生息密度が決定している，という理解が適切であるように思われる。

以上のように，クモの数や種構成に影響を与える局所的な要因としては，餌と住み場所のふたつを挙げることができる。とりわけ，住み場所の構造は，どのようなクモがどれだけの数生息できるのかに強く影響を及ぼしている。翻って，多くの落ち葉や枯れ枝が堆積し，草原などに比べると強固な足場も得ることができることが森林の特性であり，それが多種多様なクモの生息を可能にしているのである。

### （2）景観構造

ここまでは，ある場所にどのようなクモが生息するかを決める要因として，その場所の環境を扱ってきた。言い換えれば，特定の環境条件（微環境）が揃えば，その場所のクモの種構成が同じになることを仮定してきた。しかし，微環境が同一であっても，同じ種が生息できるとは限らない。ある種が特定の環境に生息するには，周辺にその種が存在しており，その種が移入できることが必要になる。また，たとえばエゾコモリグモ *Pardosa lugubris* は，成長に伴って森林から草原のような開けた場所へと移動する（Edgar, 1971）。

**図 3**　高所で糸を延ばし，バルーニングによって飛び立つ寸前のクモ．糸疣を高く突き上げる "tip-toeing（つま先立ち）" と呼ばれる行動は，バルーニングの際にさまざまなクモで見られる特有の行動である．飛んでいく方向は風任せであるが，バルーニングに関わる一連の行動は特定の気象条件が揃った場合に限られ，能動的な行動であると考えられる．

この移動は歩行によるものであり，森林と開けた場所が隣接していることが必要である。このように局所環境だけでなく，周囲を取り巻く環境によって，そこに生息するクモの種構成は変化する。こうした環境の広がりは，「景観」とよばれている。景観は通常，森・川・草原といった生態系の組み合わせをさすが，生物の生息場所に焦点を当てる場合には，少し意味合いが違ってくる。つまり，「異なる生態系の組み合わせ」に限定されるのではなく，「生物の生息場所とそれ以外の環境の組み合わせからなる空間」というより広い意味をもつのである。この定義にしたがえば，移動能力の乏しい生物にとっての景観は，生態系のなかに含まれる場合もある。以下では，クモにとっての「景観構造」が，個々の種の生息密度，ひいてはクモ群集にどのような影響を与えているかについて紹介する。

クモ群集に対する景観構造の影響を評価するには，そもそもクモがどれくらいの距離を移動するかを調べる必要がある。移動距離が短ければ，遠く離れた生息適地まで移動する確率は非常に低くなるからである。まず，幼体の時点での移動・定着能力に大きく影響するのが "バルーニング" (ballooning) をするか否かである。幼体のクモや一部の微小なクモの成体は，時として空中を漂うことによって長距離を移動する（図 3)。クモは高所に登ってから糸疣から複数本の糸を出し，上昇気流に乗って浮かび上がる。こうした，空中を漂うことによる節足動物の移動は,「気球で飛ぶこと」を意味するバルーニングの名前でよばれている。バルーニングによる移動距離は，一般にはそれほど長距離ではないかもしれないが，稀に100～1,000 kmの単位で移動し，定着する個体もいる（Gillespie *et al.*, 2011）。限られたグループのクモのみが稀な超長距離移動を行い，そのうち運よく定着できる確率は非常に低い。大陸から遠く離れた島には特定のクモしか生息できないのはそのためであろう（Garb & Gillespie, 2009; Gillespie, 2004）。

しかし，バルーニングを行わないクモのなかにもハシリグモの一種 *Dolomedes triton* のように，成体のメスが1日あたり平均2 m弱を移動する場合がある（Kreiter & Wise, 1996）。このクモは水辺に生息し，撥水性のある8本の脚でアメンボのように水面に立ち，体を持ち上げた姿勢をとることで自らの体を帆にして風の力で移動することができる（Suter, 1999）。これに対し，森林の傾斜地で土の露出した環境を利用するキシノウエトタテグモ *Latouchia typica* では，自力で分布を拡大するのはおもに幼体が親の巣から巣別れする時であり，その移動距離はわずか50 cm程度である（図4；中西，私信）。

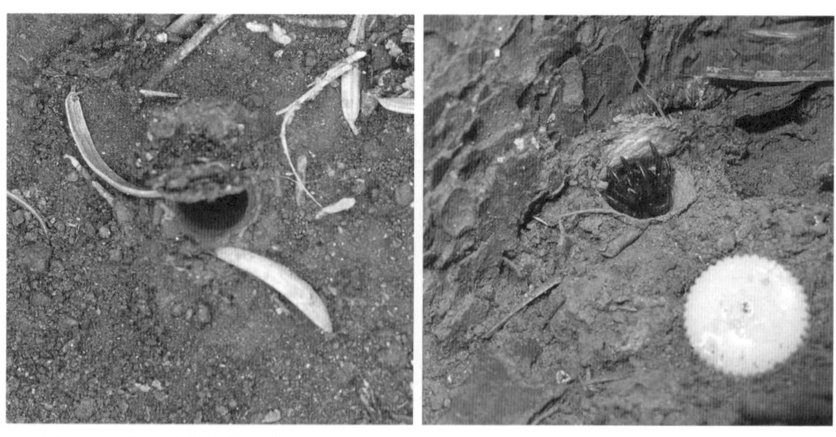

**図4**　内側に蛍光塗料を塗ったキシノウエトタテグモの巣（左）と，キシノウエトタテグモ（右）．幼体が巣別れする際に蛍光塗料が付着し，巣からどこまで移動したのかを追跡できる（中西亜耶撮影）．

**図5**　スギ林に造網するチビサラグモ．造網の足場としては数 cm 以上堆積したスギの落ち葉・枯れ枝が適しているようで，落ち葉の厚さが 3 cm 以下の場所にはほとんど網をつくらない（高田まゆら撮影）．

このように，クモは種に特有の移動手段をもっているので，適切な環境条件の場所に移入できる能力は種によって異なっている。既に述べたように，クモの密度を決めているのは，大きく分けて，生息に適した微環境が存在するかと，そこにたどり着けるかの二つである。これら二つの要因を同時に検討した研究として，スギ林の落ち葉の隙間に数多く生息するチビサラグモ *Neriene brongersmai*（口絵④B）に着目した例がある（図 5）。このクモは単一のスギ林で一世代を終え，森林間で移動することは稀であるため，一つのスギ林に生息するクモの集団を一個体群と見なせる。また，クモの個体が作る網は直径 17 cm ほどで，数十 cm という空間スケールが，数個体が生息する「パッチ」になっている。分布調査から，パッチ単位のチビサラグモの生息密度（面積あたりの数）は，パッチごとの落ち葉の量（住み場所の量）と，個体群全体としてチビサラグモがどれほどの密度で生息しているか，の足し算で決まっていた（Takada & Miyashita, 2004）。また，個体群レベルの生息密度は，そのスケールでのスギの落ち葉や枯れ枝の量とよく相関していた。つまり，パッチごとの，落ち葉や枯れ枝あたりのチビサラグモの数は，スギ林全体として落ち葉や枯れ枝の量が多い場合に底上げされていたのである。

底上げの原因としては，スギ林のレベルでの住み場所が多いことに起因して，クモにとって好適な環境が頻繁に出現することが挙げられる。好適な環境が至る所にあれば，それらを求めて移動する際の移動時間が短くて済むため，移動中に捕食されて死亡するリスクが減少すると考えられる。この仮説を検証するため，野外で住み場所の量を変えた実験区を作り，定期的に一定の頻度でチビサラグモの網を破壊して個体の移動を促し，個体数の変化を調べる実験が行われた。その結果，予想通り落ち葉や枯れ枝の量が多い方が死亡率が低く抑えられた。住み場所が潤沢に存在する場合には，新たな住み場所を求めて移動する間の死亡率が低下するため，結果的にチビサラグモの数が底上げされていることが明らかになったのである（Takada & Miyashita, 2014）。

チビサラグモの研究では，生息パッチスケールの局所環境とその周辺環境が，クモに与える影響を詳細に検討していた。これは，一つの森林内において，複数の空間スケールの要因が個体数を決定していることを示したものである。一方で，バルーニングなどによる長距離移動をするクモでは，分断された森林の間をクモが移動できるかどうかが，ある種の存在や数の多さに影響することも十分考えられる。Mas *et al.*（2009）は，高山草原および岩場・針葉樹・常緑樹・落葉樹の 4 種類の景観要素が入り交じった自然公園内の多地点で，地表のクモ類を採集した。そして採集された種数が，採集地点からどれくらいの距離までの環境によって，もっともよく説明できるかについて検討した。すると，年平均気温や年平均降水量などの気象条件よりも，景観の違いの方が重要であり，周囲 220 m ほどの範囲の景観構造が種数に強く影響していた。個々の種について検討すれば，その種に固有の移動・定着可能な距離に応じて，生息に影響を与える周辺環境の大きさは異なると考えられるが（たとえば Miyashita *et al.*, 2012; Schmidt *et al.*, 2008），Mas *et al.*（2009）が調べたクモ群集の種数については，周辺 200 m 程度の景観が多様性に影響を与えていることが示されたのである。

このように，多様なクモが生息するためには，住むことに適した場が移動可能な範囲内にどれくらいあるかが重要な要件となる。つまり，景観構造がクモの種構成に影響をおよぼす過程には，種に固有の好適な住み場所が空間的にどのように配置されているのか，その種がどの程度の移動能力を有しているか，が関わっている。チビサラグモの移動能力はそれほど大きいとは想定されなかったが，さまざまなクモについて検討してみると，概して「そのクモが住んでいる地点と隣り合う景観要素は何か？」という程度のスケールが効いているようだ。

## 3. 森林クモ群集のダイナミクス

### （1）動的平衡系としての森林生態系

森林の植物がもたらす光合成産物は，森林生態系においてほぼ唯一のエネルギー源となっている。これが無機化されて二酸化炭素に戻り，生態系の外に出ていくまでの過程は，主として生物のはたらきによって駆動されている。森林環境とクモの関わりを理解するためには，森林内での物質とエネルギーの移動について知っておく必要がある。

樹木は光を求めて大きく成長するために，幹や枝のような物理的に強固で化学的にも分解しづらい有機物を生産する。植物は成長とともに大量のバイオマスを蓄積していくが，落ち葉や枯れ枝が分解して鉱物に吸着した状態となった遺骸有機物の蓄積量も増大する。有機物の総量と，それらが生産・消費される速度から考えると，森林は成熟するにしたがって，植物遺骸から始まる「腐食連鎖」が卓越してくる（Begon *et al.*, 1996; Swift *et al.*, 1979）。ただし，木本植物の個体としての生存時間が十年から千年の単位であることを考えれば，植物が死を迎えるごとにバイオマスはリセットされ，次世代へと更新される。木本植物の死亡は老衰による内因的なものと，台風や火災などの外因的なものによって起きる。このように，生態系の構造や組成，そして機能に影響をおよぼす破壊的作用は「撹乱」と総称される（中静・山本，1987）。また，撹乱後に生じる植物の成長と種交代，その結果もたらされる環境変化を伴う一連の時間的変化は，「植生遷移」とよばれる。気温や降水量が似かよった地域のなかにもモザイク状の景観が形成されるのは，規模や頻度が異なる撹乱によって，遷移初期から後期まで，異なる段階にある植生が成立するためである。撹乱と植生遷移の繰り返しによって森林は新陳代謝を繰り返している。大小さまざまな規模で植物個体の更新を繰り返しながら，森林全体としては動的な平衡状態にある（Bormann & Likens, 1979）。

最後に，森林の時間変化をより長い時間軸で見ると，撹乱と遷移の繰り返しも不変ではない。千年から百万年の時間スケールで，新たな母岩の生成や表土の新生を伴うような大攪乱がなかった地域では，植物のバイオマスが時間とともに小さくなることがある。これは，植物にとって必須の栄養塩であり，母岩の風化によって供給される，生物にとって利用可能なリンが，風化が進み過ぎて枯渇することや，窒素の不足などが原因として指摘されている（Wardle *et al.*, 2004）。個体としての植物が誕生し，老衰によって死に到るように，森林自体にも地質的な時間スケールでは誕生から死までの各段階が存在している。このような，森林の老年期における衰退過程のことを退行遷移という。このように，森林は植物の世代時間，地質の変化時間のスケールで時間的に変化する特性をもち，同一地域内に異なる遷移段階の森林が存在することによって，質の異なる森が隣り合うような景観が形作られている（図 6）。

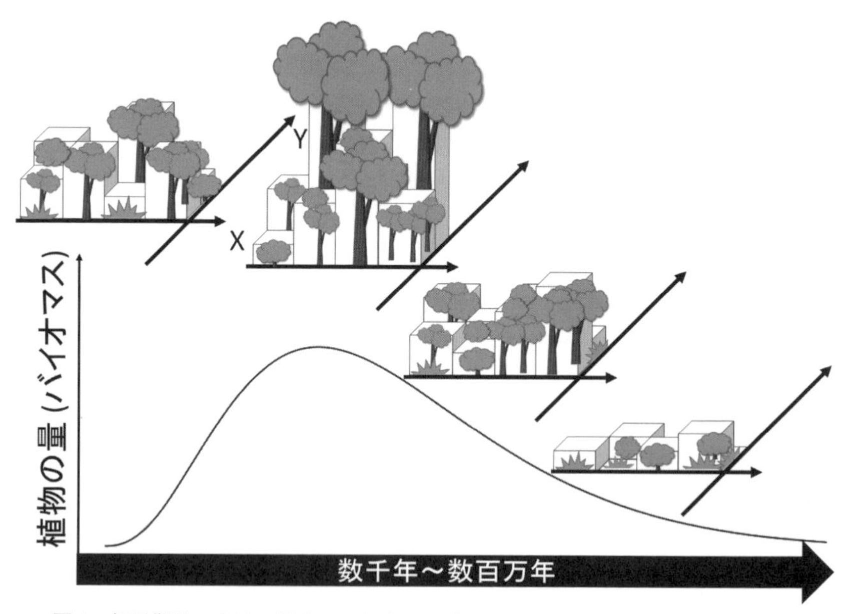


図 6　超長期的・広域の視点から捉えた，森林の時空間動態．森林を狭い範囲で捉えると，攪乱などによって林冠が世代交代する度に，環境が大きく変化する．しかし，森林をより広い範囲で捉えると，植物の更新という新陳代謝を繰り返しながら現状を維持している．森林の発達はこのような平衡状態のもとにあり，さらに，極めて長い時間を軸にとれば，地質的要因や気候変動によって「平衡点」が変化していく．

### (2) クモの物差で森の誕生～死を測る

植生遷移に伴ってクモ群集は大きく変化する。その主な理由は，局所環境が植生遷移に伴って大きく変化し，攪乱前とは異なるクモがその森林を生息適地とすることにある。そこで，遷移の状態とクモの種構成の関係が明らかになれば，クモにとって，その森林がどのような環境であるかを推測することができる。一方，森林が遷移することが個々のクモの種にとってどのような意味があるかを考える時には，クモが異なる環境に置かれた時にどのようにライフスタイルを変えるかを知る必要がある。この節では，まず植生遷移とクモの関係をクモの種構成の面から，続いてクモのライフスタイル，特に食の面から取り上げてみる。

火山噴火のように生物相が完全に消失する攪乱の場合，広い範囲にわたってクモ相は完全にリセットされる。そこでは，移動・定着可能な距離の長いバルーニングができるクモ，たとえばサラグモ科が最初に定着する（Crawford *et al.*, 1995）。森林伐採や風倒などの攪乱の後では，一部のクモは生き残って世代を繋いでいるだろうが，攪乱後に成立するクモ群集は，周辺からクモが移入する頻度に影響される。たとえば，耕作放棄後5年間の造網性クモの種構成の変化を調べた研究からは，年数が進むほどクモの種数は増加し，新しい種が定着していることが示されている。クモの種構成の変化は，強固な造網場所を提供する多年生植物の有無に対応しており，住み場所の好みの違いによって，種間で定着可能性が異なっていた（Richardson & Hanks, 2009）。鍵となる植物が存在するか否かで，造網性のクモの種構成が左右されることは，放牧がクモにおよぼす影響を調べた研究のなかにも見いだせる（Gibson *et al.*, 1992）。家畜によって植物が摂食されると，摂食されなかった場合よりも植物の生育が遅れ，特に大型の円網造網性クモが定着しづらくなったという。植物上の円網を張る造網性クモがとくに攪乱に弱いことは，伐採による攪乱を扱った研究からも示されている（Coyle, 1981）。これらの研究から考えると，クモが生きていく上で，生息場所に求める環境要件が餌の捕り方に応じて異なっており，結果的に，森林の状態に応じて餌の捕り方が異なるクモが増えるようだ。

上記の研究は，攪乱直後における種の定着過程を示したものであるが，クモ群集がその後どのように変化するかは，攪乱の種類や強度などによって異なる。森林火災後と伐採後の遷移の影響を調べるために，攪乱から1年，15年，30年後の森林を比較した研究がある（Buddle *et al.*, 2000）。火災攪乱か伐採攪乱かによる相違が最も大きかったのは15年生の森林であり，火災攪乱では15年生と1年生のクモ群集で種構成が類似しており，伐採攪乱では15年生と30年生で類似していた。つまり，火災の方がクモに及ぼす攪乱の影響が長く継続されることが示唆された。また，原住民による伝統的な施業（下草刈りを伴う林産物の利用と10～20年伐期の疎な択伐）が維持されている森林では，原生林や畑作後の放棄地に成立した森林に比べて多種のクモが生息していることが示されている（Chen & Tso, 2004; Tsai *et al.*, 2006）。記録された種数は，伝統施業二次林＞原生林＞草原＞畑作放棄地，の順であり，植生が高密度かつ複雑な場所でクモが多様だった。ただし，伝統的な施業によって形成された二次林は，低木層の植生が原生林よりも疎らであったが，原生林よりも種が多様であった。こうした違いは，原生林で優占していた円網造網性のクモは攪乱に対して最も弱く，中程度の攪乱の加わった二次林では，より攪乱に耐性のある立体網タイプのクモ（サラグモ科やヒメグモ科）が増えたために生じたと考えられている。攪乱がクモ群集におよぼす長期的な影響は，「攪乱のタイプによって生育する植物の状態が異なる」ことが重要であることが多い。また，局所環境と景観構造が生物の種構成や数におよぼす影響を比較すると，攪乱直後はクモの移動・定着が重要なので，景観構造の影響を強く受けるが，遷移が進むにつれて，局所環境の影響が強くなることが推察される。ただし，5～50年生の二次林に生息する植物上のクモの種構成は，原生林から離れており，孤立した二次林のほうが種数が少ないという報告もある（Floren & Deeleman-Reinhold, 2005）。クモの移動・定着が極めて起こりにくい場合には，攪乱後数十年が経過しても群集構造に対して景観構造の影響が強く残ることがうかがえる。

森の変化は，住み場所の提供などを通じて直接的にクモに影響を与えるだけでなく，餌や天敵の種構成や数を変えることで，クモをめぐる捕食被食関係，すなわち食物網を変化させている可能性がある。森林のダイナミクスとクモを頂点とする食物網には何らかの対応が見られるのだろうか。

先に述べた水生昆虫の羽化量によって水際のクモの種構成が変わるという指摘は，水域から羽化した昆虫が森林に生息するクモにとって重要な餌となっていることを示している（Kato *et al.*, 2003）。つまり，クモが利用する餌資源は少なからず別の場所からやって来ていると考えられる。生物・非生物にかかわらず，生態系をまたいだ物質の移動が起こっており，クモもその恩恵に浴している。もっと小さいスケールで考えれば，森林内の異なるマイクロハビタット間でも同様なことが起きている。たとえば，腐食連鎖系はおもに地表面で成立していて，腐食連鎖系で育ったおびただしい数の昆虫が土壌から羽化して，植物上のクモに捕食されている。森林で，こうした土壌からの羽化昆虫の移動を遮ると，円網造網性のクモが減少することから（Miyashita *et al.*, 2003），植物上のクモをめぐる食物網は，植物上で完結していないことがわかる。逆に，林冠部からの落下昆虫が地表近くのクモ群集にとって重要な餌であることを示す研究もあり（Pringle & Fox-Dobbs, 2008），林冠と地表面では，生物や有機物の活発な移動が起こっていると考えられる。別の場所から到来する餌・栄養・有機物などは「異地性資源」（allochthonous input）と総称され，生態系間の結びつきを作る重要な因子となっている（Polis & Strong, 1996）。

植物上のクモにとっての餌供給は，その場所起源の餌と異地性資源流入のバランスによって変化する（図 7）という指摘は，森林内の物質循環とクモの関係を探るうえで興味深い。異地性資源の量は，クモの住み場所の環境とは独立に変化するからである。河川の富栄養化や地下部への有機肥料の投入は，植物上のクモにとっての異地性資源を増やす一方，大雨などによって水生昆虫が下流に流されると羽化量は減少し，異地性資源は減少する。同様に，伐採や森林火災といった攪乱が起きれば，地表面に供給される落ち葉の量や質が変わるとともに，草本などの植食昆虫にとって食べやすい植物が急速に成長しはじめるだろう。そして植生遷移によって森林が成熟するとともに，再びクモにとって得られる餌は腐食連鎖系に起源する羽化昆虫を中心とするメニューに戻っていくかもしれない。こう考えると，植生遷移とともにクモの餌が変わっていくとすれば，それは森林生態系のなかで物質やエネルギーの移動の仕方に変化が生じたことを反映していると言える。クモが何を食べているかを調べることは，森林とその場所に生きる動物の関わりを観測していることに通じるのである。

しかし，人間の一生より遙かに長い植生遷移を直接的に追跡して，食物網

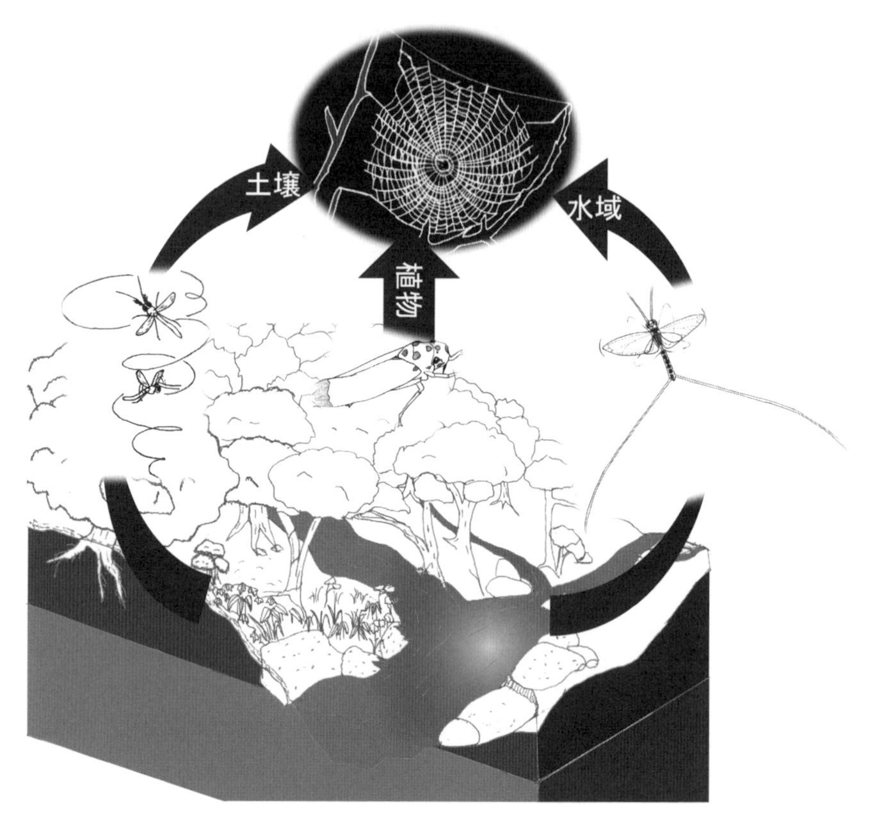


**図7** クモを頂点とする食物網の概念図．クモは捕食を通じて，さまざまな生態系を繋いでいる．秋から春にかけて，河川や湖沼などの水域から多量の水生昆虫が羽化し，河畔林や河川敷のクモにとって重要な餌となる．河川から離れた場所でも，植物上のクモの餌源のうちで地表面（土壌）に由来する餌が大きな割合を占めている．

の変化を観測することは不可能に近い。そこで，遷移の初期段階にある場所と，森林の成立した場所の食物網を比較することで，食物網の変化が確かめられてきた。たとえば，植物上で造網するクモの餌組成を観察すると，クモの餌に占める土壌から羽化した腐食連鎖起源の昆虫（主としてハエ目）の割合は，草原よりも森林の方が多いことがわかっている。また，植食昆虫を中心とする生食連鎖起源の昆虫と腐食連鎖起源の昆虫では季節消長が異なっており，造網性のクモの幼体出現期と，腐食連鎖起源の昆虫（大部分が小型である）の羽化のピークが一致していた（Shimazaki & Miyashita, 2005）。この結果から，植物上のクモにとって，腐食連鎖起源の餌が重要である時期があることと，植生遷移が進んだ場所のほうが，クモを頂点とする食物網に占める腐食連鎖系の割合が高いことが推測できる。また，炭素の同位体を用いることにより，生物がとりこんだ餌の起源を追跡した研究もある。炭素放射性同位体を用いて，異なる林齢の森林間でクモの餌を比較した結果，植物上のクモが生息場所の林齢を問わず腐食連鎖起源の餌を摂食していることが示された。その一方で，捕食の仕方において異なるグループ（摂食ギルド）間では腐食連鎖起源の餌の利用率が異なることもわかった（Haraguchi *et al.*, 2013）。この研究からは，植物上のクモに捕食される腐食連鎖からの異地性資源が，遷移初期から後期を通じて大きな寄与があること，また餌の供給バランスと生息するクモの特性の双方によってクモを頂点とする食物網の形が変わることがわかる。以上の研究から，森林のなかで最も生食連鎖起源の餌を得やすい遷移初期の森林で暮らすクモですら，腐食連鎖起源の餌を中心とする食物網が重要であること，そして植生遷移に伴って，餌に占める腐食連鎖起源の生物の割合が増大していくことが考えられる。こうした変化は，遷移が進むほど地表に多くの落葉落枝が堆積し，腐食連鎖系に加入する物質やエネルギーが大きくなることに起因すると考えられる。

さらに，植生遷移に伴う生産性と有機物分解速度の変化は，植物上の生食連鎖起源の餌生物と異地性資源の供給バランスを変化させうる。その例として，退行遷移の過程にあり，生産性の低下しつつある小島群の森林において，コモリグモの窒素の安定同位体比の変化を検討した研究がある（Hyodo & Wardle, 2009）。退行遷移が進み，生産性の低下した森林ほど，クモは湖沼から羽化するユスリカに強く依存するようになる。退行遷移に伴ってクモが生息する森林の生産性が低下し，異地性資源が相対的に豊富な餌となったことで，クモの食べる餌が変化したと考えられる。このように，一見するとクモとは無関係に思える，生態系全体の物質やエネルギーの移動が，クモをめぐる食物網にも反映されている。

クモは，特に住み場所の要件が種によって大きく異なること，また種によって移動能力が異なることにより，周辺景観まで含めた生息場所の現在の状況を色濃く反映している。これが，クモが森林環境をはかる物差である，とする著者の主張の第一の論拠である。さらに，森林に生息するクモを頂点とする食物網を明らかにすることで，森林内の物質循環の変化が生物群集の捕食被食関係にどのような影響をもたらしているかを知ることができる。起源の異なるさまざまな餌を捕食するクモであるからこそ，採餌内容にはその場所の餌の豊富さや種類が反映される。森林食物網の全体像を描くことは困難だが，その代表としてクモを頂点とする食物網をとりあげることで，森林で起きていることが私達の眼に見えてくるのである。これが，クモが森林環境をはかる物差である，とする主張のもう一つの論拠である。

（原口　岳）

# 6 里山とクモ

里山には多様な環境が存在しており，非常に多くの生物たちが生息している。しかし，1960年代以降の里山の変貌によって，里山の生物多様性は減少し，多くの生物が絶滅危惧種となっている。クモ類においても里山の多様な環境に適応したさまざまな種が生息しているが，里山のクモ多様性を定量的に調べた研究は少なく，里山の変貌がクモ類に与えた影響についてもよくわかっていない。ここでは，里山におけるクモの多様性が高いことを示唆するいくつかの研究を紹介するとともに，宅地造成やシカによる森林の下生えの食害などがクモ類に与えた影響についても述べる。トンボ・チョウ・植物などのように，クモ類においても分布情報の蓄積とデータベース化が急務である。

## 1. 里山とは何か

### (1) 狭義の「里山」：人里近くの二次林

「里山」という言葉は，人里近くの山をさすものとして，すでに江戸時代に使われていたという（丸山, 2007）。これに対して，四手井（1993）は「里山」を，「農用林として使われていた農家の丘陵か低山地帯の森林」と定義し，「奥山」と対立する概念とした。四手井にとって「里山」は，人里近くの二次林のことを意味している。このような林を雑木林とよぶことも多い（丸山，2007）。

1950年代までは，「里山」はさまざまな用途に使われてきた。「里山」は10～30年ほどの周期で繰り返し伐採され，伐採された木材は建築材や紙パルプの原料となった。また木材は，木炭や薪のような燃料としても使われた。森林の林床に生える下生えは，落ち葉や枯れ枝とともに堆肥にされ，肥料として使われた。

人と「里山」のこのような関係は，1960年代の高度経済成長期に根本的に変化した。住宅建築ラッシュを契機として安い木材が外国から大量に輸入されるようになり，日本の林業は廃れていった。燃料は薪炭から石油やガスへ，肥料は堆肥よりも即効性のある化学肥料になった。このような状況を反映して，「里山」は無用であるという認識が広がっていった。さらに大都市に人口が集中したため，通勤圏にある里山林は伐採されて住宅地となった。工場誘致や工業団地の造成によって，地方都市周辺の「里山」も住宅地となった。そして，それ以外の「里山」は放置され，荒廃していった（守山，1988）。

### (2)「里山」の再評価

「里山」は伐採の後に発達した二次林であり，人の手が加わらない一次林（原生林）ではない。1970年ごろまでは，このように人の手が加えられた林（二次林）は保護する価値がないという意見が研究者の間でも一般的であった。しかし，守山（1988）は「里山」を新たな観点から再評価した。関東南部以西の日本では，生態遷移の最終段階すなわち極相は照葉樹林であり，「里山」も放置すればやがて照葉樹林となる。カタクリ・カンアオイなどの春植物やミドリシジミ類・ギフチョウなど春に羽化するチョウ類は，コナラ・クヌギなどから構成される明るい二次林に生息している。コナラやクヌギは暖温帯性の落葉樹であり，このような林には，秋から春にかけて，さんさんと日が降り注ぐ。これに対して照葉樹は常緑であり，照葉樹林は一年中林床に光が射さない暗い林である。このような森林には，春植物やミドリシジミ類は生息することができない。

春植物やミドリシジミ類は，気候が寒冷であった時代には，ミズナラ・ブナなどからなる温帯性落葉広葉樹林に生息していたと思われる。氷期以後の温暖化による温帯性落葉広葉樹林から照葉樹林への移行は，春植物やミドリシジミ類を絶滅させたはずであるが，縄文人の焼畑農業によって出現した二次林（暖温帯性落葉広葉樹林）にこれらの生物が逃げ込んだと，守山は考えたのである。これが事実なら，「里山」は学術的に価値がないものではなく，氷河期の遺存生物の隠れ家として，守られるべき貴重なものということになる。

### (3) 広義の里山：里山概念の拡張

田端（1997）は，「里山」，すなわち人里近くの二次林を「里山林」と呼び，里山林とそれに隣接する中山間地の水田，ため池，用水路，茅場などを含めた景観を「里山」と定義した。そして，里山林だけでなく，里山林の林縁や田んぼのあぜや水田にも，日本の生物相に重要な位置を占める生物が数多く生息していると述べた。このように，田端によれば，広義の里山は中山間地の伝統的農村景観そのものである。また武内ら（2001）は，雑木林や採草地などの二次的自然を「里山」と呼び，「里山」に農地・水辺・集落を含めたものを「里地」と定義した。「里地」は，田端の「里山」とほぼ同義である。この章では，里山をこれらと同じ広義の里山を意味するものとして述べる。

## 2. 里山の生物多様性

里山には数多くの生物が生息している。たとえば，表1は，陸生の日本産両生爬虫類がどのような環境に生息しているかを表したものであり（松井，2005），133種のうちの54種（41%）が里山に生息している。本州・四国・九州ではこの傾向はさらに著しく，47種のうちの28種（60%）が里山に生息している。里山とその周辺部を合計すると，日本産両生爬虫類133種のうちの86種（65%）がこれらの場所に生息していることがわかる。

環境省（2002）の里地自然の保全方策策定調査報告書によれば，日本の陸地面積の約4割を占める里山（図1）にホットスポット（絶滅危惧種が多数生息する場所）の6割が集中している。また，森林総合研究所関西支所のホームページによれば，近畿地方の里山には，近畿地方の全絶滅危惧植物種の57%にあたる534種が生育している。このことは，里山の生物多様性が高い

**表1** 陸生の日本産両生爬虫類の生息場所と種数（松井（2005）を改変）．

| | 都市・低地[a] | 里山[b] | 里山の周辺部[c] | 山地 | 孤島 | 合計 |
|---|---|---|---|---|---|---|
| 北海道 | 2 | 3 | 0 | 0 | 0 | 5 |
| 本州<br>四国<br>九州 | 3 | 28 | 11 | 5 | 0 | 47 |
| 属島 | 0 | 6 | 1 | 0 | 5 | 12 |
| 琉球 | 16 | 17 | 20 | 14 | 2 | 69 |
| 合計（%） | 21(16) | 54(41) | 32(24) | 19(14) | 7(5) | 133(100) |

a：都市・低地の河川・湿地・草地／b：人里近くの丘陵・低山／
c：「里やま」と低地の境界付近

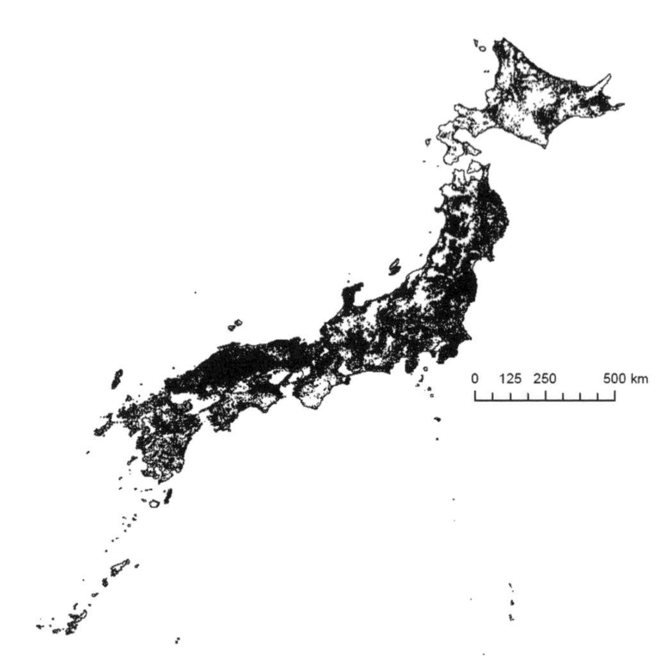


**図 1**　全国での里山の分布．出典：「生物多様性評価地図（生物多様性カルテ）環境省」．

ことと同時に，里山の消滅や荒廃によって里山の生物たちの多くが絶滅に瀕していることも示している。

里山の生物多様性が高い理由は，第一に，さまざまなタイプの生息地が存在していることである。どんなタイプの生息地にも住める生物もいるが，特定のタイプの場所にしか住めない生物もいるわけだから，これは当然である。第二に，里山が小さな生息地パッチの集合であるために，特定の生息地パッチの環境が悪化しても，その生物は比較的容易に同じタイプの好適な生息地パッチに移動することができる。第三は，隣接する生息地の境界が多いために，生物は隣接する複数の生息地を容易に利用することができる。たとえば，カエル類やトンボ類のように，水田で幼生時代を過ごし，成体になると陸に移動するような生物たちにとってこれはとても都合がよい。

## 3. 里山のクモの多様性

里山は，里山林，植林地，水田，用水路，畔，畑，休耕地，茅場，集落などさまざまな生息地から構成されているので，それぞれに特徴的なクモ類が生息している。たとえば里山林には，円網を張るカラフトオニグモ *Plebs sachalinensis*，コシロカネグモ *Leucauge subblanda*，コガタコガネグモ *Argiope minuta*（口絵⑤A），立体的な網を張るアシナガサラグモ *Neriene longipedella*（口絵⑥A），ユノハマサラグモ *Turinyphia yunohamensis*，カグヤヒメグモ *Parasteatoda culicivora*，ツリガネヒメグモ *Parasteatoda amglithorax*，歩き回ったり待ち伏せしたりして餌を襲うデーニッツハエトリ *Plexippoides doenitzi*（口絵⑥B），アサヒエビグモ *Philodromus subaureolus*（口絵⑥C），ハナグモ *Ebrechtella tricuspidata*（口絵⑥D），クモの網から餌を盗むチリイソウロウグモ *Argyrodes kumadai*，他のクモを襲うヤリグモ *Rhomphaea sagana* やオナガグモ *Ariamnes cylindrogaster*（口絵⑥E）などがいる。

針葉樹の植林地にはクモはあまりいないと思っている人も多いが，それは必ずしも正しくない。植えられた樹木が密生しておらず，林床が多少とも明るければ，灌木や草本植物が生え，これらを足場として造網するクモ類がかなりいる。また，スギ林にはリターの表面に造網する微小なサラグモ類などが多数生息している。落葉したスギの葉は長い間立体的な構造を保っており，微小なクモの造網に都合がいいらしい。面白いことに，同じ針葉樹でもヒノキの葉は平面的であり，地面に落ち葉が蓄積しても微小な隙間ができない。また，落葉したヒノキの葉は，時間がたつと小さな細片に分解されてしまう。このような林には土壌棲のクモは少ない。そのためにクモの研究者はスギ林の方を好み，落葉を篩にかけて，下に落ちたクモを採集する。

水田や水路には，アシナガグモ *Tetragnatha praedonia*（口絵⑨），ヤサガタアシナガグモ *Tetragnatha maxillosa*，ヒカリアシナガグモ *Tetragnatha nitens* などが水平円網を張っている。水田には，幼体で網を張るが成体では網を張らずに徘徊するアゴブトグモ *Pachygnatha clercki* やヒメアシナガグモ *Pachygnatha tenera*，稲の間を歩き回って餌を探すキクヅキコモリグモ *Pardosa pseudoannulata* やイナダハリゲコモリグモ *Pardosa agraria* などがいる。水田の畔には，円網を張るナガコガネグモ *Argiope bruennichi*（口絵⑤B）やドヨウオニグモ *Neoscona adianta* が多い。

寺社にもクモは多い。建物の縁や石垣には，地面に掘られた穴に棲むジグモ *Atypus karschi*，キシノウエトタテグモ *Latouchia swinhoei*（口絵⑥F），ワスレナグモ *Calommata signata*（口絵⑥G）などがいる。縁の下にはユウレイグモ *Pholcus crypticolens* やヤマウズグモ *Octonoba varians* の網が見られ，部屋の隅にはオオヒメグモ *Parasteatoda tepidariorum* が立体的な網を張っている。軒下やスギの大木の間にはオニグモ *Araneus ventricosus* が垂直の大きな円網を張り，白壁にはシラヒゲハエトリ *Menemerus fulvus* が徘徊している。

このように，里山には多様な環境があるために，東京クモ談話会や関西クモ研究会などの各地の同好会が行うクモ採集観察会は，里山で行われることが多い。里山にクモが多いということは，クモの研究者の実感なのである。

愛知県旧稲武町と旧豊田市のクモ類調査の報告は，里山におけるクモ多様性を裏づける数少ない貴重なデータのひとつである（緒方，1996；2005）。旧稲武町は愛知県北部の町で，その面積は 98.6 km$^2$，標高は 350 ～ 1240 m，面積の 90％は山林である。採集は旧稲武町の主に標高 500 m 以上の山地で行われ（緒方，私信），40 科 254 種が採集されている（緒方，1996）。旧稲武町の採集地は人里近くの森林である狭義の里山（里山林）ではなく，人里離れた奥山（山地，奥山林）と位置づけられる。これに対して旧豊田市は，愛知県中央部に位置する都市で，その面積は 290.1 km$^2$，標高は 50 ～ 684 m である。採集は旧豊田市の主に標高 100 ～ 450 m の里山里地で行われ（緒方，私信），43 科 391 種が採集されている（緒方，2005）。なお，旧豊田市では，2014 年現在，405 種が採集されているという（緒方，私信）。これは，愛知県に生息しているクモの種数（570 種。緒方，私信）の 71％である。

このように，旧豊田市では旧稲武町の 1.6 倍の種が採集されている。旧豊田市では，旧稲武町よりも標高が低いところで採集されている。標高が高い地域では一般的に種数は少ないと言われているが，これら 2 つの地域の標高差は小さく，種数の差が大きいことを考慮すると，このデータは里山のクモ多様性が高いことを意味しているのであろう。

表 2 は，2 つの地域で採集された科ごとの種数を示している。もっとも種数が多い科はサラグモ科であり，次いでコガネグモ科，ヒメグモ科，ハエトリグモ科，カニグモ科，コモリグモ科，アシナガグモ科，ヤチグモ科，ワシグモ科，フクログモ科が多い。これら 10 科で，旧稲武町では種数全体の

表2　旧稲武町と旧豊田市の科別の種数.

| 科名 | 種数 | | |
|---|---|---|---|
| | 旧稲武町 | 旧豊田市 | 豊田－稲武 |
| サラグモ科 | 44 | 69 | 25 |
| コガネグモ科 | 39 | 51 | 12 |
| ヒメグモ科 | 30 | 50 | 20 |
| ハエトリグモ科 | 25 | 40 | 15 |
| カニグモ科 | 14 | 22 | 8 |
| コモリグモ科 | 13 | 19 | 6 |
| アシナガグモ科 | 13 | 16 | 3 |
| ヤチグモ科 | 6 | 15 | 9 |
| ワシグモ科 | 5 | 15 | 10 |
| フクログモ科 | 7 | 10 | 3 |
| その他 | 58 | 84 | 26 |
| 種数 | 254 | 391 | 137 |
| 科数 | 40 | 43 | 3 |

77%，旧豊田市では79%を占めている。旧豊田市のクモは旧稲武町より137種多いが，その主な原因は，サラグモ科（+25種），ヒメグモ科（+20種），ハエトリグモ科（+15種），コガネグモ科（+12種），ワシグモ科（+10種），ヤチグモ科（+9種），カニグモ科（+8種）の7科で多くのクモが旧豊田市で採集されているからであり，7科合計で増加分の72%を占めている。また，ダニグモ科（3種），ウシオグモ科（1種），ヤギヌマグモ科（1種），アワセグモ科（1種）は旧豊田市のみで採集されている。これらのクモが旧豊田市で多い理由は不明である。

表3は，2つの地域で採集された生息場所ごとの種数を示している。生息場所で比較すると，旧稲武町では，山地のみに生息する種と市街地・平地・山地など広域に分布するクモが大部分を占めている。山地のみに生息する種の方が多く（146種，58%），市街地・平地・山地など広域に分布するクモがやや少ない（103種，41%）。そのほかに屋内性の種と外来種が3種（1%）生息している。

旧豊田市でも山地のみに生息する種と市街地・平地・山地など広域に分布するクモが合わせて9割を占める。ただし，旧稲武町とは異なり，山地のみ

表3　生息場所ごとの種数．

**旧稲武町**

| 場所 | 種数 | % | 不明除く % |
|---|---|---|---|
| 山地のみに分布 | 146 | 57.5 | 57.9 |
| 市街地・平地・里山・山地など広域に分布 | 103 | 40.6 | 40.9 |
| 屋内性，外来種 | 3 | 1.2 | 1.2 |
| 不明 | 2 | 0.8 | − |
| 合計 | 254 | 100.0 | 100.0 |

**旧豊田市**

| 場所 | 種数 | % | 不明除く % |
|---|---|---|---|
| 山地のみに分布 | 111 | 28.4 | 33.5 |
| 市街地・平地・里山・山地など広域に分布 | 185 | 47.3 | 55.9 |
| 平地のみに分布 | 25 | 6.4 | 7.6 |
| 屋内性，外来種 | 8 | 2.0 | 2.4 |
| その他 | 2 | 0.5 | 0.6 |
| 不明 | 60 | 15.3 | − |
| 合計 | 391 | 100.0 | 100.0 |

に生息するクモは少なく（111種，34％），広域に分布するクモが多い（185種，56％）。さらに旧豊田市では，旧稲武町ではまったく採集されなかった平地のみに生息するクモが25種（8％）生息している。また，屋内性の種と外来種もあわせて8種（2％）採集されている。このように，旧豊田市にはさまざまなタイプの生息場所を利用するクモたちが生息しており，そのことが旧豊田市のクモの種数を増加させている。

ただし，二つの地域の比較には問題点もある。旧豊田市の面積は旧稲武町の約3倍あり，採集日数も旧稲武市より多い。これらは旧豊田市の種数が多い原因となっていると思われる。正確を期するためには，両地域の調査面積や採集日数を揃えて比較すべきであろう。

横浜市に隣接する大和市は面積27.6 km$^2$，人口23万人の都市で，東京や横浜に通勤する人たちのベットタウンとなっている。市の大部分が住宅地で，緑の少ない街である。しかし，点在する森林や緑地には多くのクモが生息しており，1993年と1994年の調査では，大和市全体で172種のクモが採集されている（池田・谷川，1994)。「野鳥の森」は東京ドームほどの広さで，市街地中心部の緩やかな傾斜地にあり，ここだけで92種が採集されている。このように狭い場所に多くの種が生息している理由は，①乾燥している斜面上部から流水のある斜面下部まで，乾—湿の環境勾配があり，②低木層が良く茂っていて，さまざまなタイプの草本層があるためとされている。大和市は里山とは言いにくい環境も含まれているが，ヒトの居住地とその周辺に意外なほどクモが多いことを示している点で，里山のクモ多様性が高いことと相通じるものがある。またこの報告は，乾—湿の環境勾配がクモ多様性を高めていることを示す点でも興味深い。

次に，筆者らが行った調査結果から，里山のクモ多様性について論じてみよう（吉田ら，2009)。石川県金沢市郊外にある金沢大学角間キャンパスには，かなり広い森が残存している。筆者らは2007年に，やや乾燥した森林の4カ所（コナラ林，コナラ・アベマキ林，竹林，スギ林）と休耕田を復元した棚田（北谷）および休耕田後に発達した湿地林（南谷）の計6カ所で，ビーティングとシフティングの二つの方法で各1時間，クモ類を採集した。ビーティングでは，木や草を叩いて直径55 cmの傘にクモを落とし，吸虫管でクモを吸い込んで採集した。また，シフティングでは，洗った食器の水切りに使う二重の籠（長さ35 cm，幅26 cm，深さ10 cm）に落ち葉を入れてふるい，下の籠に落ちたクモを採集した。

2007年6月にそれぞれの場所で採集されたクモの種数の平均は34種，総種数は92種であった。総種数（$\gamma$多様性）がそれぞれの場所の種数（$\alpha$多様性）の平均よりはるかに多いのは，特定の場所にしかいない種がかなりいるためで，場所間の種組成の違い（$\beta$多様性）は2.7とかなり高い。

クラスター解析によれば，6つの調査地は森林と湿地の2つのグループに分けられ，グループ内では各地点の種組成に大きな違いはない（図2)。このことは，乾いた場所と湿った場所のクモ相がかなり異なることを示している。

同じ場所で2007年9月に行った調査でも，ほぼ同様の傾向が見られている。このように，里山がさまざまなタイプのパッチの集合であることが，出現するクモの種数を高めていることが推察される。とりわけ，水田や休耕田，あるいは休耕田から発達した湿地林などの水辺環境があることがクモの多様性

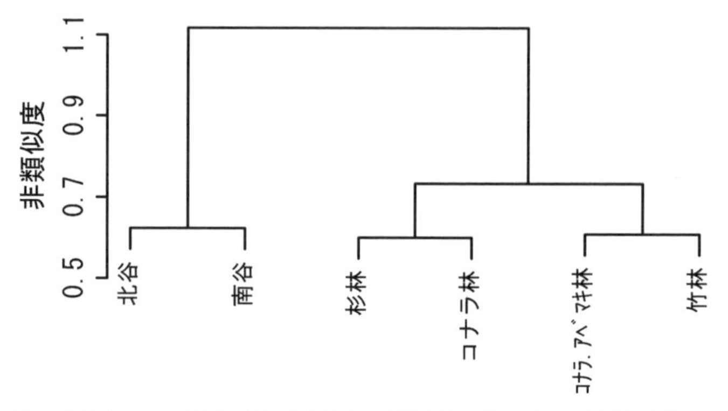


**図２**　角間キャンパス内のクモ相の場所間比較．種の在・不在情報をもとに，Jaccardの非類似度を比較したもの．類似度の高い場所どうしは図の下方で結合され，低い場所どうしは上方で結合されている．北谷は休耕田を復元した棚田，南谷は放棄された休耕田に発達した湿地林である．

を高めている。

表４は，能登半島北部で採集したクモの種数を示したものである。北陸地方の内陸部の原植生（潜在自然植生）は落葉広葉樹林（夏緑樹林）であるが，能登半島は対馬海流の影響を受けてやや温暖であり，原植生は照葉樹林である（中西ら，1986）。そのために，寺社林などとして照葉樹林が残存しており，山伏山の照葉樹林もその一つである。従って，雑木林やマツ林などは，照葉

**表４**　珠洲市と輪島市のクモの種数．

| 地域 | 生息場所 | 種数 |
|---|---|---|
| 珠洲市 | 山伏山照葉樹林 | 28 |
| | 小泊休耕田 | 35 |
| | 小泊雑木林 | 50 |
| 輪島市 | 金倉マツ林 | 46 |
| | 金倉休耕田 | 43 |
| 平均 | | 40 |

樹林の伐採などの後で発達した二次林である。山伏山照葉樹林で採集されたクモが28種であったのに対して，里山的環境では35～50種が採集されており，里山的環境4カ所の平均は43.5種であった。このことは，照葉樹林よりも里山的環境で種が多いことを示唆している。

林床にあまり光が当たらない照葉樹林では下生えの低木や草も少なく，造網に適した場所は少ない。また，落葉した照葉樹の葉は固くてなかなか分解しない。このような場所にはクモの餌となる昆虫も少ないだろう。クモの研究者は，クモが少ないこのような場所では採集しないのが普通である。

前述したように，里山の生物多様性が高い理由は，①さまざまなタイプの生息パッチが存在し，②小さなパッチの集合からなり，③隣接するパッチの境界が多いことである。クモの場合はどうであろうか？

さまざまなタイプの生息パッチが存在することによってクモの多様性が高められることは，すでに述べた。里山は小さなパッチの集合から成り，生息しているパッチの環境が悪化しても好適なパッチに比較的容易に移動できる。それに加えて，隣接するパッチの双方を利用して生活するクモが知られている。徳本（1986）によれば，石川県内灘砂丘のニセアカシア林では，ジョロウグモ *Nephila clavata* のメス成体は林縁部に生息しているが，10月下旬以後に林の内部へ移動して産卵する。その理由は明らかにされていないが，餌の多い林縁部で成長・成熟したのちに，風が遮られ寒さもしのげる林内部に移動するのかもしれない。また Heublein（1983）は，キシダグモの一種 *Pisaura mirablis* では，幼体は開けた場所に多く，成体は林縁部や林内に多いと述べている。これとは反対に，Edgar（1971）によれば，エゾコモリグモ *Pardosa lugubris* では，成長に伴って，子グモが越冬場所である森林から草原に移動する。しかしどちらの報告でも，移動の理由は明らかにされていない。成長・成熟に伴って，特定のパッチから隣接する別のタイプのパッチへ移動する例はクモではまだあまり報告されていないが，里山に棲むクモでは意外に多くの種がこのような移動を行っているのかもしれない。

加藤ら（2001）は，隣接するパッチの双方から餌を得ているクモの例を挙げている。これは，クモは動かないが餌が移動することで，隣接する生息地がクモにとって重要となることを示す一例である。彼らは北海道大学の苫小牧演習林の中を流れる小河川の一部をビニールで覆って，河川から羽化する

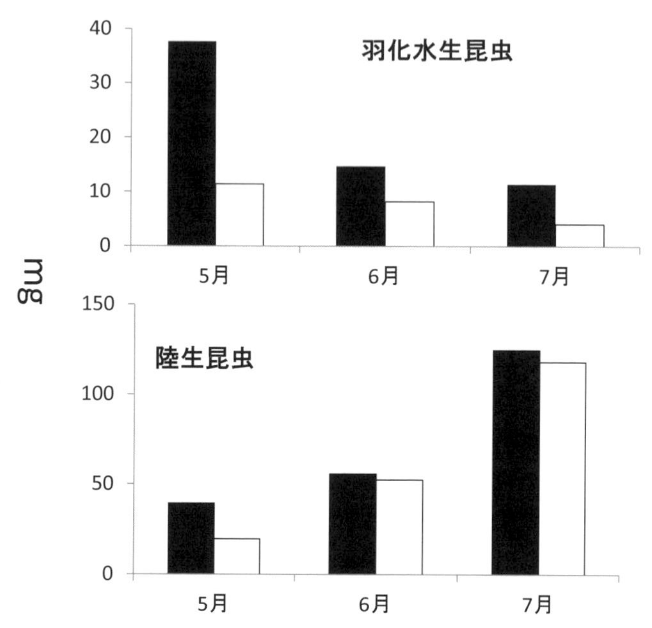


**図 3**　河畔林における羽化水生昆虫と陸生昆虫の 1 日あたり・トラップあたりの現存量．黒は対照区，白はビニールハウス区．加藤ら（2001）を改写．

カゲロウやユスリカなどの水生昆虫の外部への脱出を防ぎ，ビニールハウス横（ビニールハウス区）に造網しているクモとビニールで覆われていない河川の水辺（対照区）に造網しているクモの密度を調べた。羽化した水生昆虫の現存量は，どちらの区でも 5 月に多く 6・7 月には少なかったが，5 月から 7 月のいずれの月にも，対照区の方で多かった。これに対して陸上昆虫の現存量は，どちらの区でも 5・6 月は少なく，7 月に急増した。いずれの月でも，陸上昆虫の現存量は二つの区で差がなかった（図 3）。加藤らは，アシナガグモ科，コガネグモ科，サラグモ科の密度の変化を調べた。アシナガグモ科のクモ（加藤らは種まで同定していないが，筆者が 30 年ほど前にここで調査した時には，ほとんどがアシナガグモとヤサガタアシナガグモであった（Yoshida, 1981））の密度は 5 月と 6 月では対照区で高かったが，7 月にはその差は消滅した。これに対してコガネグモ科とサラグモ科のクモでは，

5月から7月のいずれの月でも，その密度に差はなかった（図4）。これらの結果から彼らは，①アシナガグモ科のクモは5月と6月には羽化水生昆虫をおもに食べ，7月には陸生昆虫をおもに食べており，②コガネグモ科とサラグモ科のクモはいずれの月にも陸生昆虫をおもに食べていると，推測した。羽化水生昆虫の量は5月には非常に多く，6～7月には減少する。反対に陸上昆虫の量は5～6月には少なく，7月に急増する。北海道では春の訪れは遅く，5～6月にはまだ林床の下生えはまだ茂っていない。したがって，林床の植物を食べる陸上昆虫も少ないのであろう。このような状況に対応して，川辺に生息するアシナガグモ科のクモは，隣接する二つのパッチの餌資源を上手に利用している。これらのクモでは，境界が多ければ多いほど好都合であろう。

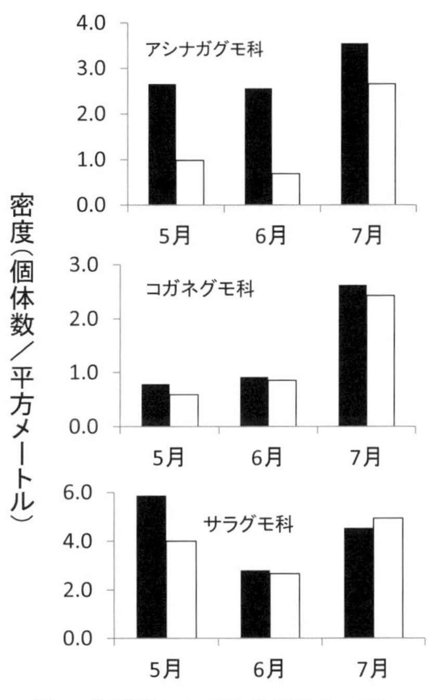


**図4**　河畔林における造網性クモ類の密度．黒は対照区，白はビニールハウス区．加藤ら（2001）を改写．

Horváth ら（2002）はハンガリーのナラ林 とそれに隣接する牧草地でクモを採集し，森林内部や牧草地よりもそれらの境界の方が種数は多いと述べている。エッジ効果と呼ばれるこの現象が一般化できるなら，生息地の境界が多い里山的な環境では，より多くの種が生息するということになろう。一方，エッジ効果が見られない場合もある。Baldissera *et al.*（2004）は，ブラジル南部のナンヨウスギ林と隣接する牧草地でクモを採集した。クモの種数は牧草地では少なく，境界では多くなるが，森林内部ほどは多くないので，エッジ効果はないと考えた。しかし，彼らが採集した33種のうちの5種は境界でのみ採集されており，隣接する生息地の境界を好む種が存在することは確かである。

## 4. 里山の消失と荒廃がクモに与える影響

1950年代に燃料革命が進行した。薪と炭は石炭から石油とプロパンガスに代わり，さらに都市ガスへと代わった。同じ時期に肥料革命がおこり，堆肥や刈敷きといった自然肥料は,即効性のある化学肥料に代わった。そして,化学的に合成された強力な殺虫剤や除草剤が大量に使われるようになった。さらに，1960年代の高度経済成長時代には，住宅建設ラッシュを支えるために，外国から安価な木材が大量に輸入されるようになった。このようにして，里山林は木材と肥料の供給源としての価値を失っていった。里山林は無用なものとみなされ，大都市近郊や地方都市では，宅地建設や工業団地造成のために里山林は伐採された。反対に，交通が不便な中山間地の里山林は放置され，荒廃していった。

水田もまた大きく変貌した。1961年に制定された農業基本法とそれを実施するための農業構造改善促進対策事業によって，農業の近代化・機械化が促進された。圃場の拡大と区画整理がなされ，小さくてさまざまな形をした水田がまとめられて，30aの正方形の大きな水田になった。多少とも曲がりくねって流れていた水路や小川は三面コンクリート張りのまっすぐな水路になり，トラクターや自動車を走らすために，幅5mの舗装された農道がつくられた。

里山のこのような変貌によって，里山林や水田・水路の生き物たちに何が起こったかは，比較的よく知られている。1989年に日本自然保護協会と世界野生生物基金日本委員会（WWF-Japan）が出した日本初のレッドデータブック「我が国における保護上重要な植物種の現状」には，昔は日本の山野に普通に生育していたフジバカマ，キキョウ，サクラソウなどが絶滅の危機に瀕しているとある。この主要な原因は，コナラ，クヌギ，アカマツなどを主体とした里山林の放置によって生態遷移が進行し，常緑広葉樹林（照葉樹林）が形成されたことにある。カタクリなどの春植物は，林床の暗い照葉樹林では生育できないからである。また，1991年に環境庁が出した動物版レッドデータブック（初版）には，タガメ，ダルマガエル，オオタカなどが絶滅危惧種として挙げられている。これらは，1950年代まではごく身近に見られる生物たちであった（日本自然保護協会編，2005)。タガメ，メダカ，ダルマガエル，アキアカネなど幼生期を水中で過ごす生物の激減は，上述の水田や水路の変貌と深くかかわっている。

里山のこのような変貌は，クモたちにどのような影響をもたらしたであろうか？ 里山林を伐採して宅地や工業団地が造成される場合は，その過程で，そこに棲む生物たちの生息場所が根こそぎ破壊される。造成によって新たに誕生したニュータウンなどにつくられた公園や緑地，庭などには周辺の林や草地からクモたちが移動し，そのような環境でも生息できる場合には，そこに棲みつくことになろう。しかし，造成前と造成後のクモ相を比較し，造成の過程で何が起こったかを推察した研究は，筆者の知る限り皆無である。

都市化の過程で森林が残された場合にも，そこに棲むクモたちは大きな影響をこうむる。Miyashita *et al.*（1998）は，東京と横浜のさまざまな大きさの森を調査し，小さな森ほどクモの種数が少なく，密度が低いことを明らかにした。この傾向は，コガネグモ科の大型種で特に著しい。また，同じ大きさの森でも，東京は横浜よりも種数が少なく，密度は低い。これは，東京の方が早くから都市化が進み，森林が孤立してからの時間が長いからであると，彼らは考えている。

また大型草食獣，とりわけシカの増加は，下層植生の食害によって里山林にも大きな被害をもたらしている。Miyashita *et al.*（2004）は，スギ人工林の下層植生に造網するクモ類について調査し，シカが高密度で生息している地域（シカ区）とシカがほとんど生息していない地域（対照区）で比較を行った。その結果，造網性クモ類の種数と個体数は，シカ区では対照区の 1/2 ～ 1/3 にまで減少することを示した。体長 10 mm 以上のコガネグモ科の大型種ではこの傾向が著しく，シカ区の個体数は対照区より 1 桁少なかったという。

Takada *et al.*（2008）は，スギ人工林の下層植生に造網するクモ類に加え，土壌表面に造網するクモ類と，大型の造網性種の網に寄生する盗み寄生者（イソウロウグモ類）を対象とし，シカの密度とクモの密度の関係を調べた。その結果，①植生上に造網するクモ類はシカの密度の増加につれて減少した，②盗み寄生者の密度は，シカの密度が増加すると宿主である造網性クモ類よりも急激に減少した，③反対に，シカ密度が増加すると，土壌表面に造網するクモ類の密度は増加した，ことがわかった。土壌表面造網性のクモの増加は，シカ密度が増加すると下層植生がシカに食害され，造網の障害となる林床植物が土壌表面を覆わなくなったためと思われた。このように，シカによる下層植生の食害は，単純にそこに生息するクモ類を減少させるのではなく，①植生上に造網するクモ類にはマイナス，地表面に造網するクモ類にはプラスに作用し，②網に寄生する盗み寄生者には強度にマイナスに作用し，③造網性の小型種よりも大型種の方により強くマイナスに作用するのである。

里山の変貌が，多くのクモの激減や絶滅の原因になっているという指摘もある。愛知県や三重県は，クモ相がかなりよく把握されている県である。両県では，多くの種が絶滅危惧種に指定されている（愛知県環境調査センター，2009；三重県環境保全事業団，2006）。愛知県産のクモ類 523 種（2009 年時点での種数）のうちの 34 種（6.5％）は絶滅危惧種に指定されている。緒方（私信）によれば，愛知県で絶滅が危惧されるクモ類の約 7 割が里山に生息するクモだという。このうち，穴居性のキシノウエトタテグモ，カネコトタテグモ *Antrodiaetus roretzi*，ワスレナグモは宅地造成や道路改修による崖地の破壊や崖地のコンクリート塗装，石垣の隙間のコンクリート塗装，地面のコンクリート舗装などによって激減している。（愛知県環境調査センター，2009）。

三重県では，510 種のうちの 45 種（8.8％）が絶滅危惧種に指定されている。愛知県と同様に，穴居性のキシノウエトタテグモやキノボリトタテグモ *Conothele fragaria*（口絵⑥H）は，宅地造成，道路改修，崖地の破壊やコンクリート塗装などによって減少している。昔，寺社や人家の軒先に大きな網を張っていたオニグモは激減している。これは，宅地開発によって市街地にあった空き地や郊外にあった田畑や雑木林が減少し，餌となる昆虫が激減したためと考えられている。草地に大きな網を張るコガネグモ *Argiope amoena*（口絵⑤C）も，市街地では激減している（三重県環境保全事業団，2006）。

「レッドデータブックおおいた 2011」によれば，大分県では 1950 年ころまでは，コガネグモを用いたクモ合戦が日豊海岸沿岸地域で普通に行われていた。このクモは 1980 年初頭ころから全県下で急減した。宅地造成や観光施設建造などのためとされている。コガネグモの減少は，日本各地で報告されている（岡山県レッドデータブック，レッドデータブック松山 2012，千葉県生物多様性センター HP，改訂埼玉県レッドデータブック 2002，福岡県レッドデータブック）。このように，クモ類も里山の変貌によって大きな影響を受け，都道府県の絶滅危惧種に指定されたものも多い。

上に述べたように，穴居性のキシノウエトタテグモ，カネコトタテグモ，ワスレナグモなどについては，絶滅や激減の原因は，宅地造成や道路改修による崖地の破壊や崖地のコンクリート塗装，石垣の隙間のコンクリート塗装，地面のコンクリート舗装などなどであろうと思われる。このような工事によって，穴居性のクモたちの生息場所が破壊されるからである。

しかし，造網性や徘徊性のクモが激減した要因はよくわかっていない。たとえば，全国的に減少しているとされるコガネグモについて考えてみよう。コガネグモはジョロウグモなどとともに日本を代表する大型の造網種である。コガネグモは，郊外の人家の周辺，樹林地の周辺，水田，河原，草原などの日当たりの良い樹間・草間に造網するクモ（新海，2006）で，林床に光が届かない照葉樹林などには生息しない，一言でいえば開けた環境を好むクモである。千葉県白井市での調査では，このクモは住宅地や耕作地にはほとんどおらず，草地には多数みられる場合があったが，見られない草地もあったという（相馬ら, 2009）。このような場所が消滅すれば, コガネグモが激減・消滅するわけで，宅地造成や観光施設建造などのためとされる「レッドデータブックおおいた」の指摘は正しいのかもしれない。

しかし，宅地造成などがなされなかった農村部における減少には，別の原因が存在するはずである。1950 年代まで農村を中心に多数生息していたコガネグモの減少には，1960 年代から始まった農業の近代化・機械化と深くかかわっているのかもしれない。どの要因がコガネグモの減少を引き起こしたかについてはほとんどわかっていないが，害虫駆除のために使われた強力な殺虫剤がコガネグモそのものを殺したのかもしれないし，餌である昆虫類を激減させたのかもしれない。Shimazaki & Miyashita（2005）は，コガネグモ類の幼体は春先には土壌由来のハエ目昆虫を餌として利用していること，そのために，ハエ目昆虫が発生する湿った土壌が必要であることを指摘している。また，湛水期間の長い水田ではユスリカなどのハエ目昆虫が多数発生し，春先のクモ類の重要な餌となっている（Settle *et al.*, 1996）。したがって，昔は多数存在した湿田の多くが，農業の近代化によって田植えから稲刈りまでしか水を入れない乾田に代わり，それがコガネグモの減少させたのかもしれない。また八幡（2004）は，コガネグモの成長期である初夏には，コガネムシなど大型の餌がコガネグモの成長に重要であると指摘している。農村における環境の変化がコガネムシのような大型の餌昆虫を減少させ，コガネグモの減少を引き起こした可能性もある。しかし，これらの可能性はまだほとんど検証されていない。

## 5. 里山のクモの生息・分布情報蓄積の重要性

日本におけるクモの分布·生息状況はまだ十分にわかっていない。トンボ·チョウ・植物などの生息と分布の情報がデータベース化されているのに対して，クモの情報はこれから整理し，体系を作っていく段階である。

Shinkai *et al.*（2004）は，当時までに報告されていた各地のクモの分布情報を,「県別クモ類分布図」としてまとめ, 日本蜘蛛学会会員などに頒布した。このCDはその後2年ごとに改訂されているが，日本地図に示されている各種の分布をみると，当然いるはずの普通種でもその生息が確認されていない空白の府県が多い。これは, 分布調査が進んでいない府県が多いためである。たとえば，京都府には372種が生息している（新海ら，2014）ことになっているが，愛知県の570種や三重県の510種よりはるかに少ない。これは京都府で十分な調査がなされていないためであり，実際にはこれらの県と同程度の種が生息しているものと思われる。つまり，各都道府県に何種が生息しているかといった基本的な情報ですら，まだ十分に把握されていない。

このような状態であるから，20年前や50年前と比較しようとしても，その時期に各都道府県に何種のクモがいたかについては，さらによくわかっていないのである。そのために，現在絶滅危惧種にされているクモがどのような経過で減少していったかもよくわからない。

遅ればせながら，日本蜘蛛学会では「クモ類生息地点情報データベース」の作成を開始した。これは，採集したクモの和名，採集地の緯度と経度，採集年月日，採集者などの情報を日本蜘蛛学会会員が打ち込むものである。学会では，クモ類の生息地点をGoogleマップ上に表示し，公開することにしている。採集地の緯度と経度がわかれば，そこがどのような環境かが特定できる。この計画はまだ始まったばかりであるが，データが蓄積されれば，どのような環境にクモが多いか，どんなクモがどんな環境に多いか，などがわかる。さらに，将来の土地利用の変化や気候変動に対して，クモがどのように分布を変化させるかを予測できるようになるだろう。こうした情報は，クモ類の多様性の保全に役立つに違いない。

（吉田　真）

# 7 磯や浜辺のクモ

海岸はクモにとっては過酷な環境条件であり，決して安住の地とは思えないが，何種ものクモ類を見いだすことができる。それらのクモ類には，生息する環境条件が広く，海岸にも生息しているクモに加え，ヤマトウシオグモ *Desis japonica*（口絵⑦A）やイソハエトリ *Hakka himeshimensis*（口絵⑦B）のように海岸をとくに選好して生息しているものもいる。そのなかでイソコモリグモ *Lycosa ishikariana* は，砂浜海岸だけに生息しているが，近年，砂浜の減少や環境の悪化で生息地が脅かされており，環境省の絶滅危惧種に指定されている。ミトコンドリア遺伝子を用いて解析を行った結果，イソコモリグモには地域ごとに集団の分化がみられたので，大きな移動能力は備わっていないことが推察された。その一方で，生息地海岸ごとの集団構造は単純であることから，厳しい生存条件のなかで受けたボトルネックと遺伝的浮動によって現在の系統地理的な集団構造ができあがったと推定された。イソコモリグモでは局所絶滅が起きた場合，おそらく集団の復元力は小さいため，個々の生息地の保全が急務であろう。

## 1. 海岸でも生きられるクモ

海岸は，潮汐や波浪，強風などの強い攪乱作用を常に受けており，生物にとってはたいへん厳しい生息環境である。また，海域や陸域が面的な広がりを持っているのとは対照的に，海岸線はその両者の境界部分であり，線状で広がりがないので，環境改変はその場に生息する生物にとって壊滅的な影響となりやすい。そのため，海浜性の生物は生息地や個体数の減少が目立っており，環境省や地方自治体版のレッドデータブックに掲載される種が多い（Yasumoto *et al.*, 2007; 佐藤・鶴崎，2010）。そのような厳しい環境条件の海岸にもいろいろなクモ類が生息している。海岸で見られるクモには，生息環境の条件が幅広くて，他の場所にも生息していて海岸にも見られるものと，海岸をとくに選好しているクモとがいる。

ウヅキコモリグモ *Pardosa astrigera* は，いろいろな場所で見ることのできる普通種であるが，海岸でもよく見かける。生息環境の幅が広いので苛酷な環境下の海岸にも生息することができるのであろう。また，外来種のセアカゴケグモ *Latrodectus hasselti*（図 1，口絵⑦C）が海岸にも生息していることが最近になって確認された（高木ら，2011)。発見地では海岸の構造物の隙間に造網し，徘徊性の昆虫を捕食しているが，被食者に環境省が準絶滅危惧種に指定しているオオヒョウタンゴミムシが含まれていたことで注目された。セアカゴケグモは 1995 年に大阪府高石市から発見され，日本への侵入が確認された外来生物であるが，人にも害を与える毒グモということで，大きな社会問題になり，現在は特定外来生物に指定されている。セアカゴケグモはかなり厳しい生息環境でも生息することができ，他のクモ類があまり見られないような，都市部の構造物，港湾や空港の構造物などからの発見が相次いでいる。セカゴケグモは，発見された各自治体における駆除活動にもかかわらず，分布範囲を拡大し続けている。2014 年 12 月までに発見された都府県は 37 にのぼり（昆虫情報処理研究会)，未発見の道県のほうが少ない状態となった。交通機関の発達した現代では，人為的環境に生息しているセアカゴケグモが盛んな物流に乗じて分布を広げていくことはきわめて容易なことであろう。苛酷な条件でも生活できるセアカゴケグモを根絶させることはもはや不可能であると思われるので，その存在を意識し，むやみに手でつまんだりしないように気をつけるしかないだろう。腹部の背や腹に赤い模様が入ったクモがセアカゴケグモであるので，このようなクモを見つけた時には決してつままないことである。“幸いにして”クモは多くの人に嫌われているので，クモを見た時に素手でつかもうとする人はごくわずかであるとは思うが，そこにクモがいることを知らずに触れてしまうことがある。側溝の清掃や植木鉢の

**図 1**　セアカゴケグモのメス．腹部の背側に赤い筋模様があり，腹側には赤い砂時計型の斑紋がある．

移動などの野外作業中には，見えない隙間に手指を入れてしまって思わずクモに触れてしまう危険がある。そのような作業をするときには作業用手袋をすること，さらには手袋をはめたり靴を履くときには中にゴケグモが侵入していないことを確認することである。これらのことは，サソリのような猛毒の生物が生息している地域の人たちがすでに実践している予防法である。万が一，咬まれてしまっても，ほとんどの場合には軽症で済むが，大事をとって医師の手当てを受けることが推奨されている。また，正確な診断のためには咬んだクモを持参することも重要である。特にアレルギー体質の人は早急に診断を受け，アレルギー体質であることを医師に告げる必要がある。

## 2. 海岸を選好するクモ

これに対して，とくに海岸を選好して生息しているクモ類もいる。ヤマトウシオグモ（図2）は日本固有種で，和歌山県で初めて発見されたのち，伊豆諸島式根島，長崎県，熊本県，トカラ列島宝島，沖縄島から発見されている（新海ら，2014）。同属のクモは世界で14種が知られているだけで，それらの分布域は，アフリカ大陸南東部，マレーシア，インド，ニューカレドニア，サモア，オーストラリア西岸，タスマニア，ニュージーランド，ガラパゴス諸島である（World Spider Catalog Ver.15.5）。ヤマトウシオグモは，もっぱら潮間帯の岩のくぼみや石の下などに住居を作って棲んでおり，その住居は満潮時には完全に海中に没する。沖縄島のリーフ内の干潟ではサンゴ石の裏からよく見つかり，干潮時に徘徊してヒメフナムシの一種やワラジムシの一種を捕食していることが観察されている（佐々木，2000）。水中での様子を直接観察してはいない

**図2** ヤマトウシオグモのメス．石の下などに作った巣は，満潮時には海中に没する．

が，満潮時に水没しても，サンゴ石の裏のくぼみに作られた住居の部分には空気が残っているのではないかと思われる。ヤマトウシオグモは，「海岸の護岸や埋め立てなどによる自然海岸の減少や生息環境の悪化により，個体数の減少が見られる。」という理由で情報不足（DD）として環境省のレッドデータブックに掲載されている。埋め立て事業の是非について議論の起きている沖縄島の泡瀬干潟にも本種が生息していることが確認されており，2001年には日本蜘蛛学会から沖縄県や沖縄総合事務局に対して泡瀬干潟の埋め立て中止を求める要請文が提出された。イソタナグモの仲間も海岸に生息しており，岩の間や漂着物の間などに棚網を張っている。この仲間は日本からはイソタナグモ *Paratheuma shirahamaensis*，シマイソタナグモ *P. insulana*，アワセイソタナグモ *P. awasensis* の3種が知られているが，このうちシマイソタナグモは人為分布ではないかと思われている（小野，2009）。イソタナグモの仲間の多くは満潮線よりも陸側に生息しているが，最近沖縄島の泡瀬干潟から発見され，新種として記載されたアワセイソタナグモ（図3）は，ヤマトウシオグモと同じく潮間帯の石の裏などに住居を作っており，満潮時には海中に没する生活をしている（Shimojana, 2012）。泡瀬干潟は，満潮時に海中に没するというユニークな生活をする2種のクモ，ヤマトウシオグモとアワセイソタナグモとの両方が生息している貴重な海岸といえよう。

磯浜の岩ではイソハエトリというハエトリグモの仲間がよく見られるが，イソハエトリは自然海岸だけでなく，岸壁や防波堤などのコンクリート製の建造物表面においても見ることができる。イソハエトリは岩の隙間などに住居をつくっているが，ヤマトウシオグモやイソタナグモとはちがい，住居の位置は満潮線よりも

**図3**　アワセイソタナグモのメス．サンゴ石のくぼみなどに巣をつくり，満潮時には海中に没する．

上部なので，海中に没するようなことはない。同じような磯浜ではシマミヤグモ *Ariadna insulicola* の巣も見られるが，シマミヤグモも海中に没することはなく，また，海岸付近の陸域にも生息しているクモである。

砂浜に特有なクモとしてはイソコモリグモがよく知られているが，このクモについては集団解析などの詳しい研究が行われているので，以下の項で詳しく述べたい。

## 3. イソコモリグモとは

イソコモリグモは砂浜だけに棲んでいるコモリグモの一種である。ほんとうは磯コモリグモではなくて浜コモリグモと呼ばなくてはならないのだろうが，すでにイソコモリグモという名が定着してしまっている。コモリグモの仲間の多くは，母グモが卵のう（卵の入った袋）をおしりにつけて保持しており（図 4），孵化した子グモはしばらく母グモの腹部に群がっている。そのようすがちょうど母親が子守をしているように見えることからつけられた名前である。

イソコモリグモは砂浜に縦穴を掘り，昼はその中に潜んでいて，夜になると穴から出て餌となるムシを捕えている。砂浜にはいろいろな生物が作った穴がたくさんあるが，カニなどが作った穴とイソコモリグモが作った穴とは簡単に見分けることができる。イソコモリグモの作った穴の入口は砂が崩れてこないように糸でつづりあわされているので，穴の入り口を細い棒などでひっかけば砂が糸でつづってあることによってすぐにわかるし，慣れれば穴を見ただけでも判断できるようになる。イソコモリグモは砂を糸で止めることができるので，

**図 4**　イソコモリグモのメス．おしりにつけている白い袋が卵のうで，たくさんの卵が入っている．

穴の入り口を垂直に作ることができるのに対して，他の生物にはそれができず，砂が崩れてこないように穴の入口の周囲には傾斜がついている。一言でいえばイソコモリグモの穴は入り口の縁がとてもきれいなのである。また，歩いて近づいていくと，穴がつぶれそうになるのか，びっくりしたように入口近くまで登ってくることも多い（図5）。顔が見えればクモであることは一目瞭然である。しかし，幼体が穴の入口をあけたままにしておくのに対して，成体のイソコモリグモは穴に蓋をするのでちょっと見つけにくい。それでも，よく注意して見ると穴のふたの部分がうすいドーム状に盛り上がっているので何とか見つけることが可能である（図6）。また，イソコモリグモは穴を掘るときに出た砂を周囲にまくので，もし砂浜の表面の砂と下の砂との色が違っていれば，色の違う砂が菊の花弁状にまかれていて簡単に見つける

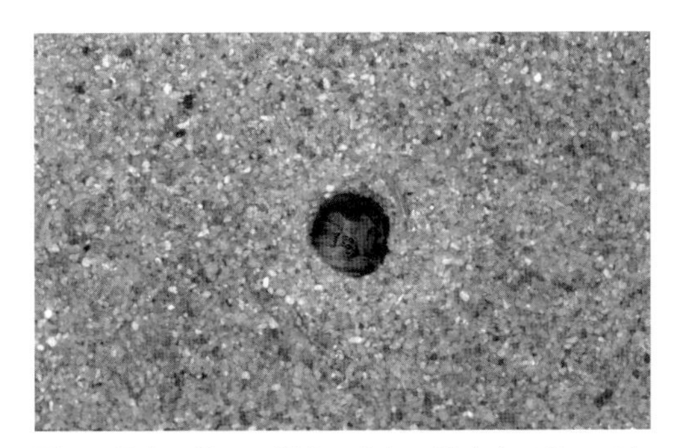

**図5**　足音に驚いて巣穴の入り口近くまで登ってきたイソコモリグモの若い個体.

**図6**　砂をつづり合わせて巣穴の入り口に作ったドーム状の蓋.

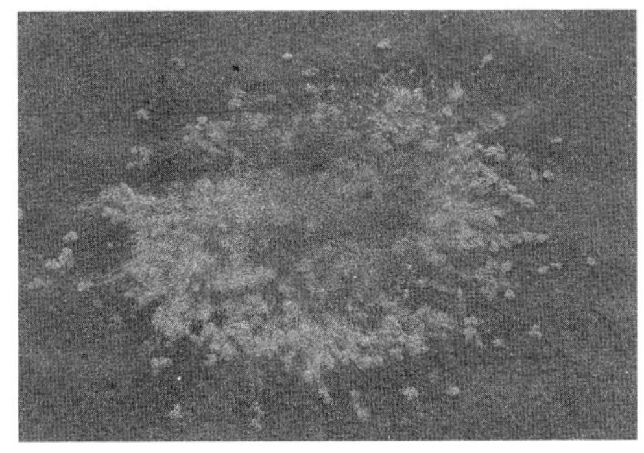

**図7**　巣穴を掘るときに，色の違う下層の砂が周囲に撒かれたため，その存在がめだっている.

ことができる（図 7）。しかし，風の強い日には砂が飛ばされてしまって，ドームもまかれた砂も認識できなくなってしまう。さらに，雨の日には幼体も穴をふさいでしまうので，たくさん生息している海岸であっても見つけることはできない。

## 4. イソコモリグモの生息適地

イソコモリグモの生息に適した海岸は，砂浜の幅が広く，安定した海浜植物帯のある，規模の大きな自然砂浜である（八幡，2009）。水没してしまう部分では巣穴を維持することができないので，結果として砂浜幅が狭い海岸では生息できないのであろう。実際に，鳥取県，島根県における生息調査（Suzuki *et al.*, 2006）の結果を地図情報と照合すると，幅 60 m 以上の砂浜で出現率が 50％を超えた（八幡，2009）。海浜植物帯がないということは，踏みつけなどの人為的な圧力や波による浸食などによって砂浜が常に攪乱された不安定な状態にあるということで，イソコモリグモの営巣には適さないものと思われる。また，上記の調査によって，イソコモリグモの存在確率が高かったのは，護岸や防波堤の設置されていない自然海岸のなかでも，数 km 単位のまとまりのある海岸であった（Suzuki *et al.*, 2006; 八幡, 2009）。しかし，安定した海岸植物帯があっても生息していない海岸があり（徳本，2006），また，規模の小さなポケットビーチや，防波堤・離岸堤が設置されている砂浜でも生息している海岸もある（新海，2008；谷川・新海，2012）。おそらく，現在の海岸の条件に加えて，その場所の過去の履歴も生息の有無に影響していると思われる。

イソコモリグモは海岸内の海浜植物帯から汀線にかけての広い範囲で見られる。海浜植物帯に限らず，それよりも汀線よりの植物の見られない砂だけの場所でも営巣している（吉田，1979；徳本，2006）が，背丈のある草本が茂っているような部分には生息していない（八幡，2009）。また，繁殖期の成体は植物帯に多くの個体がみられ，それ以外の時期には植物帯から離れた場所に巣穴が多いというように，季節によってよく見られる位置が変動する（吉田，1979）。ただし，これは厳密に決まっているわけではなく，砂だけの部分でも成体がいるし，植物帯内でもたくさんの幼体がいることもある。

## 5. 日本海東側沿岸の固有種

イソコモリグモは，島根県から青森県にかけての日本海側の海岸と佐渡島，北海道，千島列島南部，青森県下北半島，そして茨城県北部の海岸に分布している（新海ら，2014）。このほかに岩手県田野畑村の明戸海岸にも生息していたが，ここのイソコモリグモは2011年3月11日の東日本大地震時の大津波によって絶滅してしまった。さて，データベースに登録されているミトコンドリアCOI遺伝子の塩基配列からイソコモリグモに近縁なクモを探してみると，塩基配列が登録されているものという条件つきではあるが，ユーラシア大陸内陸部に生息しているコモリグモの一種 *Lycosa singoriensis* がもっとも近縁なものとしてあげられた。大陸に近縁なクモがいるのなら大陸の沿岸にもイソコモリグモが生息しているのではないだろうか。少なくとも記録上は大陸側からの報告はない。クモの種名カタログにはロシアが分布域に含められていたので，個人的にロシアの学者に問い合わせてみたが，それは大陸の海岸ではなく千島列島のことであった。ただ，日本でも注目されるまでは断続的な生息地しか知られていなかったので，もしかすると生息しているのに記録されていないだけなのかもしれない。日本海の西側の海岸というと，韓国，北朝鮮，ロシアである。北朝鮮は無理な話として，ロシアか韓国の海岸に調査に出かけたいと思い，グーグルマップの航空写真で海岸の様子を探ってみた。すると，韓国の東海岸には生息に適していそうな砂浜があった。一方ロシアの海岸には砂浜はあまりなく，しかも海岸近くには道路もなくてアクセスすること自体が困難なようであった。そこで，韓国の東海岸に調査に出かけたが，どこの海岸でもイソコモリグモを見つけることはできなかった。どうやらイソコモリグモは日本海の東側沿岸だけに生息しているクモのようだ。

## 6. 砂浜の危機

イソコモリグモは，「自然海岸の減少（テトラポットの設置，海岸の埋め立て，護岸や防波堤など）や海岸への自動車の乗り入れによる生息環境の悪化，海浜植物の荒廃と減少など」を原因として，環境省のレッドデータブックにおいて絶滅危惧Ⅱ類（VU）に指定されている（環境省野生生物課，

2006)。イソコモリグモが生息している海岸は激減しており，2005年までの60年間で，福井県では16%にまで，石川県では15%にまでそれぞれ著しく減っており（徳本，2005），富山県では唯一生息が見られた海岸が工業地帯の造成で消失し，イソコモリグモが絶滅してしまっている（徳本ら，2008）。一方で，鳥取県では幸いにして生息が確認できた海岸地点数が減っていないことも明らかになっている（福本，1989; Suzuki *et al.*, 2006）。

砂浜海岸の置かれているたいへんな状況は著者自身も目の当たりにした。著者らの行ったイソコモリグモ調査の皮切りは新潟県胎内市の荒井浜海岸であった。海岸に出たその地点はまさに護岸と砂浜の境界であった。東側の海岸は傾斜護岸がなされ，砂浜ではなくなっており，西側は砂浜であったが，波による浸食が激しく，急峻な海岸崖となっていた（図8）。

砂浜の減少は，内陸部でのダムの建設や砂防堤の設置によって陸地からの土砂の供給量が減少したことや，港湾における防波堤の設置による沿岸流の変化などが原因と考えられている（宇多，2004）。そして，海岸浸食を止めるために施された護岸は，その場の浸食を止める代わりに隣接する海岸の浸食を引き起こし，その結果，さらにその先へ護岸を伸ばさざるを得ないという悪循環に陥る場合があることも指摘されている（宇多，2004）。そして荒井浜海岸ではこの悪循環がまさに起きていた。傾斜護岸の切れたところから

**図8**　新潟県胎内市の荒井浜海岸．防潮堤の先が激しく浸食されているが，まだそこにもたくさんのイソコモリグモが生息していた．このあと防波堤の延伸によって絶滅した．

西側に大規模な浸食が生じており（図8），その数年後，はたして西側に向かって護岸を延長する工事が始まり，まだ多数の個体が生息していたイソコモリグモの生息場所は消失した。このような砂浜の状況に対して，ダムの浚渫で生じた土砂を河川敷において流下させたり，漁港によって妨げられた砂の流れの代わりに人工的なサンドバイパスを設置して砂を移動させたりといった対策がとられてはいる（宇多，2004）。

その一方で，護岸工事がされているのに多数のイソコモリグモが生息している海岸も存在する。青森県おいらせ町の百石海岸には，しっかりとした防潮堤が築かれているが，その海側には広い砂浜があり，ここに多数のイソコモリグモが生息しているのである（図9）。ここの防潮堤はすこし北側まで続いて終わっており，その向こうには自然海岸が広がっていてたくさんのイソコモリグモが生息している。おそらく，防潮堤工事の後，砂浜が復活し，そこへ隣接する生息地から移入した個体によって回復したのだろう。だとすれば，護岸工事をするにしても，イソコモリグモの生息地の全てを一気に工事でつぶしてしまうことなく，工事区間をいくつかに区切り，工事完了後にその場の砂浜を復活させ，隣接する生息地からの再移入を確認してから工事区間を次へ進めることによって，護岸工事とイソコモリグモの生存との両立が可能なようだ。

**図9**　青森県おいらせ町の百石海岸．防潮堤の外側に砂浜があり，たくさんのイソコモリグモが生息している．

## 7. イソコモリグモには大きな移動能力があるのか？

クモ類はバルーニングとよばれる飛行分散をする。しかし，生息地に広がりのない特殊な環境に生息する種にはそのような分散手段は発達しない（Bonte *et al.*, 2003）。あてもなく散ってしまうと分布域を広げる効果よりも，生存に適さない場所へ移動してしまう危険性のほうが大きいのだろう。イソコモリグモも砂浜という線状に続く環境に生息しており，下手に飛んだりしてしまうと砂浜以外に落ちてしまう可能性が大きいので，空中分散はせず，歩いて分散するだけだろうと想像していた。そこに疑問を抱かせたのが岩手県でのイソコモリグモの生息地の発見であった。知人から岩手県田野畑村の海岸でのイソコモリグモの目撃情報を得て，半信半疑でその確認に出かけた。岩手県といえば三陸リアス式海岸，田野畑村といえばそのなかでも有名な断崖絶壁の自然景勝地，北山崎のあるところだ。はたしてそんなところにイソコモリグモがいるものだろうか。しかし，予想に反して，田野畑村明戸海岸（図10）には多数のイソコモリグモが生息していたのだ。明戸海岸はリアス式海岸のポケットビーチであり，その北側は北山崎の断崖が続き，南側も岩浜で，隣のポケットビーチ平井賀浜にも，そのまた向こうの海岸にもイソコモリグモは生息しておらず，結局，明戸海岸に最も近い生息地は北へ約 65 km 離れ

**図 10**　岩手県田野畑村の明戸海岸．この砂浜にたくさんのイソコモリグモが生息していたが，東日本大震災時の大津波で絶滅した．

た青森県八戸市鮫町大作平の海岸であった。

明戸海岸は明治の大津波で大被害を受けたところで，その後，集落は内陸に移転し，海岸にはダムのような防潮堤が築かれ，少し沖の海中には人工リーフも設置されている。その規模から想像すると，建設工事中には砂浜が大撹乱されたに違いない。にもかかわらず多数のイソコモリグモが生息できてい

### イソコモリグモの集団構造の解析

本文中で記述したように，分布範囲全体の45カ所の海岸から採集した693個体からは44種のハプロタイプが検出された。TCS（Clement *et al.*, 2000）を用いて推定した再節約ネットワークでは，互いに離散的で，かつほとんど異所的な分布域をもつ6つの系統グループが認められた（本文図11，12)。SAMOVA（Dupanloup *et al.*, 2002）を用いて最適な地域集団の区分を探ると，系統AとBの混在域をAの分布域と同じ地域集団とみなし，あとは全て別個の地域集団とするのが最適であるとの結果を得た。この集団分けのもとでの固定指数をArlequin（Excoffier, 2005）によって計算すると，集団間の固定指数（$F_{CT}$）は0.9268，集団をまたぐ海岸間の固定指数（$F_{ST}$）は0.9758というきわめて高い値となり，イソコモリグモの地域集団間には高度の分化が生じていることが明らかになった。

一方，Arlequin（Excoffier, 2005）によって計算したハプロタイプ多様度（h）と塩基多様度（π）は，イソコモリグモ全体では$h = 0.8224$, $\pi = 0.012751$だったのに対し，海岸ごとに計算した値は，平均して$h = 0.2009$, $\pi = 0.0005$と，ずっと小さな値となった。このことから，集団間での遺伝子交流が少ないなかで，それぞれの海岸においてボトルネックと遺伝的浮動が生じたと推測できる。本文中に述べたように，同様のことは「分岐の深い集団が，多くの消失したハプロタイプでつながっている」というハプロタイプネットワークの形状にも示されている。

A系統のハプロタイプネットワークの形状は星状で祖先的なハプロタイプの個体数が多い。これは，最近になって分布域が拡大したことを示しているが，Arlequin（Excoffier, 2005）によってA系統のTajimaのDやFuのFsの値を求めても，ともに有意にマイナスの値となった。これは，変異のある座位数が多いのにもかかわらず，ハプロタイプ多様度が低いということを示しており，そこに自然選択が働いていなければ，その集団が拡大していることを示している。これに対してE系統やF系統ではハプロタイプ多様度と塩基多様度の値がA系統よりも大きく，TajimaのDやFuのFsでも値は有意でない。一方，B系統では多様度がA系統よりも低くTajimaのDやFuのFsが有意にマイナスであった。このことからE系統やF系統が古い集団で，A系統やB系統はそれよりも新しい集団であろうと推定された。

〈谷川〉

るのはなぜだろうか。百石海岸のように隣接する生息地は存在しない。とすると，砂浜が安定した後に，遠く離れた場所から移動してきた可能性もあるのではないだろうか。イソコモリグモにはわれわれの想像を超えた移動能力があるのかもしれない。海岸に住んでいれば波にさらわれることもあるだろう。そんな時に何かにつかまって漂流したりして海流分散することができれば，長距離の移動は可能であろう。

## 8. イソコモリグモの移動能力は小さい

イソコモリグモの移動能力を知るにはどうしたらよいだろうか。直接クモを追いかけるのは不可能なので，各海岸に生息しているイソコモリグモ集団の遺伝子構成を比較してみた。もしも，当初の予想通りにイソコモリグモの移動能力が小さければ，各海岸間の遺伝子交流は少ないだろうから，集団ごとに遺伝子構成が分化していると予想される。

イソコモリグモの生息範囲全体から可能な限り等間隔に選択した45カ所の砂浜海岸において，合計693個体の標本を採集し，それらのミトコンドリアCOI遺伝子の塩基配列を求めた。その結果，44種類のハプロタイプ（塩基配列の型）が見つかり，それらは互いに離散的な6つの系統グループに分けることができた（図11）。これら6つの系統グループは，AとBが青森県西部と秋田県北西部で同所的に生息しているほかは異所的な分布をしていた（図12）。空間分子分散分析（Dupanloup *et al.*, 2002）によって妥当な集団分けを探ってみると，系統A，Bの混在域をAの分布域と同じ地域集団とし，あとはそれぞれの系統の分布範囲を地域集団とした全部で6つの地域集団を設定するのが最適だとの結果を得た。そしてそれら6つの地域集団間の遺伝子構成は大きく異なっていたのである。

このようにイソコモリグモの種内には明確な系統地理構造があり，しかも地方集団間の遺伝子構成が大きく異なっていることから各集団は高度に分化しているということが明らかになった。やはりイソコモリグモの移動能力は小さいらしく，生息環境が破壊されるなどして局所絶滅が起きると，他の生息地からの移入によって集団が回復することは困難なようである。その恐れていた局所絶滅が実際に起きてしまった。先にも述べたように2011年3月

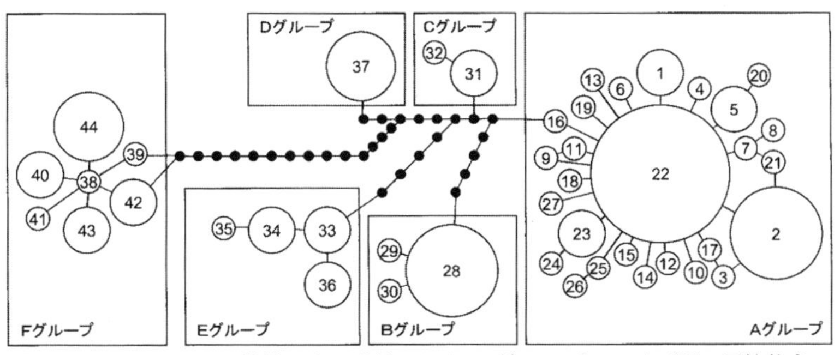


**図 11**　イソコモリグモ種集団内に発見された 44 種のハプロタイプ間の再節約ネットワーク．TCS（Clement *et al.*, 2000）を用いて推定した．

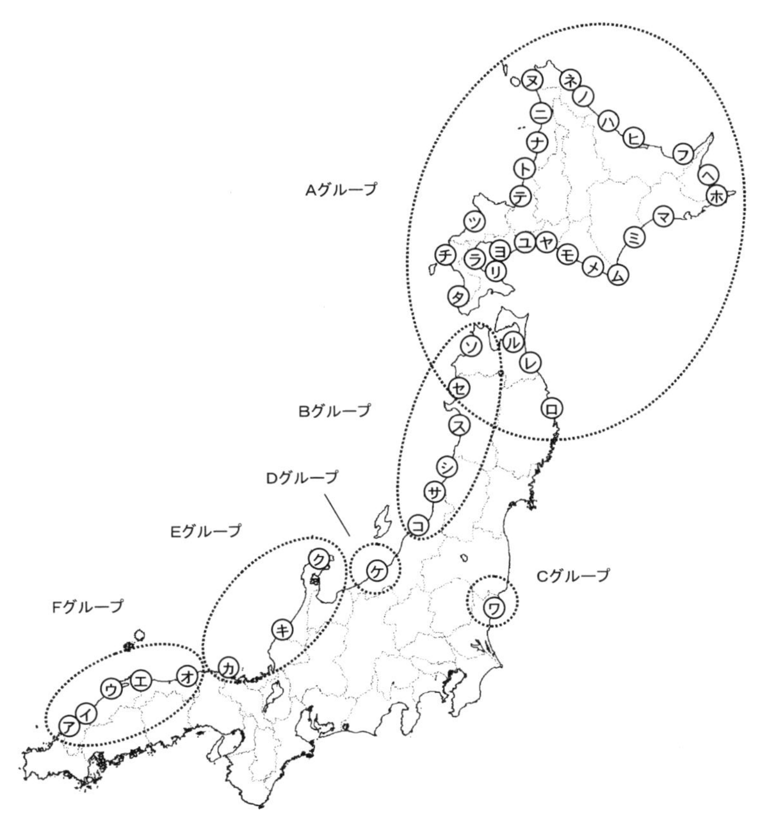


**図 12**　イソコモリグモの各系統グループの分布範囲．ア～ワは解析に用いた標本を採集した海岸の位置．SAMOVA（Dupanloup *et al.*, 2002）によって最適なグループ分けを探った．この解析の後で，佐渡島からもグループ D のクモが発見された．

11日の東日本大震災時の大津波によって，田野畑村明戸海岸のイソコモリグモ集団が絶滅してしまった。推定されたイソコモリグモの小さな分散能力では，明戸海岸の個体群が回復する見込みは薄いが，それを実際に確かめることのできる貴重な機会ではある。以後，毎年追跡調査を行っているが，2014年6月現在，個体群の回復は見られない。

## 9. 厳しい生活環境

前項での遺伝子解析において，地域集団間の遺伝子構成が大きく違っていると述べたが，イソコモリグモ全体の遺伝子の多様性と各海岸での遺伝子の多様性の比較を行ってみると。また別の側面が見えてきた。イソコモリグモ全体では遺伝子の多様性がかなり高いのに対して，海岸ごとの集団構成は比較的単純であった。

実際に，45の海岸のうち19の海岸では1つのハプロタイプしか見つからなかった。2つのハプロタイプしか見つからなかった海岸がやはり19で，3つ以上のハプロタイプが見つかったのは7海岸しかない。このように地域ごとの集団間に分化が見られる一方で，各海岸の集団構成が単純であるという状態は，集団間での遺伝子交流が少ない中で，それぞれの海岸においてボトルネックと遺伝的浮動が生じていることを示唆している。このことは，イソコモリグモ全体のハプロタイプネットワークの形状（図11）の「分岐の深い集団が，多くの消失したハプロタイプでつながっている」という特徴からも推測される。このようなネットワークの形状の生物は歴史が古く，多くの遺伝子型がボトルネックによって消失したものと思われる（小泉・池田，2013）。

イソコモリグモが生活する砂浜は，潮汐や波浪，強風などの強い撹乱作用を常に受けており，生物にとってはたいへん厳しい生息環境である。しかも，現代ではレクリエーション利用や護岸工事，環境汚染などによってますますその厳しさは増している。遺伝的多様性が集団の進化的スケールでの生存能力を高める（Avise, 1994）という観点からすると，このような集団の遺伝子構成の単純さは，長期スケールでの集団の存続性が危惧される状態にあることを示している（Raminetz *et al.*, 1997）。

イソコモリグモと同じように集団間に分化が見られる一方で集団ごとの遺伝的構成が単純な例は，湖岸性のアザミの一種 *Cirsium pitcheri*（Loveless & Hamrick, 1988）や砂丘性のトタテグモの一種 *Aptostichus simus* などでも知られている（Bond *et al.*, 2001; Raminetz *et al.*, 1997）。さらに極端な例を挙げると，同じ COI をマーカーとしたホラヒメグモ類 *Nesticus brri* での解析例で，約 90 km スケール内の 12 カ所の洞窟から発見された 15 のハプロタイプのうち 13 は特定の洞窟だけから発見され，残り 2 つは隣接する洞窟に共通するだけであった。さらにこれら 15 のハプロタイプは互いに離散的な 7 つの系統に分かれていた（Snowman et al., 2010）。逆の極端な例としては，幼体時にバルーニングをするオオジョロウグモ *Nephila pilipes* で，東南アジア域のおよそ 6,500 km スケールの範囲内で遺伝的な系統地理構造が見られなかったことが挙げられる（Su *et al.*, 2007）。

## 10. 起源は島根・鳥取？

得られた DNA 情報からイソコモリグモ集団の分布の歴史について考えてみよう。A 系統は比較的広い分布範囲をもっており，ハプロタイプネットワークの形状は星状で，祖先的なハプロタイプ（中心に位置するもの）の個体数が多く，また派生的なハプロタイプ（周辺に位置するもの）の種類数も多い。この特徴は最近になって分布域が拡大したという歴史を表している（Avise, 2000）。また，集団の拡大に関する検定でもそのことが裏づけられた。これに対して，E 系統や F 系統では遺伝子の多様度が A 系統よりも大きく，また，集団の拡大を裏づけるような検定結果も得られなかった。一方，B 系統では多様度が A 系統よりも低く集団の拡大が検出された。

このことから考えると，イソコモリグモの中では E 系統や F 系統が古い集団で，A 系統は最近になって分布域を拡大し，さらにその後 B 系統が分布域を広げたものと想像される。単純に遺伝子構成の多様度の比較から推し測ると，鳥取県から島根県にかけて生息している F 系統がイソコモリグモのなかで最も古い集団と考えられる。茨城県に生息する C 系統や新潟西部と佐渡島に生息する D 系統（佐渡島では最近になって発見された）は分布域が極端に制限されており，また発見されているハプロタイプの数も少ない。

現時点では歴史的なことについて考察するには情報不足であるが，C 系統やD 系統は独自の系統であることと分布域が狭い範囲に制限されていることから，イソコモリグモの保全を考えるうえでは，優先度の高い重要な地域個体群といえるだろう。

ここまでの集団解析は，ミトコンドリアの COI 遺伝子をマーカーにして行ってきた。しかし，集団構造をより正確にとらえるには，核遺伝子を用いた解析が必要である。また，ミトコンドリア遺伝子よりも進化速度の大きな遺伝子を用いて，さらに短い時間スケール，細かな地理的スケールの集団構造を解明することも必要である。この 2 つの観点からすると，次の段階としては，マイクロサテライト（核 DNA に見られる単純な繰り返し配列）を用いた解析が期待される。さらに，マイクロサテライトのような中立マーカーで集団の分化が検出されなくても，局所環境による自然選択によって，局所個体群の分化が生じている可能性も考えられる。その検出には，機能遺伝子を用いた集団解析が必要になるであろう。

（谷川明男）

# 8 水田のクモ

クモは，さまざまな生物を餌とする広食性捕食者で個体数も多いため，古くから農作物の害虫の天敵としてその重要性が指摘されてきた。とくに，農薬などの化学資材の使用量を減らした環境保全型農業への転換が推進される昨今において，害虫の多発を抑えるうえでその役割はますます重要なものとなっている。また，近年，農地はさまざまな生物の住み場所として重視されつつあり，農地の生物多様性を維持するうえで農業活動と生物との関わりも盛んに研究されている。これらの研究は農地に生息するさまざまな分類群を対象として行われるが，なかでもクモは環境攪乱に対する感受性が高く，さらに中間捕食者として多様な生き物と関わりをもつため，農業が生物多様性に及ぼす影響を調べるうえで好適な材料として注目されている。

このような背景から，欧米諸国を中心に，農地のクモの役割や維持機構を明らかにする研究が精力的になされている。一方，日本をはじめアジア諸国の代表的な農地である水田においては，クモを対象とした生態学研究は立ち遅れている。アジアの水田は，世界の米の約90％の生産を担うとともに，近年減少が著しい湿地生態系の代替地としての役割も果たすため，作物生産と生物保全を両立が強く望まれる系である。したがって，水田におけるクモの役割や維持機構を明らかにすることは，作物生産と生物多様性保全の両立を目指す持続可能な農業を確立するうえで重要である。本章では，水田におけるクモの多様性，およびクモをとりまく生物間相互作用や環境要因との関わりに関する研究を概観することで，水田のクモの多様性維持機構や生態的機能に関する知見を整理し，今後研究を進めるうえでの課題を明らかにする。また，環境保全型農業の効果を表す「指標生物」としてクモの有効性を示した農林水産省プロジェクト研究の成果を紹介し，新たなクモの活用法についても考えを述べたい。

## 1．水田に生息するクモの多様性

水田のクモの多様性を説明する前に，まず一般的に農地がクモにとって，どのような生息地かを考えたい。農地は作物収量を効率よく高めるために，人為的に物理環境や物質循環が改変された土地である。ゆえに，耕作や収穫などの農業活動に伴う攪乱が多く，一般に周囲の自然環境に比べて生き物の個体数・種数が少ない傾向がある。作物の収穫のたびに，圃場（ほじょう）内の物理環境はリセットされるため，攪乱後もすぐに圃場に定着できるような，ライフサイクルが速く，かつ分散・移動能力にすぐれた種が多い（Birkhofer *et al.*, 2013）。実際，水田のクモに注目してみると，キバラコモリグモ *Pirata subpiraticus*（口絵⑧A）は年2世代（浜村，1971），アシナガグモ属は年2～3世代（大熊，1977），セスジアカムネグモ *Ummeliata insecticeps*（口絵⑧B）は年2世代（川原，1975）と，世代数が多い。また，風に糸を流して，空中を分散する習性（バルーニング）をもつなど，移動分散能力が大きい種も多い。畑地や水田に広く分布し個体数が多いコサラグモ類はその典型である（Pearce *et al.*, 2005）。

一口に農地といっても，果樹園・畑地・茶園などさまざまなタイプがある。クモにとって水田はどのような場所なのだろうか？ 水田とその他の農地との大きな違いは圃場内に水が存在することである。水田は現在，日本で急速に減少する湿地の代替地として，水生昆虫やカエル，魚などの水辺に依存した生物に生息地・繁殖地を提供している。水田の代表的なクモとして，イネの株元にシート状の網を張るコサラグモ類（サラグモ科コサラグモ亜科：図1a）や水面で獲物を待ち構える地表徘徊性のコモリグモ科（図1b），イネの上部に水平円網を張るアシナガグモ属（図1c）が多く，続いて，垂直円網を張るコガネグモ科の仲間（図1d），株元や株上を徘徊するアゴブトグモ属（アシナガグモ科），フクログモ科，カニグモ科の仲間（図1e），立体網を張るヒメグモ科の仲間等もみられる（図1f）。これらの一部は畑地にも生息するが，アシナガグモ属や，キバラコモリグモやキクヅキコモリグモ *Pardosa pseudoannulata*（口絵⑧C）のように，水辺を主な生息地とするグループや種が多い。生活史の一部を完全に水の中で過ごすカエルや水生昆虫は，田植え後の圃場に移入し，イネ刈り後に姿を消すなど，農事暦に合わせた生活史をもつ（矢野，2002）。クモは陸生生物であるため，水生生物ほど農事暦との関係は明確でないが，水辺に依存した種が多く，水入れ以降に個体数が増える。また，造網性クモは網を張るために足場となる植物が不可欠であるため，圃場内にイネが植わっている時期に多い。クモの種組成・多様性に関しては，

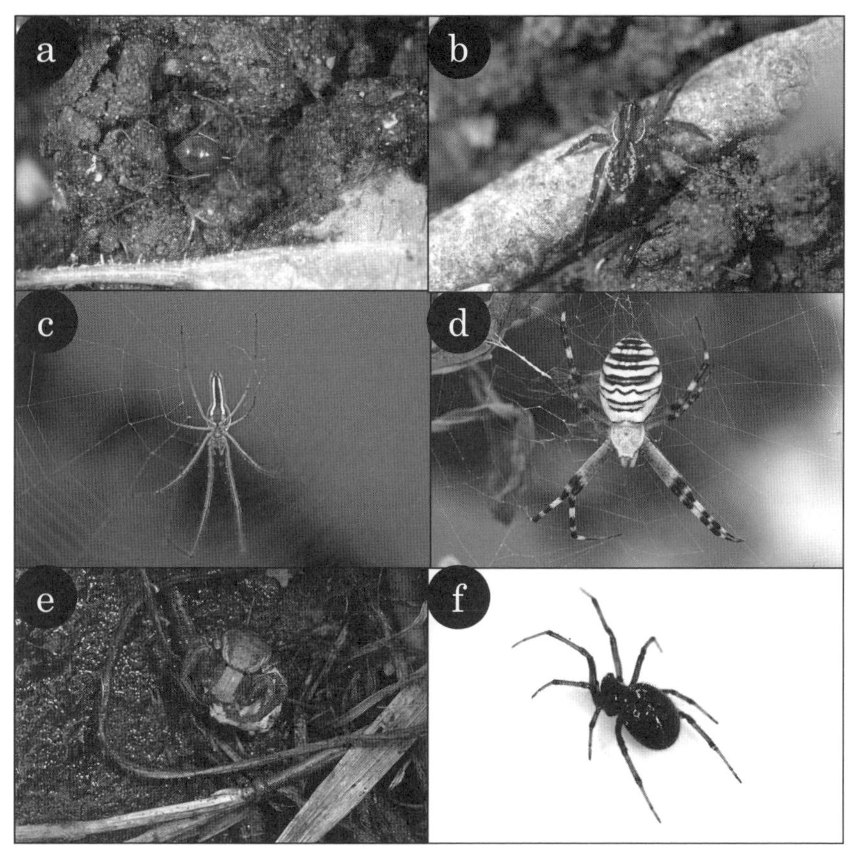


**図 1**　水田生態系の主要なクモ類．a：ニセアカムネグモ（サラグモ科），b：キバラコモリグモ（コモリグモ科），c：ハラビロアシナガグモ（アシナガグモ科；口絵⑧D も参照），d：ナガコガネグモ（コガネグモ科），e：クロボシカニグモ（カニグモ科；口絵⑧E も参照），f：ヤマトコノハグモ（ヒメグモ科）．

多くの調査例があり（大熊，1977；岩本・水澤，2011；裴・中村，2012），周辺環境も含めトータルで 100 種ほどであるが（桐谷，2010），一つの地域に注目すると，その種数はせいぜい 20 〜 40 程度に留まるようである（田中，1989）。農地のクモ相を調べた研究の多くは調査法や努力量が統一されていないため，タイプの異なる農地間で種数の多寡を比べるのは難しい。しかし，畑地等の乾燥した農地では，コモリグモ科とサラグモ科のクモが優占するのに対し（Birkhofer *et al.*, 2013），水田ではそれらに加えて，アシナガグモ科やコガネグモ科などの造網性クモ類も多いことから，捕食様式や生活様式が異なるグループ（すなわち，機能群）の多様性は畑地よりも高いと思われる。

## 2. クモをとりまく生物間相互作用

クモは害虫の個体数を抑制する益虫として，注目されがちである。しかし，クモは広食性捕食者としてさまざまな生物を餌とするため，害虫以外の餌生物との関わりも重要となる。また，クモは食物網の中間的な栄養段階に位置しており，カエルや鳥などの上位捕食者の餌にもなっている。しかし，農地において高次の捕食者との関係を調べた例は少ない（Martin *et al.*, 2013; Mestre *et al.*, 2013）ため，ここでは餌生物との関わりを中心にみていく。

### （1）水稲害虫との関わり

クモの天敵としての役割を解明する研究の歴史は長い。古くは生命表を用いた害虫個体群の変動機構の解明が進められてきたが，近年では，広域スケールでの害虫と捕食者個体数の関係をもとに害虫個体群への影響を明らかにする研究や，分子的手法を用いて野外での害虫捕食率を推定する研究が盛んになっている（詳しくは高田（2010）を参照）。ここでは水田のクモの天敵としての役割を評価した新旧の研究例を紹介する。

初期の研究として，60 ～ 70 年代の桐谷圭治らを中心とする高知県農業技術センター（現在の高知県農業試験所）による研究があげられる。この研究では，当時イネの重要害虫であったツマグロヨコバイ（図 2）を対象に，害虫の齢ごとの生存率や繁殖率などを野外調査により明らかにし，それらと同調するさまざまな環境要因を抽出することで，天敵の役割を明らかにした。解析の結果，ツマグロヨコバイ幼虫の低密度時の死亡率は，密度とともに高くなり，これにはクモ類などによる捕食が関与していた（Kiritani *et al.*, 1970）。つぎにクモ類によるヨコバイの捕食を裏付けるため，直接観察によってクモによるヨコバイの捕食量が推定された。ツマグロヨコバイ幼虫の50%以上がクモ類に食べられていること，そのおもな捕食者としてキクヅキコモリグモとセスジアカムネグモが重要であることが示された（Kiritani *et al.*, 1972）。この一連の研究は，個体群生態学の害虫防除への応用として先進的かつ重要な成果である。しかし，野外観察による害虫の生命表作成や餌捕

**図2** 水稲の害虫．左：ツマグロヨコバイ，右：アカスジカスミカメ．

獲量の推定には多大な労力がかかるうえ，害虫の生命表も，条件が異なる水田に対しては適用できないなど，さまざまな課題もある。

ツマグロヨコバイやそれが媒介するウイルス病による被害は，現在では減少しているが，2000年以降，アカスジカスミカメやアカヒゲホソミドリカスミカメのカメムシ類が新たなイネ害虫として台頭してきた（図2)。これらのカメムシ類は，イネの果穂を吸汁することで黒点のついた斑点米（はんてんまい）を生成するため，斑点米カメムシとよばれる。斑点米カメムシ類に対するクモの天敵としての役割を検証したのが，東京大学を中心とした研究グループによる宮城県大崎市での事例である。

本研究の特筆すべき点は，害虫のDNAを利用したクモの食性分析や，地理情報システム（Geographic Information System，以下，GIS）を用いた広域パターン解析という新たなアプローチを用いた点である。Kobayashi *et al.* (2011）は，この地域の優占種であるアシナガグモ属，コモリグモ科（おもにキバラコモリグモ)，アゴブトグモ *Pachygnatha clercki*（口絵⑧F）を対象に，複数の圃場から個体をサンプリングし，その胃内容物からアカスジカスミカメのDNAの有無を確認することで，クモ類のアカスジカスミカメの捕食率を推定した。その結果，これらのクモ類は全て斑点米カメムシを食べていることが確認され，さらにその捕食率が野外の害虫密度によって変化することも明らかになった。従来の直接観察法では，複数の場所で多数の個体の捕食率を評価することは困難だったので，新たな手法の利点をうまく活かした成果といえる。

一方，カメムシの捕食が確認されただけでは，カメムシ個体群に死亡率の増加などによる負の影響を与えているかどうかはわからない。Takada *et al.*

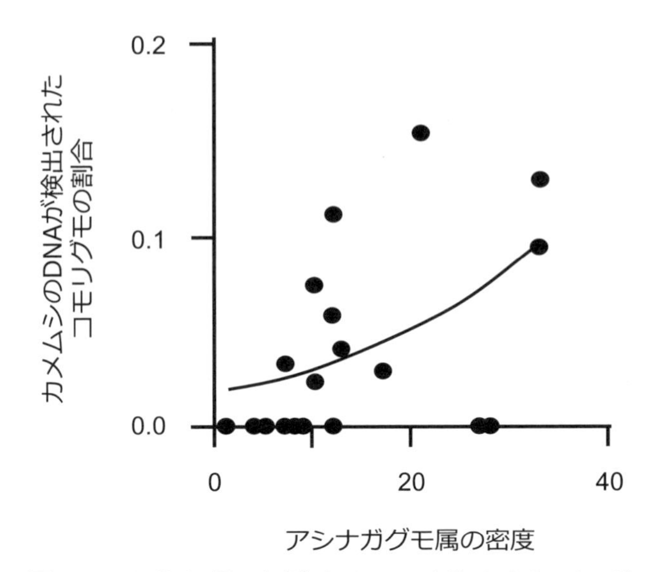


**図 3**　アシナガグモ属の密度とキバラコモリグモによるアカスジカスミカメの捕食率の関係．アシナガグモ属の密度が高い水田ほど，キバラコモリグモによる害虫捕食率は高まる．（Takada *et al.*, 2013 を改変）．

（2012）は，複数の環境保全型水田を対象に，各水田での害虫と主要なクモ各種の密度を調べ，それ以外の要因も考慮したうえで，クモと害虫密度の関係を統計的に明らかにした。解析の結果，アシナガグモ属の個体数が多い水田ほど，アカスジカスミカメの個体数が減少することがわかった。また，クモによる害虫捕食率とクモの密度の関係を解析したところ，アシナガグモ属が多い水田ほどキバラコモリグモによる害虫の捕食率が増加するという意外な関係も明らかとなった（Takada *et al.*, 2013；図 3）。キバラコモリグモはイネの株元で待ち伏せを行うのに対し，アカスジカスミカメはイネの中間から上部に生息するため，本来，被食－捕食関係が成り立ちにくい。想定される仕組みとして，アシナガグモ属の円網に掛かったアカスジカスミカメが，その後水面に落下し，水面で待ち構えていたコモリグモによってカメムシが捕食された可能性が考えられる。ある捕食者の存在が別の捕食者の捕食効率を高める効果は，協調的相互作用とよばれている（Losey & Denno, 1998）。この仕組みを実証するには，実験的な手法が必要であるが，クモの多様性が害虫防除の効果を高めるという点で，興味深い現象である。

以上のように，空間解析や遺伝子解析技術の発達により，これまで直接観察のみでは知り得なかった害虫とクモの関わりが明らかにされつつある。とくに，分子的手法を用いた食性分析は農地研究で急速に普及しており，クモの餌の選好性や，害虫の発する求愛シグナルを利用したクモの餌の探索行動（Virant-Doberlet *et al.*, 2011）など，興味深い知見も得られている。一方，クモによる害虫抑制の機能は，直接的な相互作用に限定されない点にも注意が必要である。Schmidz *et al.*（1997）は，クモの存在そのものが，植食性昆虫の活動性を低下させ，結果として植物の生産性の向上に寄与することを明らかにしている。これは形質介在効果とよばれ，捕食による効果と区別されている。このことは，クモと害虫との食う･食われるの関係にのみ注目すると，クモの天敵としての役割を過小評価してしまう可能性を示唆している。農地においても，このような間接効果の重要性を示唆する研究もあり（Nakasuji *et al.*, 1973; Rypstra & Marshall, 2013），今後検証されるべき課題である。

### （2）「ただの虫」の役割

クモは広食性捕食者であり，さまざまな生き物を餌としている。水田には害虫を含めたさまざまな植食性昆虫がいるが，これらはイネが存在する一時期しか発生しないため，クモを恒常的に支える餌資源とはなりえない。クモの個体群を支えているのは，他のグループの昆虫である。とくに重要なのは，堆肥や落葉等の腐食物を餌とする微小なハエやトビムシ等の小昆虫である。これらの腐食性昆虫は，腐食物という豊富な資源をベースに，季節を通じて継続的に発生し，個体数も多い（Collier *et al.*, 2002; Shimazaki & Miyashita, 2005）。また，これらのハエやトビムシ類は小型であるため，幼体期の微小なクモを支える貴重な餌としても重要である。これらの昆虫類は，作物生産の観点からは，とくに害にも益にもならないため，「ただの虫（英語では neutral insect）」とよばれる（桐谷，2004）。農地の腐食性昆虫として，乾燥した農地ではトビムシ類が多い（Agustí *et al.*, 2003）。一方，水田では，幼虫期を水中で過ごすハエ目の昆虫，とくに長角亜目に属するユスリカ類が卓越するが，その種多様性や基本的な生態については驚くほど知見が少ない（矢野，2002）。私たちが生物相調査を実施した栃木県の塩谷町の水田においても，季節を通じて，ハネナガコナユスリカ，モモグロミツオビツヤユスリカ

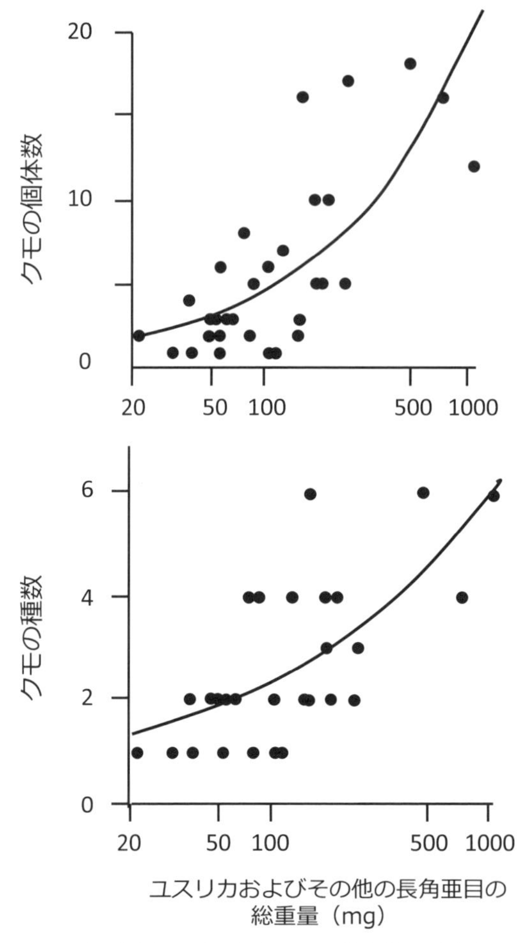


**図 4**　冬季湛水水田において，捕虫網 20 振りにより採集された，ユスリカ類を含むハエ目昆虫の発生量とクモの個体数（上図）・種数（下図）との関係．ハエ目昆虫の発生量が多い水田ほどクモの個体数・種数が増加する（Takada *et al.*, 2014 を改変）．

を優占種とする 60 種以上が確認され，種名が確定しないものも多く含まれていた（田中ら，未発表）。

ユスリカ類をはじめとする水田の腐食性昆虫の重要性を示す論文として，東南アジアにおける Settle *et al.*（1996）の研究がある。彼らは，ジャワ島の水田を対象に有機肥料が投入された水田と慣行水田で，腐食者，植食者，捕食者の個体数の季節消長を比較した。その結果，有機肥料が投入された水田では，ハエ類をはじめとする腐食性昆虫の個体数が増加し，続いてクモ等を含む捕食性昆虫の個体数の増加が確認され，最終的には，植食性昆虫の密度が低く抑えられていた。国内の水田においても，農法の異なる圃場の比較を通じて，クモとユスリカ類の密度がともに増加することを示した例があるが（村田，1995），それら密度の関係を直接検討した例は少ない。Takada *et al.*（2014）は，冬期湛水水田におけるクモの個体数と種数が水田間で著しくばらつくことに着目し，そのばらつきを説明する要因を探索した。その結果，クモの個体数や種数のばらつきは，ユスリカ類を含む長角亜目の発生量で説明できることを明らかにした（図 4）。

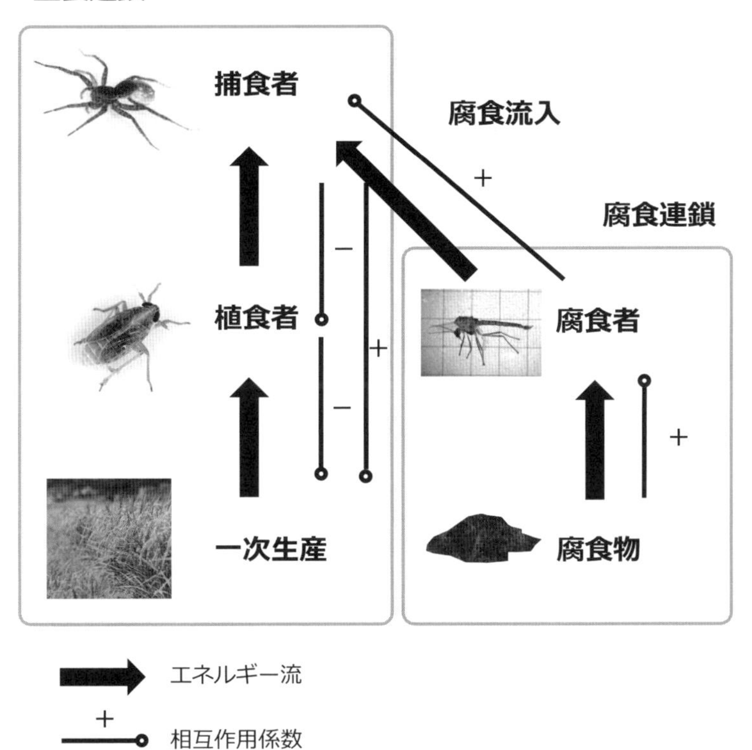


**図 5**　腐食流入による栄養カスケードを表した概念図．腐食物の投入は，生食連鎖における捕食者へのエネルギー流入を介して，一次生産に正の効果をもたらす（Wise *et al.*, 1999 を改変）．

腐食物に由来する「ただの虫」の増加は，クモの個体数の増加をもたらすことで，害虫密度を抑制し，結果として，作物生産の向上につながることが期待される（図 5）。捕食者を介した腐食物から植物由来の食物連鎖へのエネルギーの移動は，群集生態学において「腐食流入」とよばれており，捕食者の増加による下位の栄養段階への波及効果は，「栄養カスケード」とよばれる。農地にみられる腐食者→クモ→植食者→作物の関係は，栄養カスケードの実証システムとして注目されており（Wise *et al.*, 1999），いくつもの検証例がある。しかし，これらの研究では，腐食流入に伴うクモの個体数増加は確認されたものの，作物収量の向上までは検出されていない（Halaj & Wise, 2002; Rypstra & Marshall, 2005）。水田生態系においては，「ただの虫」に由来する作物への波及効果を調べた研究自体が極めて少なく，小林（1975）による，ショウジョウバエを野外圃場に放飼することで，クモによる天敵機能の強化を図った研究しか知られていない。「ただの虫」の重要性を示すうえでも，作物収量への影響は今後検証すべき重要課題である。

## 3. クモの個体数・種数に影響を及ぼす要因

クモは種間や餌生物とのさまざまな相互作用を通じて，天敵としての役割を発揮することがわかった。水田のクモの密度や種数を保ち，その機能を維持するには，クモ群集がどのような環境要因の影響を受けているのかを理解することが大切である。図6はクモの個体数に影響を与える要因を模式化し

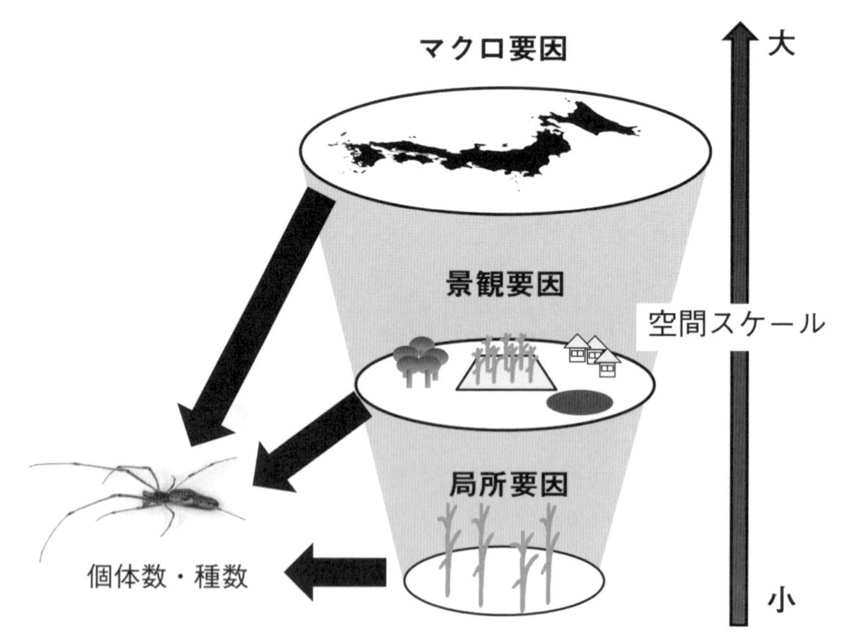


図6　農地のクモ群集に影響を及ぼす要因を表した概念図．異なる空間階層に属する複数の要因がクモの個体数や多様性に影響を及ぼす．

たものである。一般的に，生物の密度や多様性は圃場内の餌環境や物理的環境という比較的狭い範囲での環境（局所要因）だけでなく，圃場の周囲に広がる環境（景観要因）や，さらに気候条件といったマクロ要因等，空間スケールが異なるさまざまな要因の影響を受けて決定されている。

### （1）局所要因

局所におけるクモの個体数の制限要因としては，物理環境と餌資源が重要である。農地における耕起や収穫といった営農活動は，これらの制限要因を改変することで個体数や多様性に影響を及ぼす。ここでは農法ごとにその影響をみていく。

#### ■耕起

耕起は土壌の表面を攪乱することで土壌の有機物の分解を促進したり，雑草の種子を不発芽化する作業である。この作業は，地表層の生物の死亡率を高めるため，クモを含む地表性節足動物に負の影響を与える（Brust *et al.*, 1985; Sharley *et al.*, 2008）。水田においても耕起により地表徘徊性のコモリグモ類の密度が減少することが知られている（川原ら，1974；Ishijima *et al.*, 2004）。

#### ■草刈り・収穫

圃場内外の草刈りや作物の収穫は，植生構造の改変や，クモの直接的な死亡をもたらし，クモの密度を低下させる（Thorbek & Bilde, 2004; Birkhofer *et al.*, 2007; Opatovsky & Lubin, 2012）。ただし，草丈の回復が早い場合や周囲からの個体の供給が十分な場合は，その影響は短期的である。水田ではクモの供給源となる畦畔（小林・柴田，1973；小林，1977）における草刈りの効果が注目されている。稲垣ら（2012）は，畦畔のさまざまな植生管理の方法が，造網性クモの密度に与える影響を調べた。その結果，麦わらによる畦の被覆はクモ密度を低下させるが，草刈りの処理（普通刈り，高刈り）については，高刈りでクモの密度が高くなるものの，対照区と有意な違いはみられず，影響ははっきりしなかった。

### 水管理

水田では灌漑・中干しなどの水管理を通じて，時期ごとに田んぼの水量が大きく変化する。たとえば，田植えの後，有害なガスや酸の発生を妨げたり，根の発育を促すために行われる中干しは，オタマジャクシや魚，水生昆虫など水中で生息する生物に致死的な影響を及ぼす。クモは水生生物でないため中干しのインパクトは小さいと考えられるが，キバラコモリグモなど一部の水辺への依存度が強い種に対して，その密度を著しく低下させる（小山・城所，2004）。

### 薬剤施用

圃場では，作物に負の影響をもたらす雑草や病原菌，さらに害虫の発生を抑えるために，殺虫剤，除草剤，殺菌剤などさまざまな薬品が使用されている。しかし，農地は生物にとっての住み場所としての機能が重要視され，化学肥料や農薬の使用量を減らした環境保全型農業を推進する動きが広がりをみせている。こうした背景から，欧州諸国を中心に，環境保全型農業が生物に与える効果を検証する研究が盛んである。

環境保全型農業の多くは，クモを含むさまざまな分類群に対してプラスの影響をもたらす（Hole *et al.*, 2005）。水田生態系においても，化学資材の使用量の減少は，クモ類の個体数・種数を増加させる（Settle *et al.*, 1996；村田，1995；Takada *et al.*, 2014）。その仕組みとして，薬剤によるクモの死亡率の低下といった直接効果と，餌環境や物理環境の変化を介した間接効果の 2 つが考えられる。直接効果として，合成ピレスロイドおよび有機塩素系の殺虫剤がアシナガグモ属やコモリグモ科のクモの死亡率を高めることが室内および圃場試験により明らかにされている（川原ら，1971；Tanaka *et al.*, 2000）。ただし，薬剤の影響は，クモのグループや薬剤の種類によって異なる。また，除草剤や殺菌剤，化学肥料がクモに与える影響はよくわかっていない。

一方，間接効果を示唆する例もある。たとえば，殺虫剤を散布する前の 7 月に，特栽水田（殺虫剤不使用）と慣行水田の間で，すでにクモの密度・種数に違いがみられるケースがあるが（馬場ら，未発表），これは水田に移植前のイネに薬剤を散布する育苗箱施用の効果を反映している可能性がある。イミダクロプリドやフィプロニル等の育苗箱施用は，イネの移植直後の水田において，ユスリカ類を含む水生生物に負の影響をもたらすため（Hayasaka *et al.*, 2012ab），これらの餌生物の減少を通じて，間接的にクモ密度に負の影響を及ぼしている可能性がある。また，除草剤の使用回数とアシナガグモ属の密度にも負の関係がみられるが（Amano *et al.*, 2011），これも直接効果より，むしろ餌昆虫の密度低下や，足場となる植生構造の変化が関わっている可能性がある。このように，除草剤，殺虫剤，殺菌剤等の化学物質がクモに与える影響は，直接効果や間接効果を通じて多岐に渡る。その影響を明らかにするには，環境保全型農法 vs 慣行農法という二者の比較ではなく，農薬の使用回数や餌量などを調べ，その関係性を検討する必要がある。

上記以外にも，レンゲの植栽や転作の効果など，多様な農法や管理法があり，それらがクモ類に及ぼす影響についても科学的な検証が望まれる。また，実際の圃場では除草の頻度，農薬の組み合わせ，中干しのタイミングなど複数の管理法がセットで変化するため，個々の農法の影響だけでなく，複合的な影響に注目した研究も必要である。

### （2）景観要因

圃場は営農活動にともなう攪乱が多く，クモの生息にとって不適な条件になることが多い。そのため，個体群を維持するうえで，圃場だけでは不十分であり，代わりの生息地となる周辺環境の存在が必要である。近年，圃場の周りの土地利用を定量的に評価し，周辺の土地利用と局所の生物群集との関係を明らかにする研究が行われている。

先駆的な研究として，ドイツのゲッティンゲン大学のグループによる研究が挙げられる。この研究グループはゲッティンゲン近郊の広い範囲の複数のコムギ畑を対象に，クモの個体数や種数を調べ，GIS により各圃場の周辺の土地利用を定量的に評価することで，周辺景観が圃場内のクモに及ぼす影響を明らかにした。その結果，周囲の半自然草地が多いほど，圃場内のクモの個体数や種数が増加することが明らかとなった（Schmidt *et al.*, 2005）。これは周囲の自然草地がクモの住み場所となり，その増加によって圃場に移入するクモの数が増加したものと解釈される。さらに，圃場を中心に半径 50 ～ 3,000 m までのさまざまな範囲の土地利用を定量化し，土地利用とクモ密度の関係を解析した。その結果，景観の影響の仕方や空間スケールは，クモの種によって大きく異なり，その空間スケールの違いはクモの移動分散能力と密接に関係することが明らかとなった（Schmidt *et al.*, 2008）。

水田生態系においても景観構造が生物の個体数や種数に与える影響を調べた研究は増えており（Tsuji *et al.*, 2011; 宇留間ら，2012），現在，私達の研究グループも栃木北部の水田地帯を対象に，周辺景観が水田内のクモの密度に与える影響を調べている。解析の結果，周囲の森林被覆率がクモの個体数に

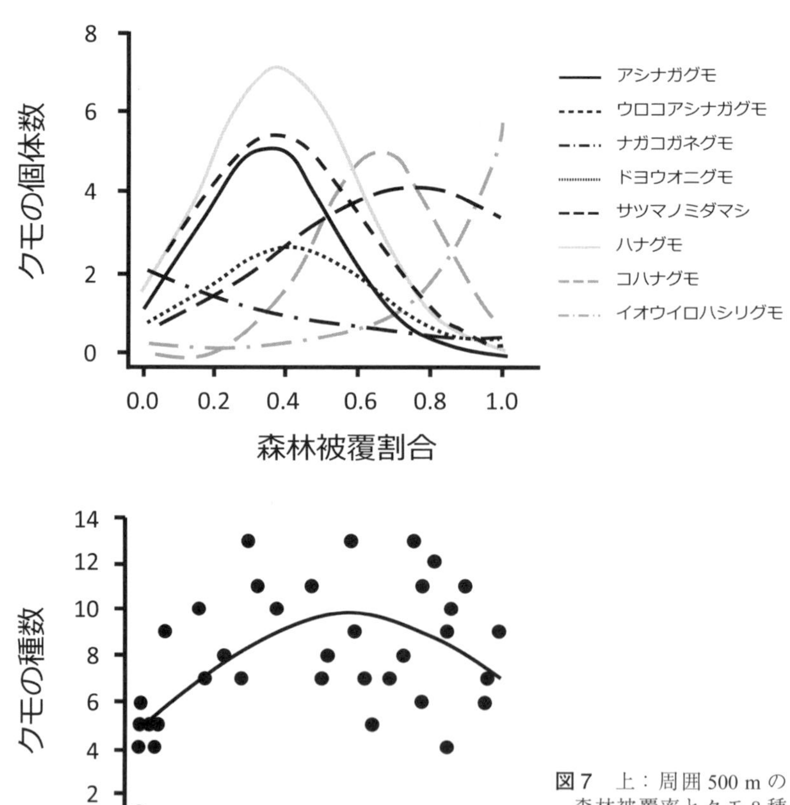


**図7**　上：周囲 500 m の森林被覆率とクモ 8 種の個体数との関係，下：周囲 500 m の森林被覆率と草地のクモの種数との関係（Miyashita *et al.*, 2012 を改変）.

強く影響し，その効果もクモのグループによって大きく異なることが明らかになった（Baba *et al.*, 準備中）。すなわち，周辺に森林が多い水田ほど，アシナガグモ属（口絵⑨）やコモリグモ科のクモの密度が高くなるが，コサラグモ類やアゴブトグモ属では逆に密度が低くなることが示された。この違いは，森林（あるいはそれに付随する環境）を生息地として利用するかどうかといった違いを反映している可能性がある。水田ではないが，里山の草地を対象として，クモと周辺景観の関係を明らかにした研究もある。Miyashita *et al.*（2012）によると，森林と農地が適度に混ざった景観で個体数が最大値を示す種が多く（図7上），その結果として，クモの種数も森林率が中程度の草地で最大化することが示されている（図7下）。これらの研究は，水田のクモの個体群維持において，森林が重要な役割を果たしていることを示している。

周辺景観の重要性が明らかにされる一方，実際，周辺景観にどのようなクモが生息しているのかを調べた研究は少ない。景観解析により得られたパターンを確かめるためにも，圃場と周辺環境でのクモの密度や群集構成の比較（Pfiffner & Luka, 2000; Pywell *et al.*, 2005; Schmidt & Tscharntke, 2005）や，圃場－周辺環境間のクモの移動を明らかにする（Perović *et al.*, 2011）必要がある。また，日本の里山は森林に加え，圃場周辺の狭い範囲に草地や休耕田，水路など多様な環境が混在するが，これらの小さな環境が果たす役割にも目を向ける必要がある。大熊（1977）によると，水路沿いの雑草地はコモリグモ科やアシナガグモ類の密度が高く，クモの生息地として役立つ可能性が示されている。また，小林・柴田（1973）は，6月の畦畔のクモ密度が，その後の圃場内のクモ密度と正の関係があることを見出しており，畦畔がクモの供給源として重要であることを指摘している。こうした圃場周囲の雑草地は，経験的にさまざまな生き物の供給源として役立つと考えられているが，定量的にその重要性を示した研究は皆無にひとしい。

### (3) マクロ要因

地域，国，さらに大陸が変われば，そこに生息する生物相も大きく変わる。このような大きな空間スケールをマクロスケールとよび，近年，マクロスケールにおける生物の種多様性や個体数，種組成のパターンや成因を探る研究が増えている。農地のクモについて研究例は少ないが，米国と欧州の間で農地のクモの多様性や密度の違いをまとめたNyffeler & Sunderland（2003）の総説によると，米国では欧州に比べてクモの個体数が少ないが，種数については米国の方が高いことを明らかにしている。これは生物相や気候の違いに加え，農地景観の違い等，マクロ要因に内包される下位の空間スケールでの要因の影響も反映していると考えられる。日本の水田の場合はどうであろうか？　南北に縦長い日本では気候の地域差も大きく，マクロ要因が与える影響を検証するには適した系である。次節で詳しく述べるが，農林水産省は，農業に有用な生物多様性の生物指標を開発するため，日本全土の畑地・水田を対象に，捕食者相を明らかにする調査を実施し，その過程で，水田のアシナガグモ属とコモリグモ科のクモ類についてもデータが得られている。これはマクロスケールにおけるクモの種数や密度のパターンを明らかにするまたとない機会である。私達の研究グループはこれらのデータを用いて，アシナガグモ属とコモリグモ科の密度と種組成の地理的傾向を明らかにした。

まず，密度の傾向について，アシナガグモ属のクモは，北ほど密度が増加する傾向があった。この地理的な勾配をもたらす要因を明らかにするため，気温や降水量，標高といったマクロ要因，圃場周囲の森林面積といった景観要因，さらに農薬の使用回数といった局所要因を含めて解析を実施したところ，夏の降水量が多い地域ほど，農薬使用回数の少ない圃場におけるアシナガグモ属の密度が高く（Amano *et al.*, 2011，図 8），環境保全型農法によるクモの増加幅も大きいことがわかった。一方，コモリグモ科のクモについては，密度に一貫した地理的傾向は見られなかった。

次に種組成の地理的傾向を調べたところ，アシナガグモ属については，本州北部から九州にかけて計 6 種が確認でき，九州地方ではヤサガタアシナガグモ *Tetragnatha maxillosa* が優占するのに対して，北に向かうにつれて，トガリアシナガグモ *T. caudicula* やハラビロアシナガグモ *T. extensa* など他種が占める割合が高くなり，種数が高くなる傾向が見られた。一般的にアシナガグモ属は，熱帯地方に分布の中心をもつ種が多い（Platnick, 2014）ことから，これは興味深い結果である。一方，コモリグモ科については，キバラコモリグモとキクヅキコモリグモの 2 種が優占するが，南方ではキクヅキコモリグモが多く，北方ではキバラコモリグモが優占し，排他的な分布傾向がみられ

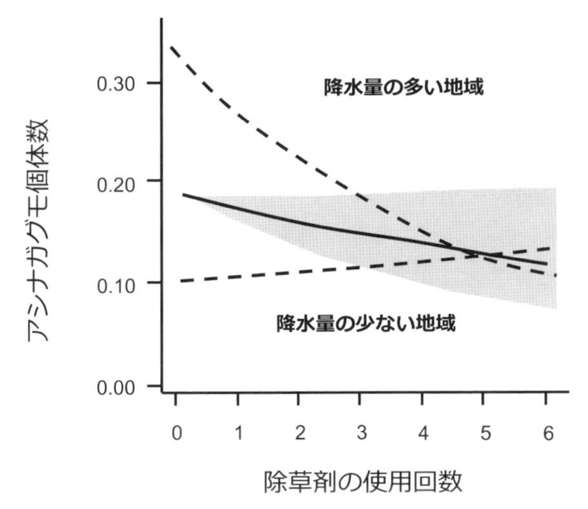


**図 8**　夏季降水量が異なる地域における，除草剤の使用回数とクモの個体数の関係（Amano *et al.*, 2011 を改変）.

た。これは，種間の生息に適した気候帯の違いを反映すると考えられるが，栃木県などの 2 種の分布の混生域では，場所間で急激にその優占度が逆転することから，種間競争も分布形成に重要な役割を果たしているかもしれない(田中ら，未発表)。上述の結果は，クモの種組成や密度が地域間で大きく異なることを示唆するものである。こうした大きな空間スケールにおける天敵相の違いを明らかにすることは，各地域の潜在的な天敵相を把握することにつながり，地域に応じた天敵の利活用法を確立するうえで大切である。

## 4. 農業環境指標生物としてのクモ

農地は生物の住み場所としての重要性が認知されてきており，生物多様性の保全に配慮した農業が世界的な広がりをみせている。欧米では，環境保全型農業を促進するために，農業薬剤の使用量を減らしたり，生物の住み場所となる生垣や石垣，草地帯を設置する等の環境保全の取り組みに対し，「補助金支払い制度」が導入されている（鷲谷，2006)。わが国においても環境保全型農業を促進するために，農林水産省が，環境保全の取り組み効果を評価するための生物指標開発を目的とした研究プロジェクトを立ち上げている。その指標の一つとして，クモ類が選定されている。本節ではこの生物多様性プロジェクトの概要と活用例を紹介する。

### (1) 農林水産省プロジェクト研究

農林水産省のプロジェクト研究「農業に有用な生物多様性の指標及び評価手法の開発」(2008 ～ 2011 年度) は，国内で推進されている生物多様性に配慮した環境保全型農業が，実際に農業生態系に生息する生物に保全効果があるかどうかを科学的に示すとともに，現場レベルでその効果を評価するための指標生物と評価法を確立するという目的で実施された (田中，2010)。指標生物を選ぶ方法として，全国各地の農地にて環境保全型栽培圃場と慣行栽培圃場を比較することにより，環境保全型圃場に特徴的に現れる生物を地域別，作物別に選ぶというものである。調査対象としたのは，農業に有用でかつ高次の栄養段階として生物群集の豊かさも反映するカエルやトンボなどの広食性捕食者である。全国各地の大学や地方の農業試験場の研究者がプロジェクトに参画し，野菜やイネ，果樹園などのさまざまな作目を対象に環境保全型栽培圃場と慣行栽培圃場にて捕食者の数を調べ，環境保全型圃場に多く出現する生物を指標種として選定した。こうした全国調査の結果，トンボではアカネ類やイトトンボ類が，カエルからはトノサマガエルやアカガエル等が，一部の地域の指標生物として選ばれた。一方，コモリグモ科やアシナガグモ属のクモは，全国どの環境保全型水田においても個体数の増加がみとめられ，水田において唯一の全国共通の指標生物として選定された。

### (2) 指標生物を用いた環境保全型農法の評価と活用例

指標生物を使って，環境保全型農法の取り組み効果を評価する手順は以下のとおりである (図 9)。まず分類群ごとに決められた手法で，カエルやクモ，トンボなど指標生物の個体数を評価する。たとえば，クモの場合，アシナガグモ属では一圃場につき，捕虫網 20 回振りを 2 セット行い，それによって得られたクモの数を合計する。コモリグモ科のクモについては，1 カ所につき 5 株のイネの株元の見取りを行い，4 カ所で得られた個体数を合計する。次に，図 9 の得点表に基づき，野外調査により得られた各生物の個体数を環境保全型農業の取り組み効果を表す点数に換算する。たとえば，アシナガグモが 10 匹捕獲された場合は 1 点，コモリグモ科が 10 匹とられた場合は 2 点となり，この要領で各分類群について点数を算出する。これらの合計値が環境保全型農法の取り組みを表す総合スコアとなる。このスコアを元に環境保

## 個体数に基づくスコア評価

関東の水田（指標生物5種類）

| 指標生物名 | 調査法 | 単位 | スコア | | |
|---|---|---|---|---|---|
| | | | 0 | 1 | 2 |
| アシナガグモ類 | 捕虫網による<br>すくい取り | 20回振り x 2か所<br>の合計個体数 | 5未満 | 5〜15 | 15以上 |
| コモリグモ類 | イネ株見取り | イネ株5株 x 4か所<br>の合計個体数 | 3未満 | 3〜9 | 9以上 |
| アカネ類<br>（羽化殻または成虫）<br>またはイトトンボ類成虫注2) | 畦畔ぎわ見取り | 畦畔ぎわ<br>10m x 4か所<br>の合計個体数 | 1未満 | 1〜3 | 3以上 |
| ダルマガエル類<br>またはアカガエル類注2) | 畦畔見取り | 畦畔10m x 4か所<br>の合計個体数 | 3未満 | 3〜9 | 9以上 |
| 水生コウチュウ類と<br>水生カメムシ類の合計 | たも網による<br>水中すくい取り | 畦畔ぎわ5m x 4か所<br>の合計個体数 | 1未満 | 1〜3 | 3以上 |

注1) 5以上、15未満を示す。
注2) この中から一種類選んで調査する。

## ランク付け

総スコアに基づいて環境保全型農業の取り組み効果を評価する

| 該当する指標生物の種類数 | 環境保全型農業の取り組み効果 | | | |
|---|---|---|---|---|
| | S | A | B | C |
| 1種類 | 2 | 1 | 0 | - |
| 2種類 | 4 | 2〜3 | 1 | 0 |
| 3種類 | 5〜6 | 3〜4 | 1〜2 | 0 |
| 4種類 | 7〜8 | 4〜6 | 2〜3 | 0〜1 |
| 5種類 | 8〜10 | 5〜7 | 2〜4 | 0〜1 |
| 6種類 | 10〜12 | 6〜9 | 3〜5 | 0〜2 |
| 7種類 | 11〜14 | 7〜10 | 3〜6 | 0〜2 |
| 8種類 | 13〜16 | 8〜12 | 4〜7 | 0〜3 |
| 9種類 | 14〜18 | 9〜13 | 4〜8 | 0〜3 |
| 10種類 | 16〜20 | 10〜15 | 5〜9 | 0〜4 |
| 11種類 | 17〜22 | 11〜16 | 5〜10 | 0〜4 |

S: 生物多様性が非常に高い。取り組みを継続するのが望ましい。
A: 生物多様性が高い。取り組みを継続するのが望ましい。
B: 生物多様性がやや低い。取り組みの改善が必要
C: 生物多様性が低い。取り組みの改善が必要。

**図9** 農法の取り組み効果の評価手順．スコア表を用いて，個体数を点数に換算した後，その点数に基づき，取組み効果をランク付けする（農業に有用な生物多様性の指標生物調査・評価マニュアルI調査法・評価法より）.

a)

b)

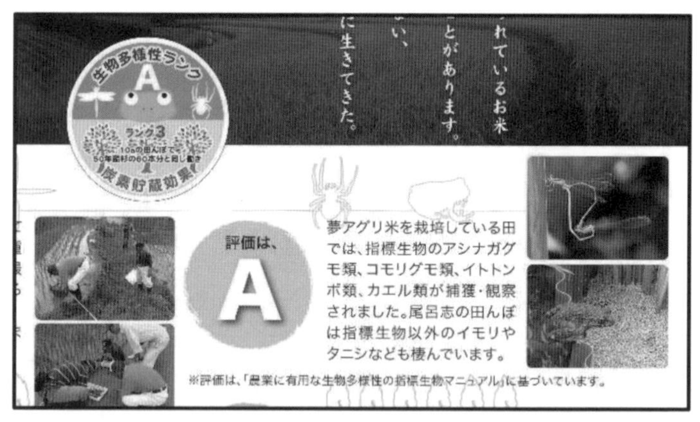


**図 10** a）生物多様性指標を活用した三重県のブランド米「尾呂志『夢』アグリ米」，b）指標生物マニュアルに基づき評価された生物多様性のランク．

全の取り組み効果をＳからＣまでの４段階で評価する。各分類群の調査法やスコア表については，「農業に有用な生物多様性の指標生物調査･評価マニュアル」として，以下の URL で公開されている。

http://www.niaes.affrc.go.jp/techdoc/shihyo/

この生物指標を用いた環境保全の取り組み効果の評価により，環境保全型農業の効果的な普及や環境保全型農業技術の改善などが期待できる。さらに，環境直接支払や地域ブランドの確立を通じて，取組地域にメリットをもたらすことも期待できる。実用例として，三重県南牟婁郡御浜町が生産するブランド米「尾呂志夢アグリ米」は，上記の生物指標とスコア法を用いて水田の生物多様性ランクを評価し，それをパッケージに表示することで，環境保全への取り組み活動をアピールしている（図 10）。生物指標は開発されて日が浅いこともあり，その存在はまだ十分に周知されていないが，今後こうした活用例が増えることで，幅広い地域での利用が期待できる。

以上のように，生物指標の開発により，クモ等を含む捕食者が，農作物の販売戦略にも活用されつつある。一方で，スコアの妥当性について課題もある。たとえば，環境保全の取り組み効果を示す各生物のスコアは，慣行圃場と環境保全型圃場とを区別することを重視して設定されているが，各指標生物がもつ生態的な役割や重要性の違いはあまり考慮されていない。そのため，総合スコアが同一の場合であっても，どの指標生物が優占するかによって，生物多様性の実態は異なるかもしれない。またスコアは地域の代表的な水田調査のデータを元に作成されているため，それらと環境条件が異なる水田では，スコアの評価基準をそのまま適用できない恐れもある。こうしたスコアの妥当性を検証するためにも，指標種として選ばれた生物がなぜ高い環境の指標性を示すのか，その生態的な背景の解明が必要であるとともに，スコアの評価基準を柔軟に見直す体制も必要である。

## 5. 今後の展望

本章では，国内外における農地のクモの研究例をとおして，水田におけるクモの役割と維持機構を概観し，各項目の課題を述べた。また，クモを指標生物として農業に役立てるという新たな試みも解説した。これらの事例をとおして，環境とクモの関係，さらには農業という人間の営みとの関わりを垣間見ることができただろう。また，クモは環境指標としても有用な生き物であることから，クモの研究で得られる知見は水田の生き物の維持機構を理解するうえでも役立つだろう。すでに述べたように，農地の生き物は，地域，景観，さらに局所環境といったさまざまな空間階層の環境要因から影響を受けるため，環境条件が異なる欧米の畑地とは，生物群集の維持の仕組みが大きく異なることが予想される。たとえば，欧米の農地では，周囲の景観構造の複雑さ（たとえば，異なる用途の土地が農地の周囲にどの程度存在するか）が中程度の場合に，環境保全の取り組みが生物多様性に与える効果が最も高くなる（Tschrantke *et al*., 2005; Concepción *et al*., 2012）。しかし，水田生態系では，景観の複雑さが高まるほど，生物の密度や種数が高まり，結果として環境保全の取り組み効果が高くなることが指摘されている（Miyashita *et al*. 2015）。欧州との違いは，圃場に住む生物相や，長い歴史をかけて形成された農地と生き物との関わり方の違いを反映していると考えられる。また，生き物が豊かな水田では，クモをとりまく捕食者，害虫，そしてただの虫との関係も多様であることから，畑地ではみられないユニークな生物間相互作用の発見も期待される。水田生態系は生物と環境とのつながり，さらには人間とのつながりを理解するうえで魅力的なフィールドといえる。

（馬場友希）

# 9 放射能とクモ

本章で取りあげるジョロウグモ *Nephila clavata*（口絵⑩）は，その大きさと派手な外見から気味悪がられることが多いが，一方で，私たちのもっとも身近なクモといえるかもしれない。秋深まる頃，森林の林縁や公園樹の枝，民家の軒下などに張られた大きな円網の上で獲物を待ち構える姿は，多くの人にとって馴染み深いものであろう。そうした何気ない日常の光景も，2011年3月に起こった福島第一原子力発電所爆発事故によって一変した。放射性物質は目に見えないので，一見すると何も変わっていないようにみえる。しかし，実際には，森林や農地，湖沼や河川にも大量の放射性物質が降り注ぎ，広い範囲で甚大な放射能汚染を引き起こした。そしてそれらが，そこに住むさまざまな生きものに何らかの直接的，間接的影響を及ぼしていることは，1986年のチェルノブイリ原発事故の例を思い起こすまでもなく，容易に想像することができる。ジョロウグモはさまざまな昆虫を餌とするが，なかでも，森林などの落葉・落枝（リター）層や渓流中に堆積している落ち葉などから羽化してくる腐食性，菌食性昆虫の割合が大きい。事故から1年半あまり過ぎた頃，汚染地域の森林で採集したジョロウグモの放射性物質濃度を測定してみたところ，放射能汚染が食物連鎖を通して捕食者にも及んでいるのではないかという私たちの予測は，不幸にも的中した。

## 1. 原子力発電所事故で放出された放射性物質による生態系の汚染

2011年3月11日の東日本大震災直後に起こった東京電力福島第一原子力発電所爆発事故は，未曾有の放射性物質汚染被害をもたらし，今なお多くの人々が，生活の基盤と緑豊かな美しいふるさとの風景を失ったままである。この爆発事故では，放射性セシウムを中心とする大量の放射性物質が大気中に放出された。爆発直後の風向と降雨によって，これらの放射性物質は霧や雨滴中，エアロゾルなどさまざまな形態で原発から北西方向に帯状に拡散し，やがて南下して，福島県北東部から中部全域を汚染した（IAEA, 2011；文部

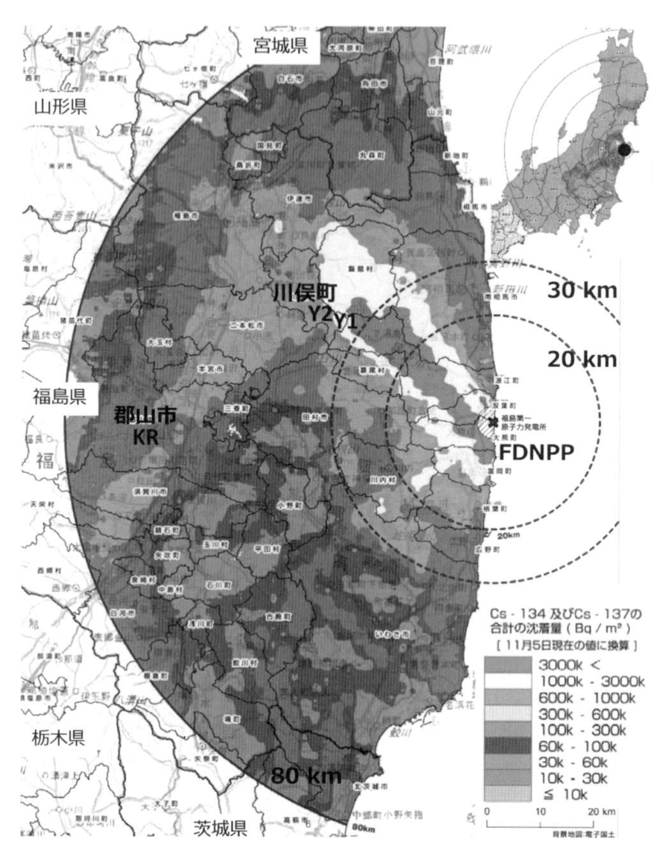


**図 1**　放射性セシウム（$^{134}$Cs + $^{137}$Cs）の沈着量［Bq / m$^2$］分布と調査地（文部科学省第四次航空機モニタリング結果（2011 年 10 ～ 11 月測定）：文部科学省（2011）を改変）．図中の Y1, Y2, KR は本文中の調査地，FDNPP は福島第一原子力発電所を表す．

科学省，2011；図 1）。福島県の面積の約 7 割を占める森林地域へも広い範囲で放射性物質が降下し（これをフォールアウトと呼ぶ），森林内の樹木の葉や幹，下層の植物の表面，土壌表層の枯枝葉等の堆積物に大量に沈着した（福島県，2012；Hashimoto *et al*., 2012）。さらに，これらの一部は，森林内の渓流などへの水の流出にともなって，河川へと移動した。

2014 年 8 月現在，福島県北東部の「避難指示解除準備区域」に指定され

**図 2**　除染作業が進む調査地周辺．上：Y2 付近の畑地，下：Y1 近くの仮置き場（2013 年 7 月 ,10 月撮影）．

ていた地域でも，人家周辺や道路脇の除染作業（洗浄，表土剥ぎ取り）は進行したものの（図 2），森林内はほとんど手つかずの状態で，放射性物質は依然として森林内に留まったままである。こうして森林生態系内に流入した放射性物質は，生態系を構成するさまざまな生物にも，直接的・間接的に影響を及ぼし，さらに，生態系内の食物連鎖を通じて，上位の栄養段階へと移行していることが推察される。直接的影響としては，たとえば，事故直後のアブラムシの仲間の植食性昆虫にみられたような生殖器官・形態の異常（Akimoto, 2014）があげられるが，これは，次世代生産の低下を通じて，その後の局所的な個体群密度に何らかの影響をもたらす可能性がある。

この事故で放出された放射性物質の大部分は，1986 年に発生したチェルノブイリ原子力発電所事故の時と同様，アルカリ金属の一つであるセシウム（Cs）の放射性同位体である。観測されたセシウム 134（$^{134}$Cs），セシウム 137（$^{137}$Cs）はウランの代表的な核分裂生成物で，その物理的半減期（本書 171 頁コラム❶参照）は，$^{134}$Cs が約 2.06 年，$^{137}$Cs が約 30.17 年である。放射性セシウムは，壊変の過程で放射線（β 線）を放出する。

## 2. 生態系のなかのクモ

クモ類は生態系のなかで中位に位置する捕食者であり，捕食性の節足動物の個体数，現存量いずれにおいても，その 50％以上を占めると見積もられている（Menhinick, 1967）。森林生態系においても，針葉樹，広葉樹にかかわらず，また季節によらず，クモ類は常に節足動物全体の現存量の 15 ～ 30％を占めており（肘井，1987；Hijii, 1989），寄生蜂や他の捕食性昆虫とともに，常に一定量存在して，さまざまな節足動物の個体数を調節する，「恒常的捕食圧」として機能していることをうかがわせる（Wise, 1993）。クモ類はまた，節足動物群集の捕食者としての個体数調節機能をもつだけでなく，蛾など鱗翅目の幼虫やバッタなど直翅目昆虫とともに，上位捕食者であるカラ類など小型鳥類の餌の一部にもなっており（Naef-Daenzer *et al.*, 2000; Mizutani & Hijii, 2002 など），森林生態系のなかで重要な生態的位置を占めている。なお，森林におけるクモの多様性や群集構造，機能については，本書の第 5 章および宮下（2000）で詳しく述べられている。

## 3. 放射性物質濃度モニタリングにおける指標生物としてのジョロウグモ

ジョロウグモ（図 3）は，日本各地の森林の比較的林縁に近いところや公園樹，人家の軒下などにみられる大型の造網性クモで，その網には蛾やトンボ，その他羽化してきた水生昆虫や，ハエ・アブの仲間，飛翔性の甲虫類等さまざまな節足動物が捕捉される（Miyashita, 1992）。そして，これらの餌が，

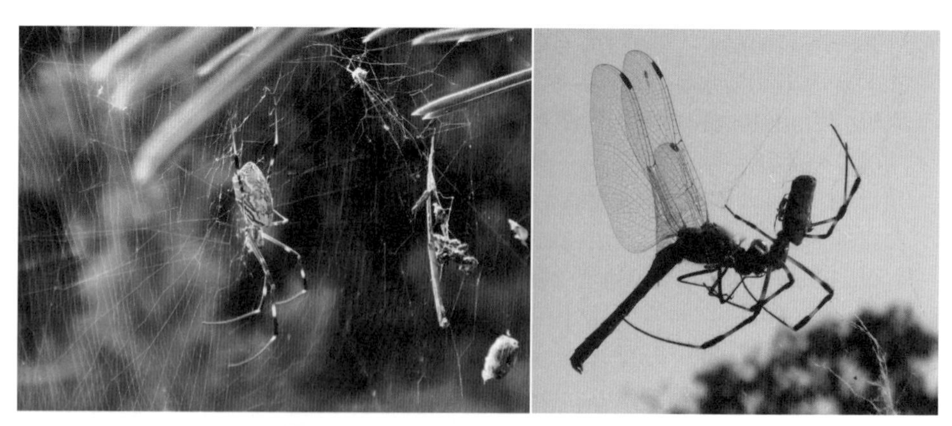

**図 3** ジョロウグモ（2012 年 10 月撮影）.

彼らの秋の急速な成長とその後の繁殖を支えている。新世代は卵のう内で越冬し，春先に孵化した幼体は，5月中～下旬には分散して，その直後から造網を始める。9～10月頃には成熟し，交尾，産卵ののち，その世代を終える（Miyashita, 1992）。

ジョロウグモを調べた理由の一つは，日本で普通にみられるクモのなかではメスの成熟個体サイズが最も大きく，個体ごとに放射性物質濃度が測定できる限界の大きさ（乾重で100 mg前後）であることによる。個体ごとに放射性物質濃度が測定できることは，放射性物質濃度の空間分布を知るうえで有利な特性といえる。第二の理由は，上でも述べたように，年1化（卵から親までの1世代が1年で終わる。すなわち，毎年新しい世代に置き換わる。）の生活史をもつため，事故直後の体表への汚染物質の付着と残留の影響を考えなくてよいことによる。したがって，その年にクモ個体から検出される放射性物質は，ほとんどその直前に食べた餌由来のものと考えてよい。ただし，事故翌年以降の世代であっても，幼体の分散過程で接触した場所に残留し続けている放射性物質が，二次的に付着する可能性はゼロではない。ジョロウグモは個体数も比較的多く，北海道を除く日本中に広く分布しているので，福島から離れた場所でも，比較のための対照個体が得やすいことも理由の一つである。

森林に降り注いだ放射性物質は，いったいどのような経路で，どのくらい移動していくのだろうか。一旦放出され，さまざまな物質に付着（沈着）した放射性物質は，長い時間がたたない限り（物理的半減期），消えてなくなることはない（本書171頁コラム❶参照）。短時間のうちに減ったように見えるのは，ある場所から別の場所に移っていった（移行）だけのことである。そして，その減っていく過程（壊変）で，放射性物質は放射線を出し続ける（放射能）。この事故によって拡散し，森林生態系に沈着した放射性セシウムは，シカなどの草食哺乳類，木の実を食べるネズミ類等のほか，土壌→植物→植食性昆虫，土壌・落葉→腐食性・菌食性節足動物，さらにはクモ類などの捕食者→食虫性鳥類へと，生食連鎖（生きた植物から始まる食物連鎖），腐食連鎖（枯葉・枯枝，動物の死体や排泄物から始まる食物連鎖）を通じて移行していくと考えられるが，これらの生物の生活環や行動圏から判断すると，一部の動物の体内での濃縮・蓄積や生態系外への移動を除き，その多くが森林内で循環していくことが予想される。しかし，森林生態系では生きものの間の関係は非常に複雑であり，食う−食われるの食物連鎖の関係において，捕食者の餌の内訳や食べる量，それらの季節的な変化などを把握し，食物網（food web）の全体像を明らかにすることは，多くの場合，きわめて難しい。そのため，食物連鎖の個々の移行経路を調べつくし，それぞれの量的な関係を網羅的に明らかにしていくことは現実的ではない。

この調査ではジョウロウグモだけを対象としているので，生態系のなかで数ある移行経路の途上のごく一部分を見ているにすぎない。しかし，森林生態系の生食連鎖，腐食連鎖において重要な位置を占めている節足動物群集，および二つの連鎖経路を結び付けている捕食者のクモ類への移行過程の解明は，森林内での放射性物質の動きを明らかにしていくうえで，一つの手がかりを与えてくれるだろう。渓流内における落葉堆積物や藻類，水生昆虫などの放射性Cs濃度の関係については，すでに一定の知見が得られているが（Murakami *et al.*, 2014; Yoshimura & Akama, 2014），森林生態系についての知見は乏しい。

## 4. 放射性物質のジョロウグモへの移行

### （1）ジョロウグモの採集

ジョロウグモの採集は，福島第一原子力発電所（以下，原発と略記）から北西方向に約33 km, 37 km離れた，福島県伊達郡川俣町山木屋地区内の2カ所（Y1，Y2と略記）と，原発から西に62 kmの郡山市にある福島県林業研究センター構内（KR）で行った（図1，図4）。さらに，対照試料として450 km以上離れた名古屋市内で採集した個体（CT）についても，放射性物質濃度を測定した。

調査地Y1は原発から33 kmの渓流沿いの広葉樹林内にあり，Y2は，そこから約4 km西方の高台に位置する小学校裏山の広葉樹林である。Y2には渓流はない。Y1の南東側には放棄された牧場があり，事故を起こした原発のある南東方向からの風を，この牧場脇にある広葉樹林が受け止めるような位置関係にある。Y1では林内の除染は行われていない。Y2は付近に商店や住宅などの集落があり，2013年から本格的な除染が行われているため，Y1,

Y1：牧場脇広葉樹林（北西33 km）

Y2：小学校裏山二次林（北西37 km）

KR：郡山（西62 km）

**図 4** ジョロウグモの採集地（2012 年 10 月撮影）.

Y2 ともに南東側が開けた場所に位置しているものの，2013 年以降は周辺環境の汚染状況は大きく異なっている。

これらの調査地において，2012 年 10 月下旬（事故後 1 年半経過），および 2013 年 10 月下旬（事故後 2 年半経過）に，ジョロウグモのメス成体を採集した。事故前の密度はわからないが，KR，CT に比べて，汚染地域の Y1，Y2 では同じ時間内で少数の個体しか得ることができず，ジョロウグモの密度は全体的に低いように感じられた。採集後，個体ごとに分けて研究室に持ち帰り，乾燥処理ののち微量天秤で重量測定を行い，そののち，ビーズクラッシャーを用いて粉砕して粉末試料とした（Ayabe *et al.*, 2014；綾部ら，2015）。

### （2）放射性セシウム濃度の測定

ジョロウグモに含まれる放射性物質（主として $^{134}$Cs と $^{137}$Cs）の濃度は，高純度ゲルマニウム検出器と呼ばれる放射能測定装置を用いて測定した。ここでは，他の物質の濃度との比較のために，クモ個体乾重あたり濃度［Bq / kg d wt］として表示する。放射能（本書 171 頁コラム❶参照）は採集日を基準として放射能減衰補正を行い，放射能が検出下限値を下回ったサンプルは不検出（N.D.: Not Detected）とした（Ayabe *et al.*, 2014；綾部ら，2015）。

### （3）採集地の放射性物質による汚染の程度

ジョロウグモ中の放射性セシウム汚染が，生息地の汚染程度によって異なるのかどうかを調べるため，シンチレーション式サーベイメータを用いて，各調査地の空間線量率（地上高 1 m 下向き：［μSv / hour］）（本書 171 頁コラム❷参照）を測定し，さらに，2013 年には，持ち帰ったサンプルについて，土壌・リターの放射性セシウム沈着量［Bq / $m^2$］も併せて測定した。

### （4）ジョロウグモへの放射性セシウムの移行

2013 年に調べた汚染地域の調査地 Y1，Y2 の土壌とリターの一平方メートルあたりの放射性セシウム濃度（沈着量）は，リターよりも土壌の方が高かった。これは，事故発生後の時間経過とともに，リター中の放射性物質が土壌へと移動したためと考えられる（Nakanishi *et al.*, 2014 など）。調査地間の比較では，リター，土壌ともに，$^{137}$Cs の沈着量は，調査地 Y1 が Y2 よりも高い（Y1: リター 220, 土壌 330; Y2: 96, 160［$\times 10^3$ Bq / $m^2$］）。両調査地ともに林内は除染されていないため，この違いは事故後のフォールアウト量の差が反映されているようである。また，空間線量率とリター・土壌沈着量の間には正の相関があり，空間線量率も，採集地の汚染程度の指標にはなり得ると考えられる。

クモの放射性物質濃度についてみると，事故後 1 年半が経過した 2012 年 10 月採集のジョロウグモ個体中の放射性セシウム濃度は，$^{134}$Cs，$^{137}$Cs いずれも，やはり調査地 Y1 が Y2 よりも高く（図 5），調査地の放射性セシウム沈着量と同様の傾向を示していた。他の調査地 KR と CT で採集された個体がほぼ検出限界以下であったことを考えると，Y1 での $^{137}$Cs 平均濃度の 4,000

ベクレル［Bq / kg d wt］，Y2 での 1,500 ベクレル［Bq / kg d wt］という値は，やはり，それぞれの場所での，餌を介しての放射性物質の体内への取り込みが確実にあったことを示している。このときの調査地 Y1，Y2 の空間線量率平均値は，それぞれ毎時 4.5，3.6 マイクロシーベルト［μSv / hour］，調査地 KR では 1.1［μSv / hour］であった。2 年半経過した 2013 年の個体では，半減期 2.06 年の $^{134}$Cs については予測通り濃度も下がり，未検出のジョロウグモも増加した。事故により，$^{134}$Cs は $^{137}$Cs と一定の比率で沈着したことがわかっており，この $^{134}$Cs の動きも，ジョロウグモの放射性セシウムによる汚染を裏付けている。

一方，物理的半減期が 30.17 年の $^{137}$Cs は，どちらの調査地でも 2012 年のジョロウグモ個体よりも 2013 年のほうが平均濃度は低下していたが，調査地間では，それぞれの汚染程度を反映した濃度の差が依然としてみられた（Y1: 2500; Y2: 2200［Bq / kg d wt］）。放射性物質の移行の目安として，ジョロウグモ中の放射性セシウム濃度を土壌の放射性セシウム沈着量で割って得られる値（移行係数）を計算してみると，いずれの調査地でもほぼ同様の値

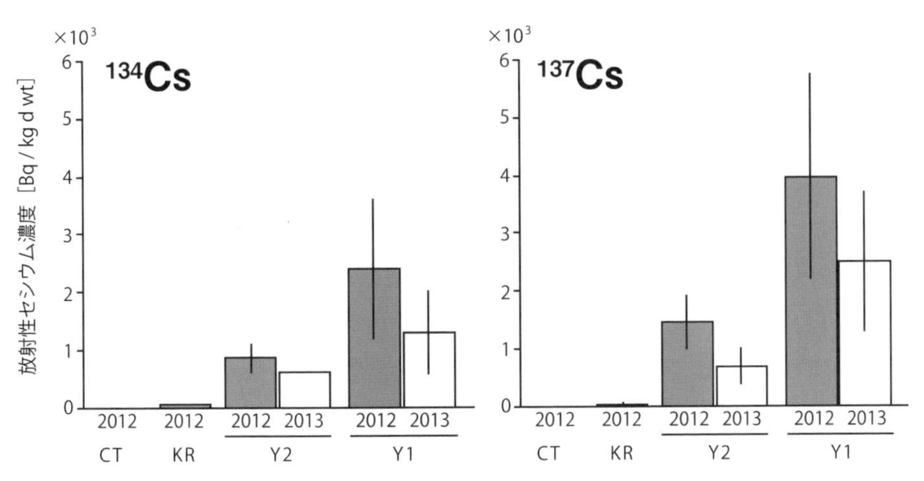


**図 5** 各採集地のジョロウグモの放射性セシウム濃度．Y1：原発から北西 33 km，Y2：同北西 37 km，KR：郡山・同西 62 km，CT：名古屋・同南西 450 km（Ayabe *et al.*（2014）を一部改変）．

を示していたことから，それぞれの調査地に沈着した放射性セシウムが，同じような割合でジョロウグモへと移行していることがわかる。ただし，2013年のジョロウグモは，2012年のジョロウグモと比べて，$^{137}$Cs濃度がその物理学的半減期から予測される濃度低下（対前年比0.98）よりもさらに低下（同0.63）していた。この低下の理由としては，一部の$^{137}$Csの系外への流出のほか，$^{137}$Csが土壌中の粘土鉱物に吸着されやすく，一旦吸着されると移動しにくい性質をもつ（石川ら, 2007）ことがあげられる。リター層と土壌層の間の放射性セシウムの移動過程とそのメカニズムはまだ明確ではないものの，時間の経過にともなってリター層から下方の土壌層に移動した結果，植物に吸い上げられる$^{137}$Csの割合が低下して（Fujimura *et al.*, 2013など），植物を利用する植食者を経由して生食連鎖上を流れる$^{137}$Csの量が減少したか，あるいは，リター層に多い腐食者からの腐食連鎖への$^{137}$Cs流入量が減少した結果，それらを餌とするジョロウグモへの移行量が大幅に低下した可能性が考えられる（綾部ら，2015）。

実は，2013年の調査地Y2でのジョロウグモの$^{137}$Cs濃度の平均値は，ある1個体を除いて計算されたものであった。この個体は，調査地Y1よりも汚染程度が低いY2で採集され，しかも事故から2年半が経過しているにもかかわらず，Y2の他個体と比べて7倍以上もの極端に高い$^{137}$Cs濃度（9,000ベクレル［Bq / kg d wt］）を示していた。徘徊性コモリグモの一種の例では，$^{137}$Csの生物学的半減期（本書171頁コラム❸参照）は20日程度，その他の植食性，捕食性昆虫では6日程度とされており（Reichele, 1967），もしジョロウグモの生物学的半減期がこれに近いと仮定すると，この個体は，採集直前に偶然，高濃度の節足動物を食べたのかもしれない。調査地Y2は高台にあり，多くの網は前面が開けた林縁に張られていたことから，別の場所から，移動能力が高い，高濃度に汚染された節足動物の移入が起こり，ジョロウグモの餌となった可能性が高い。ある生物が，高濃度に汚染された植物や餌動物を摂食した直後に飛翔移動したとすれば，たとえ相対的に空間線量が低い地域であっても，この個体のような放射性セシウムのホットスポットが出現する可能性はある。

汚染度が高い調査地Y1でも，ジョロウグモの放射性セシウム濃度の個体間のばらつきは大きく（図5），このことは，各調査地といった空間スケー

## ❶ 放射能と物理的半減期

放射能をもつ元素(放射性同位体)の原子核は,時間経過に伴って確率的に壊変(放射性崩壊)をして他の元素に変化していくが,はじめの原子数の半分が壊変するまでの時間を,その放射性同位体の(物理的)半減期(half-life)と呼ぶ。この壊変の過程で,$\alpha$線,$\beta$線,$\gamma$線などの放射線が放出される。放射能とは,原子核が放射線を放射して壊変する性質とその強さを示す用語であり,放射能の強さは,単位時間あたり(/ sec)の壊変数(ベクレル:Bq)で表され,定量的な比較は,放射性物質の濃度として単位面積あたり(Bq / $m^2$),単位重量あたり(Bq / kg)などで行われる。森林土壌の場合は,各層の物理的,化学的特性の違いによる影響を排除するため,単位面積あたりの放射性物質存在量で表す場合が多い。

## ❷ 空間線量率

シーベルト(Sv)は,放射線を受ける側からみたときの影響の強さを表す指標である。ある物質や生体が放射線を吸収したときのエネルギー(吸収線量:グレイGy)に,放射線の種類によるエネルギーの違いで重みづけした値で表す。専用の測定器(サーベイメータ)によって,ある位置で,一定時間あたりで測定されるこの値を,とくに空間線量率(air radiation dose rate)と呼ぶことがある。この値は,その一定空間内のさまざまな場所に存在する放射性物質から測定場所へ放射される放射線量を反映しているので,その場(物質)での単位量あたりの放射能の強さを正確に示すものではないが,本節の調査地間の比較でみられたように,ある場所における放射性物質濃度と空間線量率との間には,多くの場合,正の相関性が認められる。

なお,放射線が人間の組織や臓器に及ぼす影響の観点から,一般人の線量限度は,1年あたり1ミリシーベルト(1 m Sv / year ≒ 0.11μSv / hour)と定められている。放射線の生体に対する影響は,DNAの損傷を通じて,細胞死,遺伝子変異などの形で現れる(日本保健物理学会・日本アイソトープ協会,2001)。

## ❸ 生物学的半減期

生物の体内に取り込まれた放射性物質は,時間が経つにつれて,代謝によって体外に排出されていく。体内にある放射性物質の量が,代謝によって半分に減少するまでの時間を生物学的半減期(biological half-life)と呼ぶ。厳密には,体内の放射性物質の壊変による減少も代謝と並行して起こっており,これらを合算して実際に体内の放射性物質の量が半分になるまでの時間を,実効半減期(effective half-life)と呼んでいる。

〈肘井・綾部〉

ルのなかでも，沈着した放射性物質の濃度分布は均一ではなく，餌となる昆虫がどこで何を食べたかによって，またどこから羽化したものが網にかかったのかによって，ジョロウグモの個体ごとの汚染の程度が大きく異なることをうかがわせる。

## 5. クモと放射能

事故から 3 年半を経過してなお，ジョロウグモの放射性セシウム汚染はまだ収束していない。ここでは示さなかったが，ジョロウグモの餌となりうる下位の栄養段階の節足動物においても，放射性セシウム $^{137}Cs$ は事故後 2 年半以降も検出され続けている（Ayabe *et al.*, 投稿中）。すでに述べたように，この事故による森林内のリター・土壌層への放射性セシウムの沈着量の多さから考えると，土壌から植物を介した生食連鎖からの移行に比べ，これらの腐食物を直接食べている腐食連鎖上の昆虫経由（Murakami *et al.*, 2014）のジョロウグモへの移行の割合が大きいことが予想される（図 6）。チェルノブイリ事故の調査でも，腐食性昆虫の汚染の程度は植食性昆虫，捕食性昆虫に比べて明らかに高いが，捕食者としての造網性クモ類の汚染については触れられていない（Rudge *et al.*, 1993; Copplestone *et al.*, 1999）。また，これらの結果は，森林生態系ではなく，草地生態系における食物網を対象として得られたものである。森林のなかで林床や樹上に大量に蓄積されているリターから羽化してくるユスリカ（Yoshida & Hijii, 2005），アブ，ハエなどの陸生腐食昆虫や，渓流中に堆積している落葉中から羽化するカゲロウ，カワゲラなどの水生の腐食昆虫が，ジョロウグモのような造網性のクモの餌の大部分を占めていることは，今回の調査で網上に残されていた虫体の残骸をみても明らかである（図 6）（宮下，2000；Miyashita *et al.*, 2003；Shimazaki & Miyashita, 2005）。クモ類は餌の昆虫を食べるとき，セシウム蓄積率が大きい軟組織部分を食べ，蓄積率 1%に満たない外骨格はほとんど消費しないことも，クモが他の捕食者に比べて体重あたりのセシウム濃度が高くなる理由の一つと考えられている（Copplestone *et al.*, 1999）。

腐食連鎖経路上の移行が主であるとすれば，周辺の土壌から羽化する腐食性昆虫の放射性セシウム濃度の値が得られることが理想的であるが，セシウムが検出できる十分な大量の試料が得られない場合には，クモとリター・土壌とのセシウム濃度比から，大まかな動きをつかむことはできる。土壌から植物への移行係数は土壌型によって大きく異なることが知られているが（Calmon *et al.*, 2009），今回得られたクモ／土壌のセシウム濃度比は，同じ褐色森林土であったこともあって，調査地 Y1，Y2 間ではほとんど差がなく，また，イギリスの使用済み核燃料再処理施設隣接地域におけるクモ／土壌のセシウム濃度比とも同程度であった（Toal *et al.*, 2002）。同じ土壌型であれば，土壌の放射性セシウムの沈着量から，その地域のジョロウグモの放射性セシウム汚染レベルは，ある程度予測可能かもしれない。このほか，捕食者が何を食べているかを知るには，安定同位体比を用いる方法があり，クモにも適用することが可能である（本書第 5 章；Murakami *et al.*, 2014）。

今回，相対的に汚染レベルが低い調査地 Y2 において，きわめて高濃度に

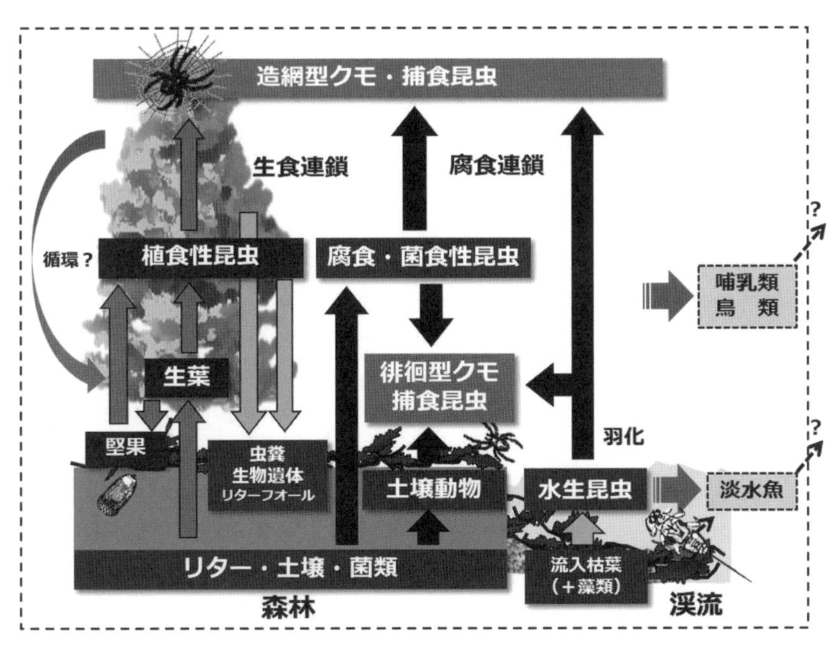


**図 6**　森林生態系の食物連鎖を介した放射性物質の移行・循環過程の模式図.

汚染されたジョロウグモが採集された事実は，原発事故後の環境影響評価を考えるうえで重要な課題を私たちに突きつけている。ジョロウグモは，哺乳類や鳥類に比べれば体も小さく，汚染個体に含まれる放射性物質の絶対量もこれらの動物のそれと比較すればごくわずかな量でしかないが，その体がフォールアウトによって汚染された場所から出現した餌の取り込みによって汚染されていることは確かである。これらの生物はすべて，汚染された森林生態系のなかで，この先も繁殖を繰り返していくことを余儀なくされる。福島原発事故直後，汚染された地域に生息するゴール形成アブラムシやシジミチョウの仲間において，高い奇形率や生存率の低下が報告され（Akimoto, 2014; Hiyama *et al.*, 2012），鳥やチョウ，セミでは，生息地の空間線量率の高さにともなう個体数の低下も報告されている（Møller *et al.*, 2013）。後者の調査では，クモの個体数は増加していたが，これは捕食者である鳥類の減少に起因していると彼らは考えている。

ヨーロッパ各地の核関連施設周辺の低線量地域に生息するカメムシ類では，有意に高い確率で奇形個体が観察されている（Hesse-Honegger & Wallimann, 2008）。また，1986 年 4 月のチェルノブイリ原発事故で汚染された地域では，20 年経過してなお，さまざまな動物への放射能の影響が報告されている（Møller & Mousseau, 2006; 2009）。たとえば，上位捕食者のツバメにおける奇形個体の増加（Mousseau & Møller, 2011）のほか，昆虫やクモ，鳥類において，生息地の高い線量にともなった個体数の減少がみられた（Møller & Mousseau, 2009; Mousseau & Møller, 2011）。一方で，リター層に比べて土壌層に生息する土壌動物では，顕著な個体数減少の影響はみられなかったとする報告もある（Krivolutzkii & Pokarzhevskii, 1992）。動物の個体数の減少は，捕食による個体数制御や送粉など，さまざまな生物間相互作用に負の影響をもたらし，やがては生態系そのものの機能低下につながることが懸念される（e.g., Møller *et al.*, 2012）。原発事故による放射能が汚染地域に生息する生物にもたらす影響（被曝による影響）については，一部の動物群では明らかになってきているが，福島原発事故の汚染地域では，ジョロウグモを含む節足動物が放射性物質によってどの程度汚染されているのか，あるいは内部被曝による次世代生産への影響がどの程度あるのかについての情報はまだ少ない。汚染地域の土壌層に始まる放射性物質のさまざまな生物への移行過程の情報を蓄積していくことは，森林生態系における放射性物質の循環を明らかにするうえで重要である（図6）。また，それらが時間経過とともにどのように変化し，その影響が生態系を構成する生物群集にどのように波及していくのかを追跡する長期的なモニタリングも，放射性物質の環境動態を予測していくうえでの必須の課題といえるだろう。

（肘井直樹・綾部慈子）

# 10 ザトウムシの生息環境

ザトウムシ（クモガタ綱ザトウムシ目）は森林性の動物である。世界に約6,600種，日本には約80種を産するがそれらの生息地のほとんどは樹林の存在と結びついている。しかし森林であればどこでも本類が見られるわけではない。本類は捕食性の動物であり，特定の植物種の有無に生息が左右されることはないが，植生によって種数や個体数の豊富さには差違がある。また，渓流，里山，高山，海岸，河川敷，などザトウムシとしては典型的ではない環境に出現する種もいくつかいる。これらの非典型的環境は奥山の森林と比べると攪乱を受けやすく，そこに出現する種の中には環境省版や県版レッドリストの掲載種など保全上，重要なものが多く含まれる。本章では，まず，ザトウムシの分布や生息環境を理解するうえで触れておきたいことがら，とくに，標高と林床環境について簡単に説明し，次にこれらの非典型的環境に出現する種のいくつかを紹介する。

## 1．ザトウムシの4亜目と生活様式

本類は次の4亜目に分割されている：ダニザトウムシ亜目，アカザトウムシ亜目，ヘイキザトウムシ亜目，カイキザトウムシ亜目（表1）。ザトウムシの生活様式と生息環境は亜目間で異なるので，まず亜目ごとに概要を説明する。

ダニザトウムシ亜目：世界の熱帯から暖温帯を中心に6科約200種が知られるが，小型で体長は5 mm以下（2.5 mm前後のものが多い），歩脚も非常に短い（図1A）。いずれも終生，森林林床の落葉落枝層や石下などに生息し，効率的な採集には落葉リターをふるうシフターという篩を吹き流しにつけたような形の道具（鶴崎，1998）が欠かせない。本類の採集には篩のメッシュは4 mm程度がベストで，10 mmもあると余分なリター砕片が落ちて効率が悪い。成体の寿命は数年に及ぶ。日本産は1種，伊豆・箱根・富士山周辺に分布が限定されるスズキダニザトウムシ *Suzukielus sauteri* が知られるのみである（Giribet *et al.*, 2006）。

表1　日本産ザトウムシ目の亜目と科とそれぞれの代表的な種.

| 亜目と生息場所・種数 1-2) | 科 | 代表的な種 |
|---|---|---|
| ■ダニザトウムシ亜目<br>林床の土壌リター・石下。1 種 | ダニザトウムシ科 | スズキダニザトウムシ（日本産はこれのみ。伊豆・箱根・富士山山麓のみに生息） |
| ■ アカザトウムシ亜目<br>林床の土壌リター・石下。23 種 | ミツヅメザトウムシ科<br>タテヅメザトウムシ科 3)<br>アカザトウムシ科 4)<br>カマアカザトウムシ科<br><br><br>トゲアカザトウムシ科<br>カケザトウムシ科 | ニホンニセタテヅメザトウムシ.<br>ヒメタテヅメザトウムシ.<br>コアカザトウムシ.<br>ニホンアカザトウムシ，オオアカザトウムシ，アシボソアカザトウムシ，クメコシビロザトウムシ，オヒキコシビロザトウムシ.<br>アキヤマアカザトウムシ､イヨアカザトウムシ.<br>ムニンカケザトウムシ. |
| ■ ヘイキザトウムシ亜目<br>林床の土壌リター・石下。13 種 | ブラシザトウムシ科<br>アメリカアゴザトウムシ科<br>イトクチザトウムシ科<br>ニホンアゴザトウムシ科<br>ミナミマメザトウムシ科 | コブラシザトウムシ，フセブラシザトウムシ.<br>ケアシザトウムシ.<br>カブトザトウムシ.<br>サスマタアゴザトウムシ.<br>アワマメザトウムシ. |
| ■ カイキザトウムシ亜目<br>幼体は林床の土壌リター・石下に生息。成長とともに林床を離れ，草本上や樹幹上に上がるものが多い。48 種 | マメザトウムシ科<br>マザトウムシ科<br>カワザトウムシ科 | マメザトウムシ.<br>マザトウムシ，スジザトウムシ，ゴホントゲザトウムシ.<br>サトウナミザトウムシ，アカスベザトウムシ，モエギザトウムシ，ヒトハリザトウムシ，フタコブザトウムシ. |

1）ヘイキザトウムシ亜目とカイキザトウムシ亜目は，過去 30 年ほどは 1 亜目（ヒゲザトウムシ亜目）として扱われてきたが，最近はこれらを亜目扱いとする体系が復活している. 2）種数は日本産のもの. 3, 4）これらの種のこの科への所属については要検討で，将来，変わる可能性が高い.

アカザトウムシ亜目：頭胸部と腹部第 1 ～ 5 背板が融合して盾甲となるがっしりとした体と鎌状の触肢が目立つザトウムシ(図 1B)。約 30 科約 4,100 種（Kury, 2011）を含み，多くは熱帯・亜熱帯に産するが，温帯～冷温帯に生息する群（オンタイアカザトウムシ下目）もある。比較的短脚で，ふつう森林の落葉落枝層（熱帯雨林では林床のみでなく樹幹上の着生シダの基部などにも類似の環境ができる）や石下・朽木下などにのみ生息する。ただし，カイキザトウムシ亜目の種が貧弱な南米では，そのニッチを埋めるかのように大型・長脚で樹幹や灌木上に生息するアカザトウムシ亜目の種が多数みられる。体色もアジア産種ではほぼ例外なく赤味がかった飴色だが，南米ではカラフルで変異に富む。生活史はあまりよくわかっていないが，成体・幼体ともに周年採集され，寿命は複数年に渡ると考えられる。

ヘイキザトウムシ亜目：全北区の温帯・冷温帯域を中心に分布する群で，7 科約 300 種が知られる（Schönhofer, 2013）。ヘイキは「閉気」で，第 4 脚基節と腹部の間にある気門が多数の剛毛で塞がれていることによる。小型（通

**図1** ザトウムシ4亜目の代表種. A：ダニザトウムシ亜目のスズキダニザトウムシ *Suzukielus sauteri*, B：アカザトウムシ亜目のアシボソアカザトウムシ *Tokunosia tenuipes*, C：ヘイキザトウムシ亜目のコブラシザトウムシ *Sabacon pygmaeus*, D：カイキザトウムシ亜目のトウホクスベザトウムシ *Leiobunum tohokuense*.

常, 体長5 mm以下）で比較的短脚のザトウムシで（図1C), 終生, 落葉落枝層や地表の石下などに生息する。生活史不明の種が多いが寿命は1年内で, 卵越冬で晩秋成熟（イマムラブラシザトウムシなど), 卵と幼体の両方で越冬し春から夏に成熟（マキノブラシザトウムシ）などのパターンがある（Tsurusaki, 2003)。

カイキザトウムシ亜目：4科約2,000種を含む（Kury, 2011)。カイキは「開気」で, 第4脚基節後方に開く気門が大きく開放的であることから。大型（体長5～10 mmくらいのものが多い）長脚で, 歩行時の歩脚開張はふつう10 cmを超え, ザトウムシとして一般に認識されている種は, ほぼすべてこの仲間である（図1D)。ほとんどの種は年1化, 卵越冬で成体は夏から秋に出現する。幼期（ザトウムシ類には変態はなく, 幼体は成体のミニチュアである）には林床のリター層中で生活するが, 多くの種は成長につれて樹幹上や草本上に行動範囲を広げるので目につきやすくなる。しかし, 乾燥に弱いのはカイキザトウムシ亜目の成体でも同じで，森林を一歩でも出るとほとんどの種は生きてゆけない。ザトウムシは気管で呼吸するが，気門は第4歩脚基節後方と腹部の隙間に開口するほか，カイキザトウムシ亜目では触肢と各歩脚の脛節にもあり，歩脚脛節には基部側と末端側の2カ所に小気門が開く。低湿度環境への極度の弱さは，おもにこれらの気門からの呼吸による水分喪失によるものと思われる。

## 2. ザトウムシの生息地拡大を制限する要因

低い乾燥耐性と歩行以外の移動分散手段をもたないことは，個々のザトウムシ種の分布範囲を制限する大きな要因になっている。たとえば西日本に広く生息するニホンアカザトウムシ *Pseudobiantes japonicus*（アカザトウムシ亜目カマアカザトウムシ科；図2，3）は四国では低地からブナ帯のほぼ上限にあたる標高1600 m くらいの山域まで広範囲に生息する(表2)。したがって気温だけで考えると，本種はブナの分布北限である北海道の黒松内低地帯（図2）くらいまで分布していてもよさそうだが，これまで確認できてい

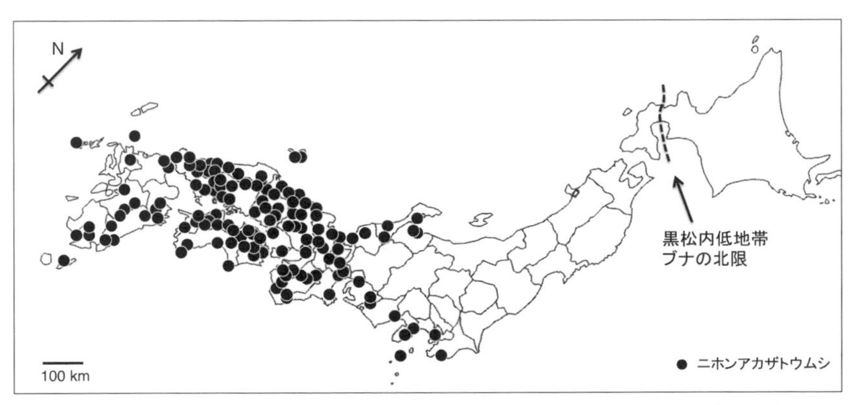


**図2** ニホンアカザトウムシの分布．四国ではブナ帯のほぼ上限に相当する高所（標高1600 m 付近）まで生息するが，分布北限は能登半島付近でとどまっている．本種は最近の分子系統地理学的分析により互いに異所的に分布する4系統群で構成されていることがわかったが（Kumekawa *et al.*, 2014），この分布図に示した産地すべてで解析されているわけではないので，ここではその区分け表示は省略した．

**図3**　A：ニホンアカザトウムシ，B：ニホンアカザトウムシなどの土壌性種を採集しやすい枝打ちで落された枝葉や間伐材が適度に堆積したスギ林（愛媛県皿ヶ嶺風穴付近．標高約 950 m）．

る北限は石川県能登半島（太平洋側では千葉県・神奈川県）である。これは高緯度側の生息可能範囲に移動分散が追いついていないということを意味する。また，都市近郊の周囲から孤立した森林では，湿度が適度に保たれ，ザトウムシの生息に好適に見えても，調べてみると何も見つからないということが珍しくない。これはそこが，もともと田畑であったところに造成されたか，皆伐を受けて本類が絶滅したあとに造林された森林であることを示唆する。このように，ザトウムシとその生息環境の関係は，ザトウムシの移動を阻害する要因（過去における海峡や河川の成立や森林喪失の歴史など）への目配りを抜きには議論できない。

## 3. 標高

ある地域のザトウムシ相を調べたい場合, 筆者が真っ先に目指すのは本州·四国・九州であればブナ帯（西日本では標高およそ 700 m 以上）の森林である。これは，ブナ帯以上の高地でないと生息しない種がいる反面，この標高以下でしか見られないザトウムシはほぼ皆無で，ブナ帯に行けばその地域のザトウムシの大部分が得られるからである。表 2 に四国で確認されているザトウムシ 31 種の垂直分布を示した。低地限定の種としては海岸性のヒトハリザトウムシとコアカザトウムシ *Proscotolemon sauteri*（記録は本州・四国・九州では標高 500 m 以下に限られる）がいる程度で，種数はブナ帯付近の標

**表2** 四国に生息するザトウムシ 31 種の垂直分布（標高 0 m から 100 m 刻み）.

| | | 標高 | | | | | | | | | | | | | | | | | | | |
|---|---|---|---|---|---|---|---|---|---|---|---|---|---|---|---|---|---|---|---|---|---|
| | 種名 | 100 | 200 | 300 | 400 | 500 | 600 | 700 | 800 | 900 | 1000 | 1100 | 1200 | 1300 | 1400 | 1500 | 1600 | 1700 | 1800 | 1900 | 1981 |
| A | コアカザトウムシ | ■ | ■ | ■ | □ | ■ | | | | | | | | | | | | | | | |
| A | オオアカザトウムシ | ■ | □ | ■ | □ | □ | ■ | □ | ■ | ■ | ■ | | | | | | | | | | |
| A | ニホンアカザトウムシ | ■ | ■ | ■ | ■ | ■ | ■ | □ | ■ | ■ | ■ | ■ | ■ | ■ | ■ | ■ | ■ | | | | |
| A | イヨアカザトウムシ | | ■ | □ | ■ | □ | □ | □ | □ | □ | ■ | | | | | | | | | | |
| B | ヒメタテヅメザトウムシ | | | | ■ | □ | □ | ■ | ■ | □ | ■ | ■ | ■ | | | | | | | | |
| B | ニホンニセタテヅメザトウムシ | | | | | | | | | ■ | ■ | □ | ■ | ■ | ■ | ■ | ■ | □ | ■ | □ | ■ |
| B | トミシマニセタテヅメザトウムシ | | | | | | | | | ■ | □ | ■ | □ | □ | ■ | □ | ■ | □ | ■ | | |
| B | イヤニセタテヅメザトウムシ | | | | | | | | ■ | □ | □ | □ | □ | □ | ■ | ■ | ■ | | | | |
| C | カブトザトウムシ | | | | | | | ■ | □ | □ | □ | ■ | ■ | □ | ■ | | | | | | |
| C | サスマタアゴザトウムシ | | | ■ | □ | ■ | ■ | □ | ■ | ■ | ■ | ■ | ■ | ■ | ■ | □ | □ | □ | ■ | | |
| C | ケアシザトウムシ | ■ | □ | □ | □ | □ | □ | ■ | □ | ■ | | | | | | | | | | | |
| C | コブラシザトウムシ | | | | | | | | ■ | □ | ■ | □ | ■ | □ | ■ | ■ | | | | | |
| C | サラアゴブラシザトウムシ | | | | | | ■ | □ | □ | □ | ■ | □ | ■ | ■ | ■ | □ | □ | □ | ■ | □ | ■ |
| C | アキヨシブラシザトウムシ | | | | | ■ | □ | □ | □ | □ | □ | ■ | □ | □ | ■ | | | | | | |
| C | アワマメザトウムシ | | | | | | | | | | | | | | | | | | ■ | | |
| D | マメザトウムシ | | | | | | | | ■ | □ | ■ | ■ | ■ | ■ | □ | ■ | | | | | |
| D | ヒメマメザトウムシ | | | | | | | | | | | | ■ | □ | ■ | ■ | □ | □ | ■ | | |
| E | トゲザトウムシ | | | | | | | ■ | ■ | ■ | ■ | ■ | ■ | ■ | □ | ■ | ■ | ■ | ■ | ■ | ■ |
| E | ゴホントゲザトウムシ | ■ | □ | □ | □ | ■ | | | | | | | | | | | | | | | |
| F | ヒコナミザトウムシ | | ■ | ■ | ■ | ■ | ■ | ■ | ■ | ■ | ■ | ■ | ■ | ■ | ■ | ■ | ■ | ■ | ■ | ■ | ■ |
| F | サトウナミザトウムシ | | ■ | ■ | □ | ■ | ■ | □ | ■ | ■ | ■ | ■ | ■ | □ | □ | ■ | □ | □ | ■ | | |
| F | ヒメナミザトウムシ | | | | | ■ | □ | □ | □ | ■ | ■ | ■ | ■ | □ | ■ | ■ | ■ | □ | ■ | ■ | |
| F | オオヒラタザトウムシ | | ■ | ■ | □ | ■ | □ | □ | □ | ■ | ■ | ■ | ■ | ■ | ■ | □ | ■ | ■ | ■ | | |
| F | ヤマスベザトウムシ | | | | | | | | ■ | ■ | ■ | ■ | ■ | ■ | ■ | ■ | ■ | ■ | ■ | ■ | ■ |
| F | モエギザトウムシ | ■ | ■ | ■ | ■ | ■ | ■ | □ | □ | ■ | □ | ■ | ■ | ■ | ■ | | | | | | |
| F | イラカザトウムシ | | | | | | | ■ | ■ | ■ | ■ | ■ | ■ | ■ | ■ | □ | □ | □ | □ | □ | ■ |
| G | ヒトハリザトウムシ | ■ | | | | | | | | | | | | | | | | | | | |
| G | アカサビザトウムシ | ■ | ■ | ■ | ■ | ■ | ■ | ■ | ■ | ■ | ■ | ■ | ■ | ■ | □ | □ | ■ | □ | □ | ■ | |
| G | クロザトウムシ | ■ | □ | ■ | ■ | ■ | ■ | ■ | ■ | ■ | ■ | ■ | ■ | ■ | | | | | | | |
| G | オオナガザトウムシ | | | | | ■ | □ | □ | □ | ■ | ■ | ■ | ■ | ■ | ■ | ■ | | | | | |
| G | ゴホンヤリザトウムシ | | ■ | □ | □ | □ | ■ | □ | ■ | ■ | ■ | ■ | ■ | ■ | | | | | | | |
| | 種数 | 9 | 13 | 14 | 15 | 18 | 17 | 20 | 24 | 26 | 25 | 23 | 24 | 23 | 21 | 18 | 15 | 13 | 14 | 8 | 6 |

■：実際に生息確認している地点.
□：実際には確認していないが，既知生息確認地点から補完した.
A: アカザトウムシ亜目ネッタイアカザトウムシ下目．この仲間は熱帯・亜熱帯に分布の中心がある.
B: アカザトウムシ亜目オンタイアカザトウムシ下目．この仲間は温帯〜冷温帯域に分布.
C: ヘイキザトウムシ亜目：全北区の温帯から冷温帯．東アジア - 北米東部型隔離分布の 2 種（ケアシザトウムシ・アワマメザトウムシ），東アジア + 北米西部型隔離分布の 1 種（カブトザトウムシ）を含む.
D: マメザトウムシ上科：東アジアと北米東部に隔離分布.
E: マザトウムシ科：温帯または冷温帯系.
F: カワザトウムシ科スベザトウムシ亜科：最近の分子系統解析によりモエギザトウムシは G グループに属することがわかっているが（Hedin *et al.*, 2012），属が未変更のため，従来のままで表示した.
G: カワザトウムシ科フシザトウムシ亜科：亜科としては東洋区系.

高域で最大になる（図 4）。これは，日本のような南北方向にのびる列島においては，気候変動時に陸上生物が南北方向に非対称な移動をすることが関係していると思われる。つまり，気候の寒冷時には海水面が下がるため浅い海峡は陸地になり，北方系種は北から南への移動が可能となるが，温暖化に際しては海水面の上昇で海峡が形成されるので，南方種は北上を阻まれる。

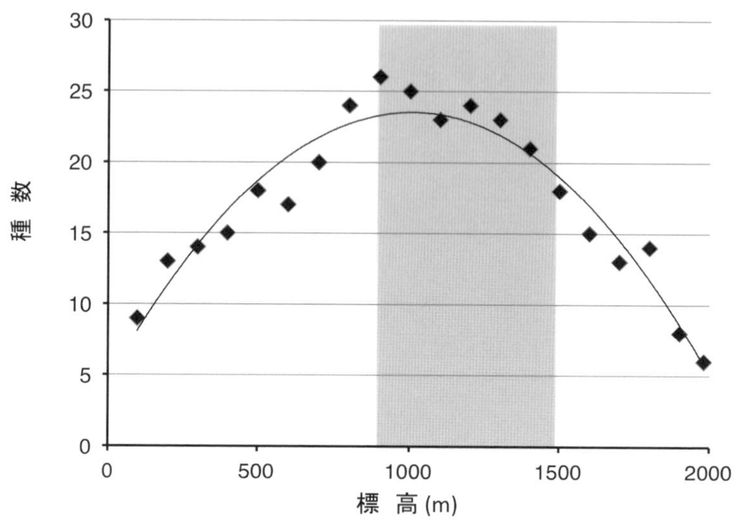


**図 4** 四国におけるザトウムシの標高 100 m ごとの生息確認種数．種数は表 2 より．網掛けは，四国におけるブナ帯（おおむね標高 850 m から 1500 m 付近まで）の標高域．種数はブナ帯付近の標高域で最大となる．

そのため，最終氷期（およそ 18,000 年前）以降，九州以北の本土には，南方系の種が南から到来する機会がなく，低地限定の種が欠ける状態になっていると推察される。

標高に対する種数の増減パターンは，分類群や場所によっても異なるが，繁殖鳥類では一般に標高の上昇にともなって種数は一方的に減少する（Gaston & Blackburn, 2000）。一方，陸上植物では，種数は中程度の標高で最大になり（Grytnes & Vetaas, 2002; Lomolino *et al.*, 2010），ギリシャのクレタ島（0 ～ 2400 m）で調べられた地表徘徊性のワシグモ科でも 400 ～ 700 m に種数のピークがあった（Chatzaki *et al.*, 2005）。緯度に対しては多くの動植物の種数は熱帯で最大になり，南北の高緯度方向に向かって減少するというパターンを示す（Lomolino *et al.*, 2010; Cox & Moore, 2010）。ザトウムシ類でも最大の種数を示すのは東南アジアや中南米の熱帯雨林である。したがって，日本本土で種数がブナ帯付近で最大になることの理由の一端は，上述の移動力の乏しさにあると考えられる。

## 4. 林床環境

以上のように，ザトウムシではブナ帯で最大種数を確認できるが，ここで「ブナ林」ではなく，「ブナ帯」と書いたのは，ブナ帯の標高であれば，スギの人工林でもブナ林に遜色ない種数が確認できるからである。それどころかスギ林のほうが一般に個体数密度が高く，採集が容易であることが多い。一方ヒノキ林はブナ林やスギ林と比べてかなり成績が悪い。これは，水はけのよい尾根筋に植林されることの多いヒノキ林が乾燥しやすいということもあるが，ヒノキは葉が平面的にしか展開しないことが大きく影響していると考えられる。スギは葉や枝が立体的に展開するので，地表の落枝はその下に適

**図5** ブナ林と林床のササ. A:愛媛県皿画ヶ嶺竜神平のブナ林. 林床はミヤコザサ. B：鳥取県氷ノ山のブナ林. 林床はチシマザサ. A'：太平洋側のブナ林でよくみられるミヤコザサの稈は分枝しないか，分枝しても地表近くで分枝し，密に生えるため，ここに落葉したブナやササの葉が蓄積してザトウムシの生息に適した隙間の多い空間をつくる. B'：日本海側のブナ林の下部で優占するチシマザサは稈の上部で分枝する. 根元付近は広く空いており，ブナやササの落ち葉は地表に平面的にしか積もらない. 冬季は長期間，多量の積雪に覆われるため，地表と落葉の隙間は圧雪で押しつぶされる（ササの稈も曲がって根曲がり竹となる）. ササの分枝は鈴木（1978）を参考に作図.

度な空間を作る。とりわけ，よく手入れされたスギ林では，枝打ちされた落枝が林床のところどころに集積されていて，それがザトウムシにさらによい生息空間を提供する（図 3B）。ザトウムシは歩脚が長いため，このような立体的な空間は休息や採餌の場所として，また脱皮を行う場所（脱皮はこのような空間の天井にぶら下がった姿勢で行う）としても重要である。ヒノキ林の林床には，落葉落枝で作られるこのような空間が乏しいので，ザトウムシの生息場所としては好適ではない。

一方ブナ林はどうであろうか。実は，ブナ林でも林床にどのような植物が生えているかによってザトウムシの生息密度は大きく変わる。日本のブナ林の林床にはよくササが生えているが，ザトウムシの生息密度が高いと感じられるのは林床にミヤコザサやイブキザサなどをともなう四国のブナ林で，とくにミヤコザサのササ原は採集成績がよい。ミヤコザサは地面から比較的低い高さ（50 cm 以下）で密に生えるが，稈の密度が高いためか，ブナやササの落葉がトラップされて地表近くにザトウムシの生息に適度な隙間をつくる。これに対して，日本海側の多雪地帯に分布するブナ林では林床がチシマザサで覆われ，小型の土壌性ザトウムシの採集は容易ではない。チシマザサは高さが 1.5 ～ 3 m ほどになるが，積雪時には倒伏し，無積雪期も地表近くには葉がなく稈がまばらに直立するのみなので，ザトウムシの生息に適した立体的な空間ができにくい（図 5）。

## 5. 渓流：サトウナミザトウムシなど

ザトウムシの生息場所は森林内では地表の落葉落枝層，カイキザトウムシ亜目の成体は樹幹上，林床の草本上，灌木上などだが，そのような場所ではほとんど見つからない種もいる。西日本に分布するサトウナミザトウムシ *Nelima satoi*（図 6B およびその中部地方と関東地方における地理的姉妹種にあたるアオキナミザトウムシ *N. aokii*，琉球列島における姉妹種にあたるオキナワナミザトウムシ *N. okinawensis*：以上をサトウナミ種群と仮称，図 7 上参照）はその一つで，森林中でも，非常に湿度の高い渓流沿いの湿った崖地の薄暗い凹みや（図 6A），直下に伏流水のあるような湿った落葉落枝層の下でしか見つからない。同属で外見の似たヒコナミザトウムシ *N. nigricoxa*

**図 6**　渓流性のザトウムシ 3 種．A：渓流性のザトウムシの典型的な生息場所である滝しぶきのかかるような岸辺の岩の凹み（矢印）．B：サトウナミザトウムシのオス．C：アカスベザトウムシのオス．D：オオヒラタザトウムシのオス．いずれの写真も周りが光っているのは，岩の表面が水に濡れていてストロボ光を反射しているためである．

やオオナミザトウムシ *N. genufusca*（以上ナミ種群。サトウナミ種群はこれらとは腹部下面が黒ずむことや体の背面の光沢が弱いことで区別される）が林内を歩けば樹幹や崖地上にその姿を簡単に見つけられるのとは好対照である。そのため，サトウナミ種群の採集例は少ないが，実はそのような環境を選んで探すと，かなり確実に採集できる。渓流の岸辺の湿った岩陰は日中でも暗いので，採集には LED 懐中電灯が役立つ。渓流沿いに生息域が限られるためか，本種の交尾器は地理的分化が著しい（鈴木，1966）。染色体数も 2n ＝ 14 から 20 まで地理的に分化し，さらに地域によっては B 染色体（後述のヒトハリザトウムシの項を参照）の増減も加わり最大 2n ＝ 22 まで変異することがわかってきている（鶴崎ら，未発表）。

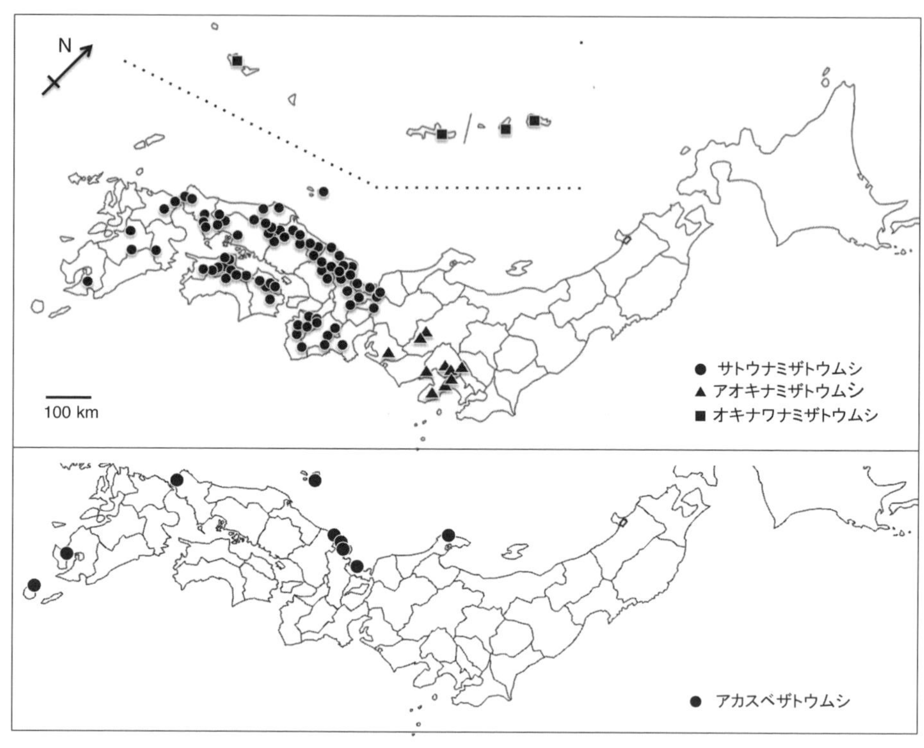


**図7**　渓流性のザトウムシであるサトウナミザトウムシ種群3種（上）とアカスベザトウムシの分布（下）（後者は Tsurusaki *et al.*, 2005 にデータ追加）.

同様の環境を選好する種としては，他にアカスベザトウムシ *Leiobunum rubrum*（図6C）とオオヒラタザトウムシ *L. japanense*（図6D）がいる。前者はながらく韓国と西日本の離れた数地点（対馬，屋久島，能登半島など）でごく少数の記録があるのみだったが，サトウナミザトウムシの染色体調査の副産物として，兵庫県や京都府の日本海側の森林中の細い渓流には比較的ふつうに見つかることが最近わかってきた（図7下）。同様の環境を探索すればもっと広範囲で見つかる可能性が高い。

オオヒラタザトウムシはカイキザトウムシ亜目としては珍しく幼体越冬で成体は5～6月頃に見られる。本種は渓流への執着は上記2種ほど強くなく，倒木下，石下などでも見つかるが，採集には春から初夏に，やはり渓谷沿いの濡れた崖地の岩陰などを探索するほうが確実である。

ザトウムシ類は乾燥に弱いが，湿度が高すぎてリターや石の表面が濡れているような場所もふつう避ける。水滴があると体や歩脚が水の表面張力に捉えられて若齢の幼体では身動きできず死にいたることがある。サトウナミザトウムシは渓流に落ちた場合，沈まずに水面を歩くという観察例（大西真理氏私信）がある。その理由は不明だが，これらの渓流性種には歩脚に水をはじきやすい構造（たとえば密生した細毛）が発達しているのかもしれない。

## 6. タケ林：ゴホントゲザトウムシ

日本本土には低標高地限定の分布を示すザトウムシはほとんどいないが，人里近くの竹林や雑木林に結びつきの強い種が一ついる。それはゴホントゲザトウムシ *Himalphalangium spinulatum*（マザトウムシ科）である（図 8A・B）。

**図 8**　A：ゴホントゲザトウムシがよく見つかるタケ林，B：ゴホントゲザトウムシの交尾（左がオス，右がメス）．C: フタコブザトウムシ（左がメス，右がオス）．D：モエギザトウムシのオス．

本種は関東地方以西の西日本で広く記録されているが，産地はどこでも局地的で，既知生息地はほとんどの県でせいぜい 1 ～数カ所しかない（図 9 中）。そのほとんどが人里近くのモウソウチクやマダケの竹林か，その周辺の雑木林である。国外では中国の中南部および朝鮮半島から知られるが，国内でも対馬・壱岐島や九州本土では記録が多く，大分県の九重高原や黒岳の高所でも見つかっている。このような分布状況から，九州は別としても，本州や四国での散発的分布は，江戸時代かそれ以前に，筍の皮の隙間や周囲の土壌中に産みつけられた卵が竹の移植に伴って移動させられることで生じたもので

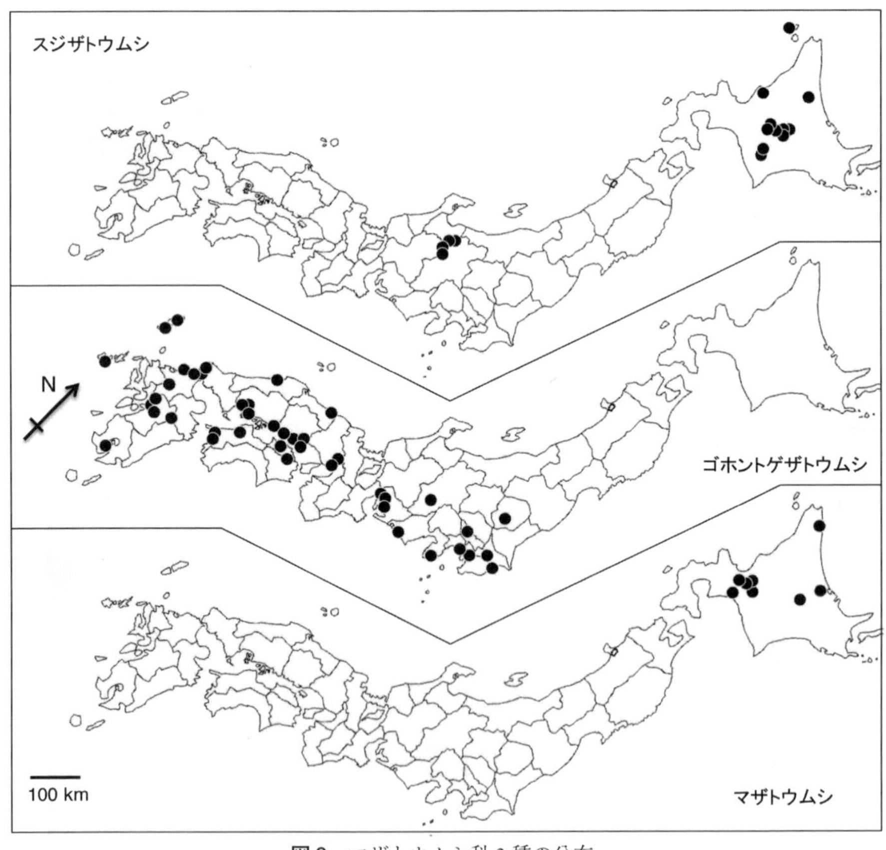


図 9　マザトウムシ科 3 種の分布.

あるという可能性が疑われる。ただし，本種の既知生息地のなかには，遷移で林内が暗くなりすぎたためか本種が見つからなくなった地点もあり，環境省のレッドリスト（2012）では「情報不足」として新規掲載となった（鶴崎，2014）。

本種は幼体越冬で成体は5～6月に見られる。体長1 cm超と大型で，全身黒茶褐色の体はよく目立ち，比較的人家近くで見つかることから，最近では外来性毒グモのセアカゴケグモではないかと疑われて保健所に届けられることもある。実際，岡山県では2013年5月に住民からこのような届け出があり，それを契機に，地元博物館主催のメーリングリストで情報提供を呼びかけたところ，それまでゼロだった生息確認地点が一気に20地点近くにまで増えた。

## 7. 河川氾濫原・堤防：フタコブザトウムシ

ゴホントゲザトウムシ以外にも，明るい二次林的な環境を好む種があと2種いる。モエギザトウムシ *Leiobunum japonicum*（図8D）は，細長い歩脚と萌黄色の小さな体（体長3 mm内外）という一見華奢にみえる姿とはうらはらに，雑木林やスギ・ヒノキなどの人工林の林道沿いなど，明るい人為の気配が感じられるような林や高原のササ原中などでよく見つかる。攪乱されやすい環境への結びつきは，フタコブザトウムシ *Paraumbogrella pumilio*（図8C）でさらに強い。小型（体長2.5～3 mm）短脚の土壌リター性である本種は，やはり明るい林道沿いの草むらや農場の草地のほか，河川の河原の石下や高水敷と堤防に生えた草本群落の地表という，ザトウムシではふつうあり得ない環境でもよく見つかり，国土交通省の河川水辺の緑の国勢調査による採集品にも本種がしばしば含まれている（図10上）。本種は成体越冬で，春に産下された卵から孵化した幼体が夏にむかって成長し，9月頃に成体になる（Tsurusaki, 2003）。

## 8. 高山帯：スジザトウムシ

生息記録が亜高山帯や高山帯に限定されるものが数種いる。中部地方以北の高地（中部地方では1700 m以上，北海道でも700 m以上，利尻島・礼文

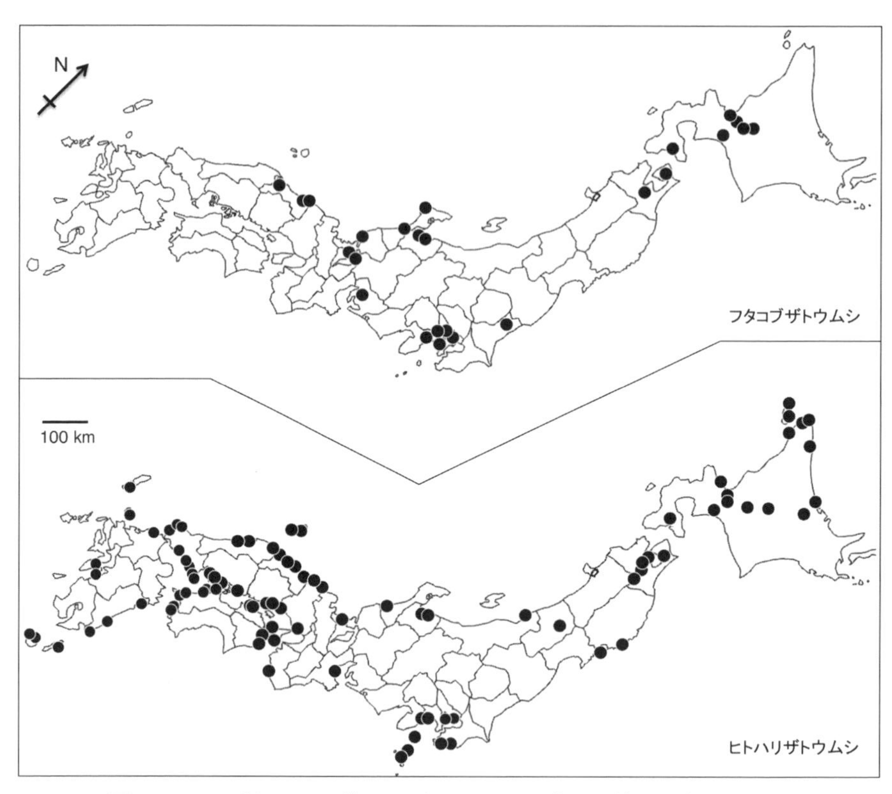


**図 10**　カワザトウムシ科フシザトウムシ亜科の 2 種の分布．上図は Tsurusaki & Kawato, 2014 を改変．

島では平地近くから出現）に生息するツムガタアゴザトウムシ *Nipponopsalis yezoensis* や中部地方の南アルプスと八ヶ岳周辺の標高 2000 m 以上の森林に固有のカイスベザトウムシ *Leiobunum hiasai* などは亜高山性種の代表である。また，ユーラシア大陸や北米北部に分布するスジザトウムシ *Mitopus morio*（マザトウムシ科）（図 11A）は，日本では高山性種で，中部地方北アルプスの高山帯（長野県蝶ヶ岳〜白馬岳，富山県立山まで）と，北海道の数カ所の高山（日高山脈，十勝連峰，大雪山系，富良野岳，夕張岳，暑寒別岳，ウエンシリ山，利尻山など）に分布が限定される（図 9 上）。北アルプスでの生息確認地は，いずれも山頂近くの尾根筋（最低でも標高 2000 m 以上）の岩れき地の岩陰やハイマツ群落中とその周辺である。

**図 11**　A：スジザトウムシのオス．B：マザトウムシのオス．C：海岸のヒトハリザトウムシの典型的な生息地（矢印），D：ヒトハリザトウムシのオス．

## 9. 海岸：ヒトハリザトウムシ

非常に変わった環境にすむザトウムシとしてブラジルの海岸の潮間帯から報告されている *Baculigerus littoris*（アカザトウムシ亜目 Escabadiidae）があるが（Curtis & Machado, 2007），日本にも海岸性の種がいる。それはヒトハリザトウムシ *Psathyropus tenuipes*（カイキザトウムシ亜目カワザトウムシ科）（図 11D）である。本種は西日本では厳密に海岸性で（図 10），小規模の砂浜をともなう海食崖の岩陰やオニヤブソテツの根元などでよく見つかる（図 11C）。集合性が強く，日中は海食崖の凹みなどに非常に多数（数十個体以上）の個体が体を寄せ合った塊で見られることが多い。また河川感潮域のヨシ原のある河岸の凹み，石下などでもしばしば見つかる（鶴崎，2008；鶴崎・深谷，2014 など）。産卵には適度な湿度のある土砂が，また幼体・成体の生息にも湿度を保った岩陰や孔隙を必要とするので，コンクリートで完全に護岸されてそのような孔隙を失った人口海岸には生息できない。そのため，太平洋や瀬戸内海沿岸の開発が進んだ都市周辺では本種の生息適地はほとんど消失しており，環境省のレッドリストでは準絶滅危惧として掲載されている。不思議なことに，西日本では海岸または河川感潮域からほんの10 mも離れるとすぐに姿を消すが，東日本では内陸でも見られる（図10下）。ただし，その場合でも，見つかるのはほとんどが牧草地の草の根元や公園の小さな木立や石碑の陰などで，よく茂った森林中では見つからない。卵越冬で幼体は4月頃から，成体は7月から12月にかけて見られる。体のサイズ，体色，腹部第2背板上にある棘の長さに顕著な地理変異がある（Tsurusaki & Shimada, 2004）。またB染色体と呼ばれる特殊な染色体を高頻度に，かつ，多数もつ点でも特異である。B染色体は遺伝的にはほとんど不活性で，あってもなくても個体の生存にはほとんど影響しない（むしろ有害な）染色体のことで，集団内の染色体数変異の原因となる。諸種の動植物で見つかっているが，このような染色体がなぜ集団中で保たれているかという問題は多くの進化研究者の興味を集めている（Burt & Trivers, 2006などを参照）。B染色体は，見つかってもふつうは細胞あたり1～数個であるが，ヒトハリザトウムシはほとんどの個体がこれをもち，さらに，細胞あたり5，6個の保有は珍しくない（Tsurusaki,1993; Gorlov & Tsurusaki, 2000）。全動物中で，おそらくもっとも高頻度に，かつ最大数でB染色体をもつ種である。B染色体の保有数にも地理変異があり，概して瀬戸内海沿岸では少なく，日本海と太平洋の沿岸で多く，寒冷地ではさらに増える（Tsurusaki & Shimada, 2004）。

## 10. 都市公園・道路沿い：マザトウムシ

乾燥に弱いザトウムシ類は人家周辺の開けた環境で発見されることは稀だが，本類にもそのような環境を好み，人や物資の移動にともなって分布を拡大しているとみられるものが数種ある。マザトウムシ *Phalangium opilio*（図11B）はそのような種の一つで，ヨーロッパや北米北部では公園や人家の庭などでふつうに見られ，建物の地面近くの外壁などによくとまっている。本種はニュージーランドに帰化集団がみられるが，北米の集団もそもそもヨーロッパからの移入と考えられている（Gruber & Hunt, 1973）。本種は極東ロシアの都市周辺にも分布していることが早くからわかっていたが，日本では 1980 年 8 月に北海道の北大苫小牧演習林内に建設中の道央自動車道に接する疎林で最初の 1 個体のメスが見つかるまで記録がなかった（Suzuki & Tsurusaki, 1983）。1985 年には紋別町遠軽町の JR 遠軽駅構内でも見つかったが, 1980 年代までに確認できていた本種の生息地はこの 2 地点だけであった。

その後，筆者は 2003 年 8 月にたまたま訪れた旭川市上川町大雪湖レイクサイトの駐車場と道央自動車道の輪厚パーキングエリア（北広島市）で本種の生息を確認し，本種が北海道内で分布域を拡大していることを確信した。そこで，2006 ～ 2007 年に札幌市周辺で調査したところ，札幌市内でも，月寒，羊ヶ丘，石狩新港などで続々と本種の生息が確認された（竹中・鶴崎，未発表）。月寒や羊ヶ丘では 1980 年代にもザトウムシは採集されているが，その中に本種は含まれていなかったので，その後侵入したものであることが確実である。2014 年夏には札幌市の標高 840 m の中山峠でも本種が見つかった。おそらく北海道内で本種の分布範囲は道路沿いに現在でも拡大中と思われる。

1980 年以前には日本から記録のなかった本種はどこからきたのだろうか。近年の分布拡大の様相を考えると，北海道のどこかに最初から自然分布していたとは考えにくい。おそらくなんらかの輸入物資にまぎれて入った外来種であると思われる。本種の染色体数は地域により異なり，フランスの集団で 2n ＝ 24, ドイツの集団で 2n ＝ 24 / 26 であるのに対し，ロシア西部のサンクトペテルブルクと米国のアイダホ州の集団では 2n ＝ 32 と報告されている（Tsurusaki & Cokendolpher, 1990; Tsurusaki, 2007）。北海道の集団の染色体数は 2n = 24 であった（竹中・鶴崎，未発表）。移入元としてもっとも可能性の高いロシア極東の集団がどのような染色体数を示すか興味がもたれる。

## 11. 洞穴

ザトウムシの生息場所として洞穴は，森林に次いで 2 番目に多く報告されている環境で，筆者が管理しているザトウムシ関係の文献のデータベースファイルだけでも「洞穴」で検索すると約 60 件の文献が見つかる（全体の約 5%）。洞穴内をタイプ産地として記載された種も少なくない。

日本でも，日本のザトウムシ研究の黎明期に山口県の秋芳洞と高知県の龍河洞から，秋吉洞をタイプ産地とする *Strisilvea cavicola* Roewer 1927 が報告されている（鈴木, 1940：和名はのちにオオアカザトウムシと名づけられた）。本種の属名は，1925 年に秋芳洞を訪れ，この標本を採集したイタリアの昆虫学者 Silvestri 博士の姓を組み替えたもので，種小名は「洞穴に棲む」の意味である（この学名はその後，同じく Roewer が 1911 年に岡山県産標本に基づいて記載した *Epedanellus tuberculatus* のシノニムとなって消えた）。オオアカザトウムシは，福井県以西の西日本の森林の林床で，ニホンアカザトウムシとしばしば同所的に見つかる種で（外見も酷似するが本種は体が一回り大きい），今日ではせいぜい好洞穴性種という位置づけである。

その後，日本各地の石灰洞，溶岩洞の内部から散発的にザトウムシの報告（おもにアカザトウムシ亜目やヘイキザトウムシ亜目）があるが，多くはやはり野外からの迷入と考えられる種である。琉球列島の石灰岩洞穴は，九州・四国・本州のそれと比べ，地表と連絡する洞口や間隙が多いようで，ザトウムシとの遭遇機会は本土の洞穴よりはるかに高い（下謝名，1976）。地形や土壌の関係で琉球列島の森林地表の保水力が高くないことも，ザトウムシやヤスデ類の洞穴への侵入を促進するようである。沖縄本島の固有種であるオヒキコシビロザトウムシ *Parabeloniscus caudatus* や久米島の固有種クメコシビロザトウムシ *P. shimojanai* は，これまでのところ洞穴内の記録しかない。このうちオヒキコシビロザトウムシでは無眼となった個体も採集されており（Suzuki, 1973），洞穴環境への依存度の高さがうかがえる。奄美大島，徳之島，沖縄本島に分布するアシボソアカザトウムシ *Tokunosia tenuipes*（図 1B）も洞穴への適応を示唆するような細長い歩脚や触肢をもつが，本種は洞外でも採集されている。コシビロザトウムシ属 2 種のほかに，記録が洞内にとどまっている種として，フセブラシザトウムシ *Sabacon distinctus* がある。本種は熊本県の上益城郡矢部町（現在は合併により山都町）の凝灰岩洞穴である布勢洞から知られるのみで（Suzuki, 1974），環境省のレッドリストで「情報不足」で掲載されている。しかし，同属で秋吉台の洞穴内がタイプ産地（秋芳洞ではなく，美祢市大嶺町の里山瀬の穴）のアキヨシブラシザトウムシ *S. akiyoshiensis* が，その後，中国地方や四国の林床に広く生息することがわかってきたという例もあり，フセブラシザトウムシでもさらなる分布確認調査が必要である。

クメコシビロザトウムシは沖縄県久米島の3つの石灰洞で発見されているが，うち1洞は石灰岩採掘で消失し，残りの2洞のうちの1つ（ヤジャーガマ洞穴）も観光入洞者の増加で環境が変化している。当地で2009年に筆者が探索したときには本種は発見できなかった。日本産ザトウムシの中ではもっとも絶滅が心配される種で，環境省のレッドリストでは絶滅危惧II類に指定されている（鶴崎，2014）。

## 12. まとめ

以上，本章の後半ではザトウムシとしてはあまり典型的でない（つまり森林以外の）環境に出現する種を紹介してきた。奥山に分け入りスギ林やブナ林で樹幹上にザトウムシの姿を追い，倒木を見つけるとそれをおこしてその下で緩慢に動く小型種を見つけ採りし，ときにはシフターで落葉をふるう。これが，野外でザトウムシ研究者がとる典型的な行動パターンである。多足類研究の草分けである故三好保徳博士は，1940年代前半に，愛媛県松山市南方の皿ヶ嶺の風穴（「かざあな」と読む。標高950 m）のスギ林を舞台にザトウムシ類の分類と生活史を研究したが，あるエッセイを書いたときのペンネームは「杉本探」だった（鶴崎，1996）。実は，松山市出身の筆者も高校生の頃にこの山でザトウムシの採集をはじめたが，この山の風穴付近のスギ林（図3B）や，そこから尾根まであがったところに広がるブナ林（図5A）が本類の生息に理想的な環境であることを知ったのはもう少しあとになってからである。今思うと幸運なスタートだったかもしれない。

ともあれ，以上が典型的な行動方針であるので，人里近くの竹林，河川敷，海岸，道路沿いの草地，などにはザトウムシの研究者はふつう出かけない。海岸性のヒトハリザトウムシでは，生息地は地形図を見るだけで見当がつき，実際に出かけると徒労に感じない程度の確実さで本種を発見できる。しかし，非典型的環境に出現する種の多くはそうではない。たとえばゴホントゲザトウムシは，人里近くのタケ林が目印だが，分布が局地的で，生息地は簡単には見つからない。このような種の生息情報の蓄積には，多くの方の協力が不可欠である。幸い，このような特殊な環境に出現する種には姿のよく似た近縁種は少なく，写真のみでも種まで同定できることが多い。デジタルカメラやスマートフォンや電子メールの普及で，分布情報の効率的な収集が容易になっていることはゴホントゲザトウムシの項にも書いたとおりである。本章で紹介した種の多くについて，既知採集地点をプロットした分布図を入れた。これらの分布図が，分布空白県での探索や，手持ちの採集データの公表に役立つことを期待したい。

（鶴崎展巨）

# Ⅲ．糸の活用

# 11 クモ糸の活用

赤と青のスーツを纏うアメリカン・コミックスのヒーローが，猛スピードで暴走する電車をクモ糸で止めてしまうシーンがある。空想の中の作り話かと思いきや，現実世界でも理論的には可能だと言う（Bryan *et al.*, 2012）。電車どころか，直径 1 cm のクモ糸があればジャンボジェット機まで止められると言うから，驚きだ。

クモ糸は地球上で最も強靭な繊維として知られており，「鋼鉄よりも強い」というキャッチフレーズと共に，長年実用化が期待されてきた天然材料である。一方，人々の期待とは裏腹に，肉食性で縄張り意識の強いクモをカイコのように家畜化することは難しく，未だ量産化には至っていない。こうした中，近年，バイオテクノロジーを駆使してクモ糸を人工的に合成する技術が研究，開発され，実用化の道が見え始めている。

スパイバー社も，そんな夢の技術の開発に取り組むベンチャー企業のうちの一社である。事故時の衝撃を吸収する自動車。開存率の高い極細人工血管。人に怪我をさせない衣服。本章では，クモ糸の優れた特性と，その人工合成技術についてご紹介し，クモ糸の実用化が実現する未来を想像したい。

## 1．クモ糸との出会い

クモ糸と聞いて，芥川龍之介の小説『蜘蛛の糸』を連想される方は少なくないと思う。筆者らも，この小説にはちょっとした思い出がある。クモ糸研究を始めたきっかけとも関連するので，自己紹介もかねてそこから話しを進めてみたい。

スパイバー社は，慶應義塾大学の学生だった筆者らとその友人で，クモ糸の実用化を目指し設立されたベンチャー企業である。法人化したのは 2007 年のことであったが，研究プロジェクト自体の誕生はそこからさらに遡ること 3 年，2004 年の夏のことであった。大学のゼミ合宿に参加していた筆者らは，「地球上で最強のムシは何か？」という話題で盛り上がっていた。ムシは，何億年も姿形を変えていない。それは，ムシが地球上で最も洗練された生物である証であり，その機能を対象とすれば，面白い研究ができるかもしれない。そんな話から始まった。「スズメバチの毒は象も倒すらしい」など，参加していた学生・教員からさまざまなムシ雑学が飛び交う中，ふと「そういえば，クモ糸は凄まじく強いと聞いたことがある」と誰かが言った。「それを実用化できれば，ものすごいビジネスになるのではないか？」と話は膨らみ，「じゃあ社名は，スパイダーとファイバーで『スパイバー』だ！」と，すかさず社名のアイディアまで出てくる。明け方の3時，4時くらいのことだったと思う。こんな話しの中で，スパイバープロジェクトは生まれた。

クモ糸は本当に強いのか？　ならばなぜ，絹のように製品化されていないのか？　さまざまな疑問を抱いた筆者らは，まずはクモ糸の性能や産業化の可能性について徹底的に調べようと思い，合宿の翌日にはもう，大学の図書館に足を運んでいた。図書館のパソコンの前に座り，「蜘蛛の糸」と検索ワードを入力してみると，意外や意外，実に多くの文献がヒットするではないか。「どうやらかなり研究が進んでいるようだ。競合は多いに違いない」と，気持ちが焦る。しかしそう思うも束の間，よく見てみると，そのほとんどが芥川龍之介の小説，及びその論評本であることに気がつく。日本で蜘蛛の糸と言えば，先端科学ではなく，文学だったのだ。安堵と落胆が入り交じった心境の中，将来，笑い話の一つにでもなるかなと思い，小説を手に取って読んでいたのを覚えている。筆者らのクモ糸研究は，「芥川龍之介」から始まった。

## 2. クモ糸は「世界一タフ」な繊維

クモ糸は強いと言われるが，具体的にどんな力学的特性を持った繊維なのだろうか。そもそも繊維の力学的特性と言うのは実に奥が深く，単純に「強い」とか「弱い」という表現で片付けられるものではない。例えば強度も，引張りに対する強さ，曲げに対する強さ，圧縮に対する強さなどがあるし，繊維が変形する速度によってもこれらの数値は変わってくる（歪み速度依存性）。クモ糸は，ややもすると「引張り強度」だけが注目されがちであるが，実はそれだけの糸ではない。ここでは，クモ糸の代名詞とも言える「タフネス（靭性）」と「歪み速度依存性」という2つの物性について紹介したい。

### (1) タフネスとは

繊維の基本的な力学的特性は，一般的に「応力―歪み曲線（Stress-strain curve，以下 S-S 曲線）」というもので表される。S-S 曲線とは，荷重 F を繊維の断面積で除した値（公称応力）を縦軸に，繊維の長さの変化量を元の長さで除した値（公称歪み）を横軸にとって，繊維に歪みが生じた場合の応力の変化を表したものである（図 1）。難しく考える必要はなく，ようは繊維が切れるまで引っ張った際に，どのくらい伸びて，どのくらいの強さを示したか，ということをグラフにしたものだ。この曲線において，初期の傾きを「初期弾性率」といい，繊維の変形しにくさ（固さ）を示す指標となる。また，一般的には最大の応力を示した点を「強度」，破断するまでの伸びを「伸度」とよぶ。そして，S-S 曲線に囲まれた面積（S-S 曲線の積分値）が，繊維が破壊に至るまでに必要としたエネルギーに相当し，これを「タフネス」とよぶ。

タフネスは，材料の粘り強さや，衝撃吸収性の指標となる大切な物性値である。タフネスは S-S 曲線の積分値であり，強度と伸度の両方が高くなければタフネスも高くなりにくい。一方，一般的に材料の強度と伸度は，一方を追求すれば他方が犠牲になるような関係にあり，これらを両立した材料の設計・開発は非常に難しいと言われている。例えば炭素繊維のような高強度材料は，強度はあるが伸度が出ず，縦長の S-S 曲線となる。またゴムのような材料は，伸度はあるが強度が出ず，横長の S-S 曲線となる。こうした中，クモの命綱である「牽引糸」とよばれる糸は，弾性率，強度，伸度をバランスよく兼ね備えた素材であり，結果として極めて高いタフネスを実現している。

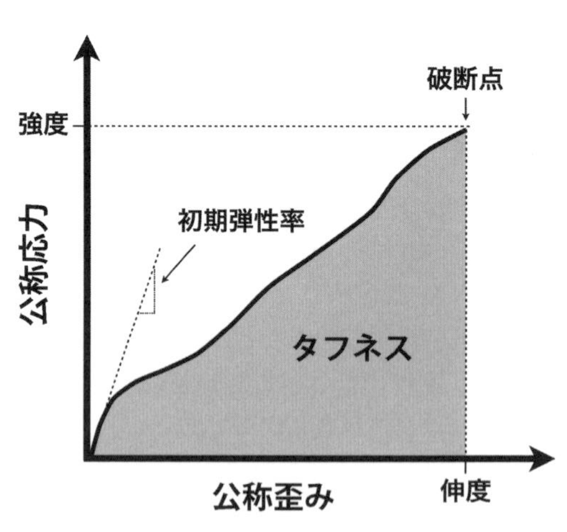

図 1 S-S 曲線の模式図.

表 1 に，実際のクモ牽引糸の力学的特性を示し，他の繊維と比較してみた。ご

表１　各種繊維の物性比較表.

| 材料 | 初期弾性率 (GPa) | 強度 (MPa) | 伸度 (%) | タフネス ($MJ/m^3$) | 引用文献 |
|---|---|---|---|---|---|
| クモ牽引糸 (コガネグモ科の一種) | 11 | 1,652 | 52 | 354 | Agnarsson *et al.* (2010) |
| 絹 | 7 | 400 | 14 | 70 | Gosline *et al.* (1999) |
| ケラチン | 0.5 | 200 | 50 | 60 | Gosline *et al.* (1999) |
| ナイロン | 5 | 950 | 18 | 80 | Gosline *et al.* (1999) |
| 合成ゴム | 0.001 | 50 | 850 | 100 | Gosline *et al.* (1999) |
| 炭素繊維 | 300 | 4,000 | 1.3 | 25 | Gosline *et al.* (1999) |
| アラミド繊維 | 130 | 3,600 | 2.7 | 50 | Gosline *et al.* (1999) |
| 高張力鋼 | 200 | 1,500 | 0.8 | 6 | Gosline *et al.* (1999) |

覧の通り，強度だけ見ればクモ糸は炭素繊維などには敵わないし，伸度だけ見れば，ゴムのような材料には敵わない。しかし，それらをバランスよく合わせもった結果，クモ糸が圧倒的に高いタフネスを示すことがおわかりいただけると思う。クモ糸は，世界で最も高いタフネスをもつ繊維なのである。

## (2) 高速歪み時における性能

クモ糸のもう一つの特徴として，「歪み速度依存性」が挙げられる。材料の物性は，その材料が変形する速度によって変化することがある。すなわち糸を速く引っ張った時と，ゆっくり引っ張った時で，強度や伸度が変わり得るということだ。クモ糸は特にその傾向が顕著であり，高速歪み時において強度，伸度，弾性率，タフネスなどの物性値が著しく向上することが知られている。1976年にDennyが行った実験を紹介しよう（Denny, 1976）。Dennyはオニグモの一種 *Araneus sericatus* の牽引糸を2.5 cm切り取って測定器にセットし，3段階の異なる速度で引っ張った。その結果，0.0005 $s^{-1}$（1秒間に繊維が元の長さから0.0005倍伸ばされることを意味する），0.002 $s^{-1}$，及び0.024 $s^{-1}$と引張り速度が上昇するに伴い，繊維強度が650 MPa，720 MPa，1,120 MPaと上昇すること，及び伸度と初期弾性率も僅かに向上し，結果と

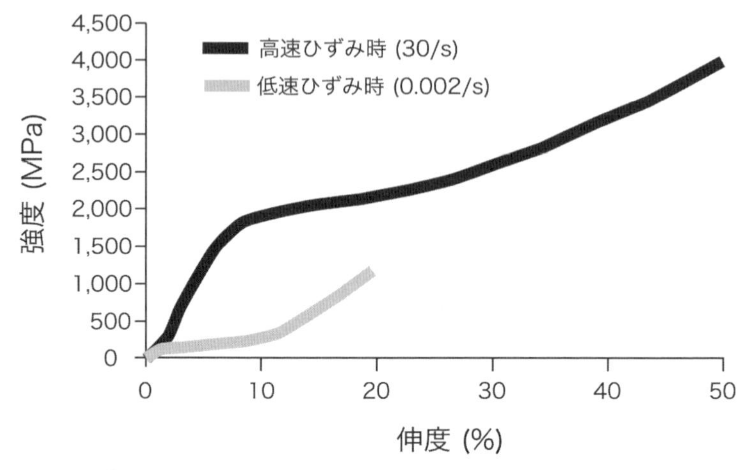


**図 2**　高速ひずみ時におけるクモ牽引糸の S-S 曲線（Gosline *et al.*, 1999）.

してタフネスも 91 MJ / m³，106 MJ / m³，及び 158 MJ / m³ と約 1.5 倍上昇することを発見した。

2.5 cm 長の繊維を 0.024 $s^{-1}$ で引っ張った際の速度は約 0.0021 km / h となる。恐らく 1976 年当時は測定器の限界もあり，それ以上の高速歪みをかけることができなかったのだろう。一方，1999 年になると，よりクモが落下する際の速度や，獲物が網にかかる際の速度に近い高速歪みをかけられる測定器

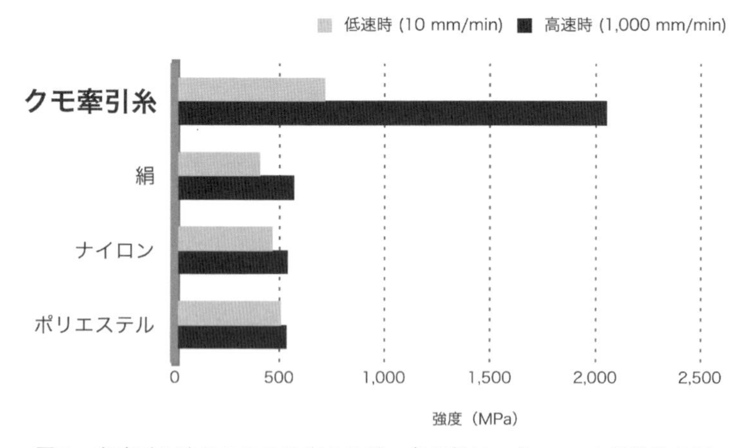


**図 3**　高速歪み時における強度の比較．各繊維につき 2 cm の試験片を用意し，引張り試験機にて測定（n=5）.

が準備され，実験が行われた（Gosline *et al.*, 1999）。その際の S-S 曲線が図 2 である。驚くべきことに，実験に使われたニワオニグモ *Araneus diadematus* の牽引糸は，30 $s^{-1}$ という高速歪み時に 4,000 MPa 以上の強度と，1,000 MJ / $m^3$ ものタフネスを示すことが報告された。4,000 MPa という強度は，炭素繊維やケブラー（アラミド繊維）に匹敵するものである。

このような歪み速度依存性は，少なくとも同じ天然繊維である絹や，ポリアミド繊維であるナイロンなどでは確認されない（図 3）。なぜクモ糸だけがこのような特性を示すのか。一説には，高速で飛来する獲物を捉えるために糸を進化させたのではないかと言われている。しかし，詳細な分子メカニズムについてはほとんどわかっていない。一方，世の中を見渡してみれば，防弾チョッキやヘルメット，自動車のボディや携帯電子機器の筐体等々，タフネスが求められる部材・製品が数多くあり，そのほとんどが高速歪みにさらされるモノであることに気がつく。クモ糸を実用化し，タフネスと高速歪み特性に優れた材料を実現することは，今，社会から強く求められているテーマと言えそうだ。

### (3) ジャンボジェット機を止められる？

クモ糸の直径はおよそ 3.5 〜 5 μm と非常に細く，人間の髪の毛の 1 / 20 程度しかない。そのため，自然界のクモ糸を引っ張ればいとも簡単に切れてしまい，その強度やタフネスを実感しにくい。そんな中，誰かがこんな例え話を作った。「直径 1 cm のクモ糸があれば，飛んでいるジャンボジェット機も捕らえられる」と。とても強烈で心に残るフレーズだが，一体誰が言い出したのか，情報の出所は定かではない。筆者も何度か調べてみたが，残念ながら元の文献に辿り着くことはできなかった。そこでここでは，1 cm のクモ糸で本当にジャンボジェット機が捕らえるのかどうか，独自に計算してみることにする。

まず，フックの法則にクモ糸の初期弾性率を適用すると，下記の公式が成り立つ。

$$\Phi = \sqrt{\frac{4mv_0^2}{\pi NY\tau\varepsilon^2 l_0}} \quad \left(\tau = \frac{2T}{Y\varepsilon^2}\right)$$

ここで，ジャンボジェット機の重量と速度は Boeing 社の 747 をモデルとし，質量 m を 747 の空虚重量である 180 t，初速度 $v_0$ を離着時速度の 280 km / h とする。クモ糸の物性は Gosline らが観測した高速歪み時の S-S 曲線から値を参照し（Gosline *et al.*, 1999），初期弾性率 Y に 25.4 GPa，伸度 $\varepsilon$ に 0.5（50%）を代入する。ここで $\tau$ とは真のタフネス T（1,000 mJ / $m^3$）への補正係数である。また，網の縦糸の本数 N を 30 本とし，網の大きさは直径 500 m（$l_0$ は 250 m となる）とする。なおこの計算は，網のサイズ（$l_0$）をどう設定するかで結果は大きく変わる。しかし，天然のクモの網とそこに捉えられる獲物のサイズ比を想像すると，機体長 70 m のジャンボジェットを捉えるのに 500 m の網を用意するのは，妥当な仮定と言えるだろう（図 4）。なおここで，横糸に関しては考慮しないものとし，また飛行機の衝撃は網の中央一点に集中するものと仮定する。これらの条件で繊維直径 Φ を求めると，0.989 cm となった。直径 1 cm のクモ糸で網を張ればジャンボジェッ機をも止められる，という話しは，成り立った。

次に，同様の条件で炭素繊維（Y ＝ 300，E ＝ 0.013，$\tau$ ＝ 0.962）の物性を入力し，計算してみた。すると，クモ糸であれば 1 cm の糸径でキャッチ

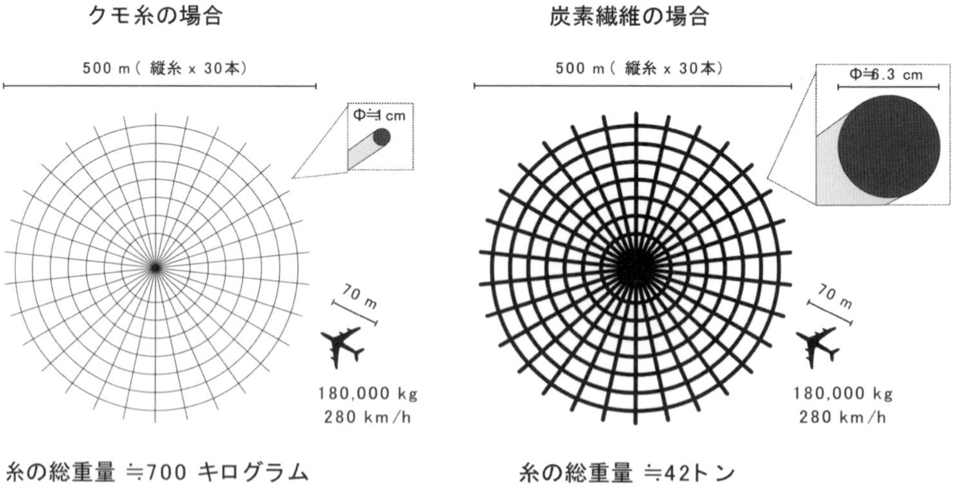

クモ糸の場合
500 m（ 縦糸 x 30本）
Φ≒1 cm
70 m
180,000 kg
280 km/h
糸の総重量 ≒700 キログラム

炭素繊維の場合
500 m（ 縦糸 x 30本）
Φ≒6.3 cm
70 m
180,000 kg
280 km/h
糸の総重量 ≒42トン

**図 4**　ジャンボジェット機を止めるのに必要なクモの網サイズ．

できるのに対して，炭素繊維の場合は6.334 cmもの糸径が必要であることがわかった。さらに，炭素繊維の比重はクモ糸よりも約1.4倍大きい。180トンのジャンボジェット機を止めるための糸量を比較すると，クモ糸が約700 kgであるのに対して，炭素繊維が約42 t必要になる計算となる（図4）。同じだけの衝撃を吸収するのに，理論的にはクモ糸は炭素繊維の約1 / 60の重量ですむのだ。これを工業材料として応用できれば，さまざまな製品の劇的な小型化・軽量化に寄与するに違いない。

## 3. クモは糸作りの天才職人

クモが自身の命綱として紡ぐ牽引糸が，タフネスと「高速ひずみ時の性能」に優れた繊維であることをご紹介してきたが，クモ糸を研究する面白さはそれだけにとどまらない。

大きく羽ばたく虫がネバネバのクモ糸に絡めとられる一方，自由に動き回るクモ自身が，自分の網に決して引っ掛からないことを不思議に思ったことはないだろうか。大変面白いことに，実はクモは，用途に応じてさまざまな機能の糸を作り分けており，自分の足場となる部位には「ネバネバしない糸」を張っている。ネバネバの有無のみならず，強い糸，伸びる糸，固い糸など，クモは実にさまざまな糸を作り分けている。そのメカニズムを解明し，人工的に再現できれば，ニーズに応じてオーダーメードで繊維を供給できる次世代の「多品種少量工場」が作れるかもしれない。ここではそんな夢の技術をクモから学んでみたい。

### （1） クモ糸の多様性

クモは用途に応じて，複数種類の糸を作り分けることで知られている。図5に一般的なクモの網の模式図を示したが，この中だけでも縦糸，横糸，枠糸，繋留糸，牽引糸など，物性の異なる実に多様な糸を観察することができる。これらの糸の中で，特に顕著な物性差を示すのが縦糸と横糸だ（図6）。網の構造を維持する役割を持つ縦糸は，低伸度かつ高強度の糸が使われる。一方，獲物が引っ掛かる横糸（ネバネバ成分が付いているのは横糸だけで，クモは移動する際は縦糸を選んで歩く）には，ゴムのような高伸度な糸が使われる。横糸と縦糸の伸度の差は実に10倍もある。また，縦糸は引張りに対

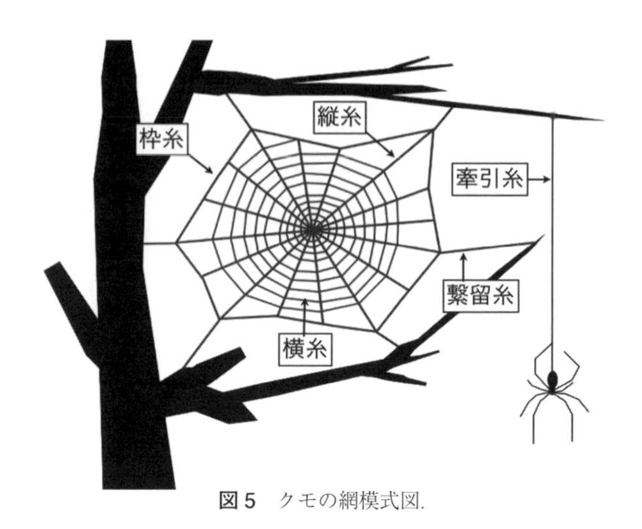

図５　クモの網模式図.

して塑性変形（一度伸びたら元に戻らない変形）するのに対して，横糸は弾性的な変形（伸びても力を除けば元の長さに戻る変形）を示すことも知られている。横糸は，暴れる獲物が疲れるのを待つべく大きく伸びるようになっているのだろう（宮下，2000）。

これほど性質の異なる糸を人間が作ろうと思ったら，原料も生産プロセス

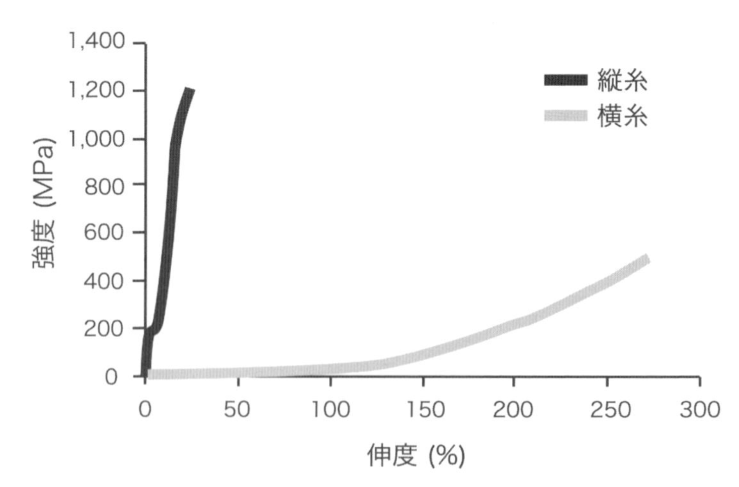

図６　横糸，縦糸の物性比較（Omenetto & Kaplan, 2010）.

も何もかも，異なる技術・工程になるに違いない。一方，クモはタンパク質という同一の高分子材料を使い，「出糸突起」と呼ばれる腹部先端に隣接する穴から，これほど多様な糸を紡ぎ分けている。それも常温，常圧で，特別な化学薬品を使うこともなく。これを「糸作りの天才」とよばず，何とよぼうか。

### (2) タンパク質

クモ糸の驚くべき多様性，その秘訣は，クモ糸の主成分となるタンパク質という高分子に隠されている。タンパク質は，化学的性質の異なる20種類のアミノ酸がペプチド結合（アミド結合）により直鎖状に連結された生体高分子であり，そのアミノ酸の並び方（配列）や重合度を変えることで，多様な機能を持たせることができる。例えば人間では，アミノ酸配列や分子量の異なる10万種類以上のタンパク質が細胞の中で作られており，それらは時に化学反応の担い手として，時に細胞間の情報伝達物質として，時に爪や毛などの構造物として，さまざまな役割を果たしている。

クモ糸の主成分も,「フィブロイン」とよばれるタンパク質である。クモは，複数種類のフィブロインを腹部にある分泌腺の中で作り，それらをブレンドするなどして，さまざまな機能の糸を紡ぎ分けている（Vollrath & Knight, 2001）。一例として，図7にクモ牽引糸の主成分となるフィブロインの特徴を示す。クモ牽引糸のフィブロインは，グリシンやプロリンというアミノ酸に富む「ソフトセグメント」とよばれる領域と，アラニンというアミノ酸が連続して並ぶ「ハードセグメント」とよばれる領域が1つのモチーフとなり，それが何度も繰り返す構造になっている。過去の研究から，ハードセグメント領域が互いに水素結合による強固な結晶（β-plated-sheet crystal）を形成することで，繊維の強度や弾性率に寄与していることが示唆されている（Termonia, 1994）。一方，ソフトセグメント領域は結晶化せず，$3_1$-ヘリックスやβスパイラルと呼ばれる状態で繊維中に存在し，これらが分子レベルでバネのような役割を果たすことで繊維の伸度に寄与していると考えられている（Hayashi & Lewis, 1998; van Beek *et al.*, 2002）。

上記のモデルが正しいとすれば，ハードセグメント中のアラニンの数を増やしたり減らしたりすれば，伸度や強度をコントロールできるような気がし

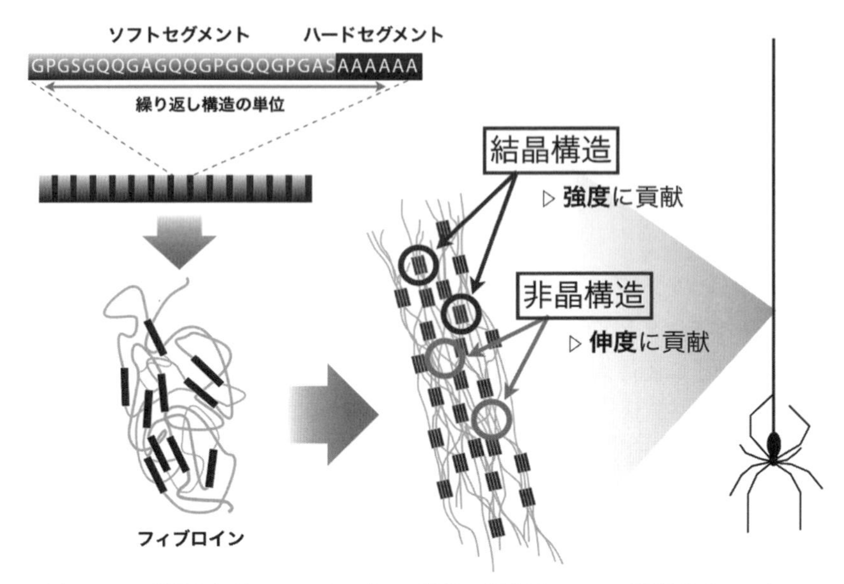


**図 7**　クモ牽引糸とそのフィブロインの特徴の概念図．アミノ酸配列はニワオニグモ *Araneus diadematus* の牽引糸に含まれるフィブロインの一部を示している．タンパク質を構成するアミノ酸は一文字の略号で示すことができ，G はグリシン，P はプロリン，S はセリン，Q はグルタミン，A はアラニンに対応する．

ないだろうか。面白いことに，高伸度繊維の代表である横糸を構成するタンパク質を観察すると，アラニンからなるハードセグメントは存在せず，グリシンやプロリンに富むバネ領域が全体の大半を占めていることが報告されている（Becker *et al.*, 2003; Heim *et al.*, 2010）。

タンパク質は，生命が発明した究極のデザイナブルポリマーだ。20 種類のアミノ酸の中には，側鎖にアミノ基やカルボキシル基を持つものや，水酸基やフェノール基を持つもの，チオール基を持つものなど，実に多様なパターンが含まれる。上述した横糸・縦糸のような物性制御の他に，こうしたアミノ酸の含量や配置を分子内で制御することで，繊維にさまざまな機能を付与できるのではないか，と夢が膨らむ。クモや大自然からそのデザインを学び，タンパク質を人工的に合成・量産する技術が確立できれば，従来の高分子材料の常識に捉われない，全く新しいものづくりの時代が拓ける。そんな気がしてこないだろうか。

## 4. クモ糸実用化に向けた世界の先端研究

これほど素晴らしい性能や可能性を秘めたクモ糸であるにも関わらず，なぜ大量生産されていないのか。カイコが紡ぐ「絹」は年間10万t以上も流通しているというのに，クモ糸で作られた服など1着も売っていない。その理由を調べて行くと，実に単純な答えたどり着く。クモはカイコと違って肉食性で縄張り意識も強く，家畜化が困難なのだ。また，紡ぐ糸が多様なため，均質な糸の回収も難しい。

一方，こうした困難を乗り越えるべく，長年研究者達はクモ糸量産化に向け必死に研究を続けてきた。その結果，近年では人工的なクモ糸合成技術が確立されはじめており，さまざまな製品も提案されはじめている。ここではクモ糸の人工合成技術と，クモ糸応用の可能性について，世界の先端技術や筆者らの取り組みも交えてご紹介したい。

### (1) クモ糸を人工合成するということ

クモ糸の主成分でもあるタンパク質は，20種類のアミノ酸の並びや重合度が厳密に制御された高分子であり，そのアミノ酸配列を変えることによって，さまざまに機能を変化させることができることをご紹介した。ここで，タンパク質が細胞内で合成される際に，数千ものアミノ酸の並びが正確に指定されることを不思議に思わないだろうか。これを可能にしているのが，遺伝子とよばれる設計図の存在だ。全ての生物のDNAの中には遺伝子とよばれるタンパク質の設計図がコードされている。タンパク質の種類ごとに異なる設計図が存在しており，それを細胞の中のタンパク質合成工場（リボソームとよばれる）まで持ち込むと，設計図通りのタンパク質が合成される仕組みになっている。面白いことに，人間も虫も微生物も，地球上の全ての生物の設計図は共通の言語で記載されており，例えばクモ糸の遺伝子を微生物に導入すると，微生物細胞の中でもクモ糸のタンパク質を作ることができるようになっている（OSとソフトウェアの関係に似ている。全ての生物は共通のOSを持っているため，ソフトウェアを使い回すことができる。)。

遺伝子をある生物の細胞から取り出してきて，それを他の生物の細胞に導入（遺伝子組換え）したり，遺伝子そのものを人工的に合成したりすること

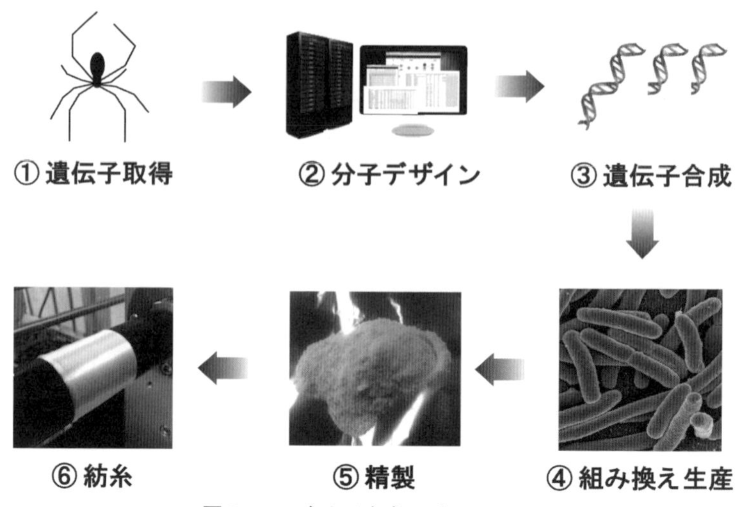


**図8**　クモ糸人工合成のプロセス図.

は，今ではそれほど難しいことではなくなってきている。近年，こうした技術を使って，クモ糸のフィブロインを微生物や植物に作らせ，糸を人工合成しようとする試みが進められているのだ。

図8に，クモ糸を人工合成する際の一般的な流れを示す。まずフィブロインの遺伝子情報を天然のクモから読み取り，その情報に基づいて遺伝子を合成する。通常ここで，フィブロインのアミノ酸配列／遺伝子配列を，計算機などを用いてホストとなる生物（遺伝子が導入される側の生物）にとって生産し易い状態にデザインし直すこと，つまり具体的には分子量や使用されるアミノ酸含量の偏りの修正などが試みられる。次に，デザインし直した遺伝子をホストに導入し，ホストを培養／飼育することで，ホスト体内でフィブロインを生産させる。その後，ホストが十分にフィブロインを作ったと判断した段階で，ホストの体内などからフィブロイン成分のみを回収することが試みられる。最後に，回収されたフィブロインは液状もしくは粉末状などで得られるため，それらを人工的に紡糸することで，糸が完成する。

飼育が困難なクモ自身に糸を作らせるよりも，管理・量産が容易な微生物や植物にフィブロインを作らせ糸を人工合成した方が，価格や品質面で優位になると考えられている。まさにバイオテクノロジーの進歩が可能にした，21世紀の技術といえる。

## (2) クモ糸フィブロイン生産の多様なアプローチ

クモ糸の人工合成研究が本格化したのは1990年代半ばのことであり，それ以降，実に多くの研究者らがさまざまなフィブロイン生産アプローチを試行錯誤してきた（Rising *et al.*, 2011）。例えば大腸菌などの微生物に作らせるオーソドックスなものから，タバコやポテトなどの植物に作らせる方法，カイコに遺伝子組換えし，絹糸をクモ糸に変えてしまう技術，はたまたマウスの乳腺に遺伝子組換えし，お乳からフィブロインを絞り取る技術など，アイディアは多岐にわたる（表2）。

なぜこれほど多様な生物種がホストとして検討されてきたかというと，その理由の一つに「分子量と生産性の両立」という課題があったことが挙げられる。フィブロインの分子量はおよそ25万Da～30万Da（単位はダルト

**表2** 過去に試みられたクモ糸遺伝子とホストの組み合わせ.

| ホスト | クモ生物種名 (タンパク質名) | 引用文献 |
|---|---|---|
| 大腸菌 (*Escherichia coli*) | ニワオニグモ (ADF3 & 4), キマダラコガネグモ (*Argiope aurantia*) (MaSp1), キシダグモ科の一種 (*Euprosthenops australis*) (MaSp1), ジョロウグモの一種 (*Nephila antipodiana*) (TuSp1), アメリカジョロウグモ (*Nephila clavipes*) (MaSp1 & 2, Flag), ショクヨウジョロウグモ (*Nephila edulis*) (MaSp1 & 2) | Xia *et al.* (2010), Sponner *et al.* (2005), Prince *et al.* (1995), Lin *et al.* (2009), Stark *et al.* (2007), Teule *et al.* (2009), Huemmerich *et al.* (2004) |
| サルモネラ菌 (*Salmonella typhimurium*) | ニワオニグモ (ADF1, 2 & 3) | Widmaier *et al.* (2009) |
| ピキア酵母 (*Pichia pastoris*) | アメリカジョロウグモ (MaSp1) | Fahnestock & Bedzyk (1997) |
| 動物細胞 (*MAC-T, BHK, COS1*) | ニワオニグモ (ADF3), アメリカジョロウグモ (MaSp1 & 2), キシダグモ科の一種 (*Euprosthenops sp*) (MaSp1) | Lazaris *et al.* (2002), Grip *et al.* (2006) |
| 昆虫細胞 (*Spodoptera fruiperda*) | ニワオニグモ (ADF3 & 4), オニグモ (*Araneus ventricosus*) (Flag) | Huemmerich *et al.* (2004), Lee *et al.* (2007) |
| タバコ (*Nicotiana tobaccum*) | アメリカジョロウグモ (MaSp1 & 2) | Scheller *et al.* (2001), Menassa *et al.* (2004) |
| ポテト (*Solanum tuberosum*) | アメリカジョロウグモ (MaSp1) | Scheller *et al.* (2001), Scheller *et al.* (2004) |
| シロイズナズナ (*Arabidopsis*) | アメリカジョロウグモ (MaSp1 & 2) | Yang *et al.* (2005) |
| マウス (*Mouse*) | アメリカジョロウグモ (MaSp1) | Xu *et al.* (2007) |
| 蚕 (*Bombyx mori*) | ジョロウグモ (*Nephila clavata*) (MaSp1) | Wen *et al.* (2010) |

ンと読み，$^{12}$C 原子の質量の 1 / 12 と定義されている）であり（Ayoub *et al.*, 2007），これは微生物タンパク質の平均的な分子量が数万 Da であることを考えると，非常に大きい。タンパク質を高分子化させることは繊維強度を担保するための重要な要素であると考えられている一方（Xia *et al.*, 2010），微生物では高分子量タンパク質の生産性が著しく落ちることも知られている（Fahnestock *et al.*, 2000）。すなわち，繊維機能と生産性が，トレードオフの関係になってしまっていたのである。そのため，大きな分子量のフィブロインを最も効率よく生産できるホストの探索が，植物や動物も含め進められてきた。

こうした中，2010 年に Xia らは，大腸菌を遺伝子工学的に改良することによって 28 万 Da もの高分子量フィブロインを大腸菌に生産させることに成功した（Xia *et al.*, 2010）。このような最新の成果に加え，遺伝子組み換えの容易性という利点も踏まえると，微生物による生産が他を一歩リードしているようには感じられる。しかし，ホスト選びはターゲットとする用途やコスト目標，将来ビジョンなどによっても選定基準が変わるものであるし，遺伝子の種類との相性もあるため，一つの正解があるというものでもない。今後もさまざまなホストが試され，機能性と生産性を両立する技術がより高度化されることが期待される。

### （3）クモ糸フィブロインの繊維化アプローチ

フィブロインの生産方法の多様性とは一転して，繊維化プロセスは，それほど選択肢は多くない。一般的にクモ糸の人工紡糸は，フィブロインを何かしらの良溶媒（基質が溶け易い溶媒）に溶かした後，その溶液をノズルから貧溶媒（基質が溶けにくい溶媒）に向かって押し出すことでフィブロインを凝固（繊維化）させる「湿式紡糸」と呼ばれる方法が用いられる。ここで，一般的に良溶媒には HFIP（ヘキサフルオロイソプロパノール）や蟻酸などの溶媒が用いられることが多く，貧溶媒には MeOH やイソプロパノールなどのアルコール類が用いられることが多い（Lewis *et al.*, 1996; Lazaris *et al.*, 2002; Xia *et al.*, 2010; An *et al.*, 2011）。紡糸方式には湿式紡糸の他に，「溶融紡糸」や「乾式紡糸」などの方法が存在するが，融点よりも分解点の方が低いタンパク質は溶融紡糸が適応できないし（Cebe *et al.*, 2013），またフィブロインを溶かすことのできる溶媒や条件も限られているため，必然的に紡糸方法が限定される結果となっている。

天然のクモは，フィブロインを水溶液中に高濃度に溶かすことで，乾式紡糸と呼ばれる方法でタンパク質を繊維化している（Vollrath & Knight, 2001）。どうして天然のクモと同じ方法で紡糸しないのか，と思われるかもしれないが，そう簡単ではないのだ。なぜクモがフィブロインを水溶液に高濃度に溶かせるのか，なぜ乾式紡糸であれほどの力学的特性を出せるのかなど，未だわかっていないことが多い。しかし，悲観的なことばかりではない。クモとは別の方法でも，クモと同等程度の応力やタフネスを有した繊維を紡糸できることも報告されはじめている（Xia *et al.*, 2010; 関山ら，2012）。また人工紡糸をすることで，人間には天然のクモにはできない加工を施すことだってできる。例えば，クモ糸の中に亜鉛やチタン，アルミニウムなどを添加することで劇的に繊維強度を上げられることが報告されているし（Lee *et al.*, 2009），クモ糸表面にカーボンナノチューブをコーティングする技術も報告されている（Steven *et al.*, 2013）。天然を超える人工クモ糸繊維が実現するのは，もはや時間の問題だろう。

### （4）実用化に向けた動向

クモ糸人工合成の基礎研究が本格化してから20年が経とうとしている今，そこから得られた成果をビジネスに結びつけるべく，世界中でベンチャー企業が立ち上がり始めている（表3）。大きな目で見れば，クモ糸の実用化研究は最終段階を迎えていると言えそうだ。

一体，人工クモ糸はどんな製品に使われようとしているのだろうか。米国におけるクモ糸関連特許公開出願数を分析すると，上述したベンチャー企業がメディカル関連製品をターゲットにしていることが透けて見えてくる（図9）。その内訳を見てみるとまず，人工血管，人工骨，人工靱帯，心臓弁，及び縫合糸など，人の体内に入り込む製品が目に付く。これらの製品には，構造物としての適度な強度，血圧の上下や人間の動きに追従するための適度な伸縮性，及び人体組織に馴染むための生体適合性などの特性が求められており，クモ糸はそれらを満たす材料として，応用が期待されている。例えば，口径が4 mm以下の小口径人工血管は，心臓バイパス手術などで高いニーズ

表3 人工クモ糸関連のベンチャー企業.

| 会社名 | 国 | 特徴 |
|---|---|---|
| Arakniteck | アメリカ | 2012年にユタ大学からスピンオフしたベンチャー企業。ヤギを使ったフィブロイン生産を特徴とする。 |
| Refactored Materials | アメリカ | 2009年にカルフォルニア大学からスピンアウトしたベンチャー企業。サルモネラ菌を使ったフィブロイン生産を特徴とする。 |
| OxfordBiomaterials | イギリス | 2001年にオクスフォード大学からスピンオフしたベンチャー企業。トランスジェニックカイコを使った生産を特徴とする。人工血管や人工靭帯等への応用を検討しているとみられる。 |
| Nexia Biotechnologies | カナダ | 1993年に設立されたカナダのベンチャー企業。2005年にPharmAtheneに事業を売却し，2009年に倒産。 |
| Spiber Technologies ab | スウェーデン | 2008年にSwedish University of Agricultural Sciencesからスピンオフしたベンチャー企業。細胞培養用キット等を開発している。 |
| AmSILK | ドイツ | 2008年にミュンヘン工科大からスピンオフしたベンチャー企業。クモ糸フィブロインを含有した化粧品クリーム等を発表。 |
| Spintec Engineering | ドイツ | トランスジェニックカイコを使った生産を特徴とする。楽器の弦などへの利用を検討しているとみられる。 |
| Spiber | 日本 | 2007年に慶應大学からスピンオフしたベンチャー企業。世界初となる人工クモ糸製品「Blue Dress」を発表。年間10トンの生産能力を持つ拠点を建設。 |
| Xpiber | 日本 | 2014年にSpiberと自動車部品メーカーである小島プレス工業が共同で設立したジョイントベンチャー。 |

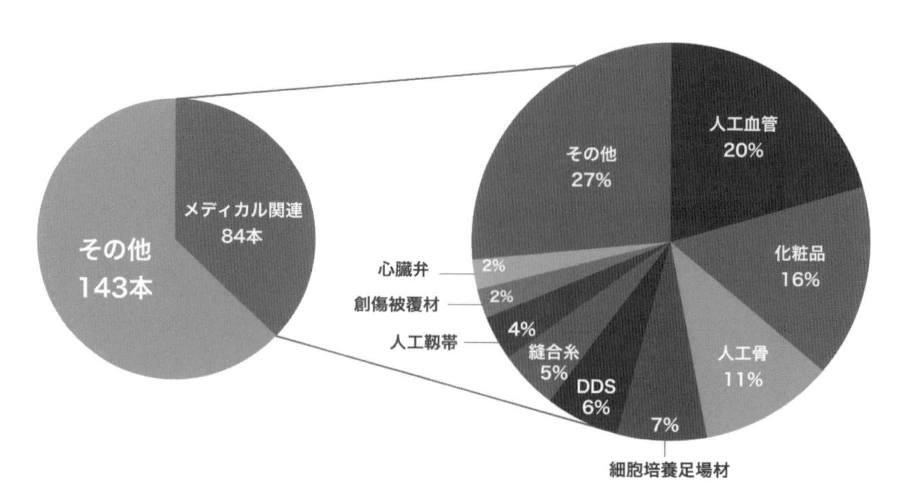


図9 米国におけるクモ糸関連特許の分類.

があるにも関わらず，血栓形成による閉塞のリスクが高く，既存材料では開発できないことが問題になっている。こうした製品を，クモ糸であれば実現できるかもしれないのである。

次に，化粧品や細胞足場材，DDS（薬の除放カプセル）などの特許が目立つが，これらはクモ糸を繊維として利用するのではなく，粉末や溶液などの他の形状での利用を模索したものである。例えば化粧品では，クモ糸フィブロインをファンデーションなどに混入することで，高い保湿効果が得られることが報告されている（Philippe *et al.*, 2001）。クモ糸フィブロインは分子の側鎖に水酸基が多く付いており，吸湿性が高い。そのことを利用した製品だ。また細胞培養足場材とは，例えばiPS細胞などの有益な細胞を培養し，増殖させるための基板であり，フィブロインがこうした用途として高い効果を示すことも基礎的な研究によって明らかになっている（Widhe *et al.*, 2010）。これらの製品は，AmSILKというドイツのベンチャー企業がすでに製品化しており，同社のHPからも購入することができる。

クモ糸の応用先としてメディカル製品がターゲットにされるのは，前向きな理由ばかりではない。人工合成することで実用化の道は見えてきたものの，タンパク質材料であるクモ糸を，既存の化学繊維と同じような量，同じようなコストで生産するのには，まだ多くの課題が残っていると考えられている。例えば，組換え生産によるフィブロインの生産効率は低く，原料を大量に取得できるプロセスも確立されていなかった。また，クモ糸を人工紡糸する際に主に用いられるHFIPなどの溶媒は，高価な上に人体への毒性や設備への腐食性の観点から取り扱いが難しく，プロセスをスケールアップするのは難しい。そのため，人工クモ糸の初期の応用先は，少量かつ高付加価値な医療用製品が本命であると考えられてきたのだ。

しかし，クモ糸の魅力であるタフネスや高速歪み時性能が求められているのは，メディカル用途だけではないはずだ。事故時の衝撃を吸収する自動車ボディや，転んでも怪我をしない衣服など，そんな未来の製品を見てみたいとは思わないだろうか。スパイバー社の特徴の一つは，この材料が工業材料として普及する時代を切り拓くべく，量産技術の開発に力を注いできたことにある。独自の分子デザイン技術や発酵・精製技術を確立したことで，フィブロインの生産効率と規模を飛躍的に向上させたほか（図10），HFIPに代

**図 10** スパイバーが生産したクモ糸フィブロイン原料.

**図 11** スパイバーで生産した人工クモ糸「QMONOS」.

わる安全・安価な有機溶媒による紡糸方法を確立し，紡糸プロセスのスケールアップ化に成功している。これらの成果により 2013 年，人工クモ糸「QMONOS」と（図 11），世界初の人工クモ糸製品「Blue Dress」を発表するにいたった（図 12）。さらに，同年には自動車部品メーカーである小島プレス工業（トヨタ自動車の Tier 1 メーカー）と共同で年産 10 トンの繊維製造能力を持った試作研究拠点「Prototyping Studio」を立ち上げ，人工クモ糸生産のスケールアップ化と製品開発に取り組み始めている（図 13）。そして 2014 年，スパイバー社と小島プレス工業社は合弁会社「Xpiber 社」を設立（資本金 4.5 億円），人

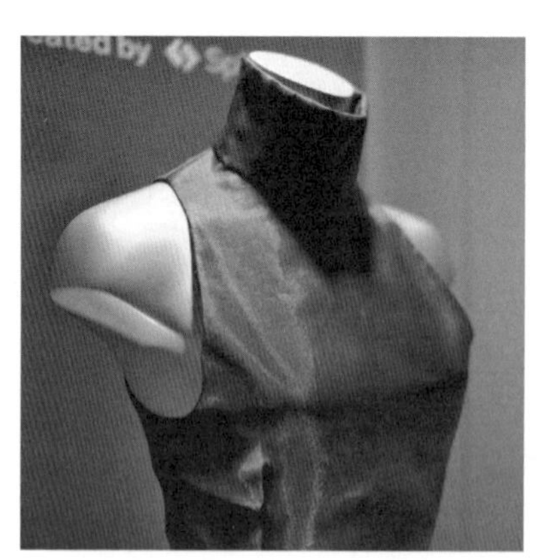

**図 12** 世界初の人工クモ糸製品「Blue Dress」.

**図 13** QMONOS の試作研究棟「Prototyping Studio」.

工クモ糸事業の加速に向けた体制を構築した。

世界各国のベンチャー企業が，独自の戦略に基づきクモ糸実用化事業に取り組んでおり，その競争は激しさを増している。クモ糸という次世代材料の実用化が，もうすぐそこまで来ていることを感じさせる。

## 5. 地球環境への貢献

人類が直面する地球規模の課題に取り組みたいということが，スパイバー起業時の思いの一つであった。クモ糸を事業のテーマにしたのは，その機能美やタンパク質という素材そのものが持つ無限の可能性に魅了されたのみならず，この材料を本当に大量安価に作ることができれば，地球環境の改善に大いに貢献できるのではないかと夢を感じたからである。まだ想像の域を出ない部分もあるが，最後に展望として，クモ糸の地球環境への貢献を議論したい。

繊維工業における製造のエネルギーコスト比率は鉄鋼業に次いで高く，例えばPAN系炭素繊維は1 kgの繊維を作るのに約30 kgの二酸化炭素を排出するなど，環境負荷が大きい（藤井ほか，2005）。また，ナイロンやポリエステル等，世の中で大量に消費される既存の汎用繊維のほとんどが原料を枯渇資源である石油に依存していることも，問題視されている。こうした中，微生物によって合成される人工クモ糸は，石油ではなく植物から作られる糖等のカーボンニュートラルな資源を原料とすることが可能であり，発酵を中心としたその生産プロセスは従来の化成品と比べ，圧倒的な低エネルギー生産を実現することが見込まれている。まさに，環境に優しい材料なのである。

また，例えばクモ糸を輸送機器産業に応用することが出来れば，世界全体の二酸化炭素排出量も大幅に減らすこともできるかもしれない。国土交通省の公表値によると，2012年時の我が国における運輸部門の二酸化炭素総排出量は2億2,600万tであり，これは，日本全体における二酸化炭素総排出量の約17.7%に該当する。この改善に向け，自動車の燃費向上のため金属車体材料を軽量な樹脂材料へ移行する試みが急速に進められている。特に注目されているのが炭素繊維強化プラスチック（CFRP）であり，一般的な乗用車の構造体（約1,350 kg）をCFRPに全て代替することで，車重を約500

kg 分軽量化することが可能であると言われている（松井・金原, 2010）。一方，炭素繊維のタフネスはそれほど高くはなく，乗員や歩行者の安全性の要求が高まっている昨今，衝撃吸収性という面でまだ改善の余地を残している。こうした中，CFRP の補強材としてクモ糸が活用できれば，CFRP 部品の衝撃吸収性等を飛躍的に向上させ，次世代自動車の安全性確保が実現するかもしれない。クモ糸は, CFRP の自動車産業への加速的な普及を実現する「キラーマテリアル」になり得るのだ。

機能性と環境性を兼ね備えた未来の材料，クモ糸。その夢の素材に今，多くの企業や研究者が集まり，実用化に向けた最後の挑戦に取り組んでいる。道のりは険しいが，この糸を掴んだ者同士が互いに協力し合うことさえできれば，成功は約束されているに違いない。なにせこの糸は，お釈迦様からの贈り物なのだから。

（菅原潤一・関山和秀）

## 引用文献


愛知県環境調査センター（2009）レッドデータブックあいち2009．649pp.

綾部慈子・金指　努・肘井直樹・竹中千里（2015）福島県北東部森林域に生息するジョロウグモの放射性セシウム濃度モニタリング．日本森林学会誌，97（印刷中）．

池田博明・谷川明男（1994）大和市史・第Ⅳ章　自然環境と動植物：6　真正クモ類．IN 大和市（編），大和市史8（上）別冊自然：248–258，348–352.

池田博明（2013）クモの巣と網の不思議（増補改訂版）．夢工房，神奈川．

石川奈緒・内田滋夫・田上恵子（2007）放射性セシウムの水田土壌への収着挙動における粘土鉱物の影響．*RADIOISOTOPES*, 56: 519–528.

石川良輔 編（2008）節足動物の多様性と系統．裳華房，東京，516pp.

稲垣栄洋・市原　実・松野和夫・済木千恵子・山口　翔・水元駿輔・山下雅幸・澤田　均（2012）水田畦畔の植生管理の違いが斑点米カメムシおよび土着天敵の個体数に及ぼす影響．日緑工誌，38: 240–243.

岩田久二雄（1971）本能の進化 ―蜂の比較習性学的研究．眞野書店，神奈川，503pp.

岩本二郎・水澤正明（2011）イネ圃場に生息するクモの季節変化．長岡市立科学博物館研究報告，46: 39–58.

上島　励（1996）系統樹をつくる．生物の種多様性（岩槻邦男・馬渡峻輔 編）：54–87. 裳華房，東京．

宇多高明（2004）海岸侵食の実態と解決策．山海堂，東京．

宇留間悠香・小林頼太・西嶋翔太・宮下　直（2012）空間構造を考慮した環境保全型農業の影響評価：佐渡島における両生類の事例．保全生態学研究，17: 155–164.

大熊千代子（1977）福岡市津屋の水田地帯に生息するクモ類の発生消長に関する研究．九大農学芸誌，31: 133–144.

緒方清人（1996）第6章 クモ類．稲武町史―自然：127–146．稲武町教育委員会．

緒方清人（2005）クモ類．豊田市自然環境基礎調査：79–104．豊田市．

岡山県 HP．http://www.pref.okayama.jp/seikatsu/sizen/reddatabook/pdf/a261.pdf#search='%E3%82%B3%E3%82%AC%E3%83%8D%E3%82%B0%E3%83%A2+%E6%B8%9B%E5%B0%91'

小野展嗣（2000）小野展嗣，2000．クモ目（Araneae）．動物系統分類学追補版：225–232，中山書店，東京．

小野展嗣（2008）鋏角亜門．節足動物の多様性と系統（石川良輔 編）：122–167，裳華房，東京．

小野展嗣 編（2009）日本産クモ類．東海大学出版会，神奈川．

小山　淳・城所　隆（2004）水田のニホンアマガエルとクモ類の生息に対する水管理および米糠施用の影響．北日本病害虫研究会報，55: 173–175.

改訂埼玉県レッドデータブック2002．http://www.kankyou.pref.saitama.lg.jp/bdds/redlist/data/Argiopeamoena.html

片倉晴雄（1976）大沼で発見されたルイヨウボタンを食草とするオオニジュウヤホシテントウ群の一型について．*Kontyû*, 44: 526–529.

加藤千佳・中野　繁・岩田智也・村上正志（2001）河川からの羽化昆虫の供給が造網性クモ群集の分布様式に及ぼす影響．国際景観生態学会会報 6: 49–51.

川原幸夫（1975）コサラグモ類の個体群生態．高知農林研報，7: 53–64.

川原幸夫・桐谷圭治・笹波隆文（1971）各種殺虫剤のツマグロヨコバイおよびクモ類に対する選択性．防虫科学，36: 121–128.
川原幸夫・桐谷圭治・垣矢直俊（1974）キクズキコモリグモ（*Lycosa pseudoannulata*（BOES. et STR.））の個体群生態．高知県農林技術研究所研究報告，7–22.
環境省（2002）里地自然の保全方策策定調査報告書（平成 14 年度）
環境省（2012）絶滅のおそれのある野生生物の種のリスト（第 4 次レッドリスト）.
環境省野生生物課 編（2006）改訂・日本の絶滅のおそれのある野生生物 7［クモ形類・甲殻類等］．自然環境研究センター，東京
桐谷圭治　（2004）「ただの虫」を無視しない農業．築地書館，東京.
桐谷圭治（2010）田んぼの生きもの全種リスト．農と自然の研究所，福岡.
小泉逸郎・池田　啓（2013）ハプロタイプネットワークから読み取る集団の歴史．系統地理学（種生物学会 編）: 30–32，文一総合出版，東京.
小林四郎（1975）水田のクモ類個体群に対する *Drosophila* の放飼の効果．*Applied Entomology and Zoology*, 10: 268–274.
小林四郎（1977）冬季休閑田周辺におけるクモ類個体群の変動．*Acta Arachnologica*, 27: 247–251.
小林四郎・柴田広秋（1973）水田とその周辺におけるクモ類の個体群変動，害虫の生態的防除と関連して．日本応用動物昆虫学会誌 17: 193–202.
昆虫情報処理研究会．ゴケグモ類の情報センター．http://www.insbase.ac/xoops2/modules/bwiki/index.php?FrontPage.
佐々木健志（2000）沖縄島におけるヤマトウシオグモとイソタナグモの一種について．*Acta Arachnologica*, 49: 229.
佐々冶寛之（1977）ナミテントウ同胞種群をめぐって．昆虫と自然，12: 4–13.
佐藤隆士・鶴崎展巨（2010）鳥取砂丘の昆虫相（予報）．鳥取県立博物館研究報告，47: 45–81.
四手井綱英（1993）森に学ぶ―エコロジーから自然保護へ．海鳴社，東京.
清水　晃（2002）第二章 ベッコウバチ科の獲物（寄主）選択と形態適応. pp. 38–55, 282–289. In: 杉浦直人・伊藤文紀・前田泰生（編）ハチとアリの自然史 : 本能の進化学．北海道大学図書刊行会，札幌.
清水　晃（2005）ヤドリベッコウの労働寄生．国立科学博物館ニュース，434: 12–13.
清水　晃（2008）クモバチ科にみられる労働寄生. pp. 405–407. In: 石川良輔（編）節足動物の多様性と系統．裳華房，東京.
清水　晃（2009）クモバチ（ベッコウバチ）科における捕食寄生（特集 クモの捕食寄生昆虫）．昆虫と自然，44(8): 20–24.
下謝名松栄（1976）沖縄の自然．島の自然と鍾乳洞．新星図書（那覇市）188 pp.
新海　明（2008）陸中海岸でイソコモリグモの大産地を発見．*Kishidaia*, 94: 23–30.
新海　明・安藤昭久・谷川明男・池田博明・桑田隆夫（2012）CD 日本のクモ Ver. 2012.（著者自刊）
新海　明・安藤昭久・谷川明男・池田博明・桑田隆生（2014）CD 日本のクモ Ver. 2014.（著者自刊）
新海栄一（2006）日本のクモ．文一総合出版，東京.
森林総合研究所関西支所 HP.　http://www.ffpri.affrc.go.jp/fsm/research/pubs/documents/

satoyama2_200503.pdf#search='%E6%A3%AE%E6%9E%97%E7%B7%8F%E5%90%88%E7%A0%94%E7%A9%B6%E6%89%80%E9%96%A2%E8%A5%BF+%E7%B5%B6%E6%BB%85%E5%8D%B1%E6%83%A7%E6%A4%8D%E7%89%A9+57%EF%BC%85
鈴木貞雄（1978）日本タケ科植物図鑑．聚海書林（船橋市）271 pp.
鈴木正将（1940）秋吉及び土佐龍河洞の盲蛛類．動物学雑誌，52: 482–487.
鈴木正将（1966）メクラグモ類における種の分化．動物分類学会会報，34: 7–10.
関山和秀・関山香里・石川瑞希・佐藤涼太・村田真也（2012）人造ポリペプチド繊維及びその製造方法，特許，WO2012165476 A1
相馬なおみ・中條竜太・長谷川雅美（2009）千葉県白井市におけるコガネグモの生息環境。Kishidaia, 95: 27–31.
高木　俊・土岐和多瑠・吉岡明良（2011）砂浜生態系に侵入したセアカゴケグモによるオオヒョウタンゴミムシの捕食．日本生態学会大会講演要旨，http://www.esj.ne.jp/meeting/abst/58/P3-241.html
髙須賀圭三（2015）クモヒメバチによる寄主操作 ―ハチがクモの造網様式を操る―（特集：クモ研究の現在―新たな技術と視点から―）．生物科学，印刷中．
高田まゆら（2010）水田害虫に対する捕食性天敵の機能の評価法．保全生態学の技法（鷲谷いづみほか 編）：217–237，東京大学出版会，東京．
武内和彦・鷲谷いずみ・恒川篤史 編（2001）里山の環境学．東京大学出版会．東京．257p.
田中幸一（1989）水田のクモの働き，植物防疫，43: 34–39.
田中幸一（2009）生物多様性と害虫管理．生物間相互作用と害虫管理（安田弘法ほか 編）：225–243，京都大学出版会，京都．
田中幸一（2010）農業に有用な生物多様性の指標 - 農林水産省プロジェクト研究の概要．植物防疫，64: 600–604.
田仲義弘（2012）狩蜂生態図鑑．全国農村教育協会，東京，192pp.
谷川明男（2000）日本産クモ類目録（2000 年版）．*Kishidaia*, 78: 79–142.
谷川明男（2008）日本のクモ相はどこまでわかったか．昆虫と自然，43: 27–29.
谷川明男（2009）相模原市のクモ類．相模原市史調査報告書 2『動植物調査目録』：335–353.
谷川明男（2012）ワクドツキジグモは湿度が高いときに造網する．*Kishidaia*, 101: 33–35.
谷川明男（2014）日本産クモ類目録 ver. 2014R1. online at http://www.asahi-net.or.jp/~dp7a-tnkw/japan.pdf, accessed on 23, Oct. 2014.
谷川明男・新海　明（2012）今そこにいるイソコモリグモを大切にしよう．*Kishidaia*, 101: 1–4.
田端英雄（1997）里山の自然．1–200．保育社，大阪．
千葉県生物多様性センター HP．http://www.bdcchiba.jp/endangered/rdb-a/rdb-2011re/rdb-201109spider.pdf#search='%E3%82%B3%E3%82%AC%E3%83%8D%E3%82%B0%E3%83%A2+%E6%B8%9B%E5%B0%91'
鶴崎展巨（1996）三好保徳博士の魚類・ザトウムシ類における業績と記載種．*Takakuwaia*, 28: 17–21.
鶴崎展巨（1998）シフターの紹介（2）*Edaphologia*, 61: 61–62.
鶴崎展巨（2008）宍道湖・大橋川におけるヒトハリザトウムシ（ザトウムシ目カワザトウムシ科）の生息記録．すかしば，56: 29–31.

鶴崎展巨（2014）クメコシビロザトウムシ＋ヒトハリザトウムシ＋テングザトウムシ～ゴホントゲザトウムシ．pp. 29, 57, 71–73．環境省自然環境局野生生物課（編）改訂・日本の絶滅のおそれのある野生生物．—レッドデータブック—．クモ形類･甲殻類等．(財）自然環境研究センター（東京），86 pp.
鶴崎展巨・深谷信一（2014）東京都多摩川・荒川・江戸川の河川敷のヒトハリザトウムシとフタコブザトウムシ．*Kishidaia*, 103: 37–41.
徳本　洋（1986）林内におけるジョロウグモ成体の造網位置の移動．*Atypus*, 87: 26
徳本　洋（2005）石川県で見たイソコリグモ *Lycosa ishikariana* (S. Staito 1934) 生き残りの条件．*Kishidaia*, 87: 49–63.
徳本　洋（2006）イソコモリグモ減少率算定へのアプローチ．遊絲，19: 4–12.
徳本　洋・新海栄一・貞元巳良（2008）富山県におけるイソコモリグモの絶滅．*Kishidaia*, 94: 15–22.
中静透・山本進一（1987）自然撹乱と森林群集の安定性．日本生態学会誌，37: 19–37.
中田兼介（2010）垂直円網と非対称性．*Acta Arachnologica*, 59: 93–102.
中西　哲・大場達之・武田義明・服部　保（1986）日本の植生図鑑 I —森林．208p．保育社，大阪.
日本自然保護協会 編（2005）生態学からみた里やまの自然と保護．1–242．講談社，東京.
日本保健物理学会・日本アイソトープ協会（2001）「新・放射線の人体への影響」：83 pp.，日本アイソトープ協会，東京.
浜村徹三（1971）キバラドクグモ *Pirata subpiraticus*（Boesenberg et Strand）の生態 I．*Acta Arachnologica*, 23: 29–36.
肘井直樹（1987）森林の節足動物群集－人工林における例を中心に－．「日本の昆虫群集－すみわけと多様性をめぐって」（木元新作･武田博清編）：61–68，東海大学出版会，東京.
平田慎一郎（2009）カマキリモドキ幼虫の生活（特集 クモの捕食寄生昆虫）．昆虫と自然，44(8): 14–19.
福岡県レッドデータブック．http://www.fihes.pref.fukuoka.jp/kankyo/rdb/explanations/etc_habitat
福島県（2012）福島県 HP 放射能測定マップ．http://fukushima-radioactivity.jp/
福本伸男（1989）鳥取県海岸におけるイソコモリグモの分布．*Atypus*, 94:5–9.
藤井　透・西野　孝・合田公一・岡本　忠（2005）環境調和複合材料の開発と応用．シーエムシー出版，東京
船曳和代・桝元智子（2009）オニグモヤドリキモグリバエ *Pseudogaurax chiyokoae* のクモ卵のうへの浸入（特集 クモの捕食寄生昆虫）．昆虫と自然，44(8): 9–13.
裴　洪淑・中村浩二（2012）棚田復元地の水田内のイネ株上におけるクモ類の多様性と個体数．*Acta Arachnologica*, 61: 31–39.
松井醇一･金原　勲（2010）自動車軽量化のためのプラスチック及び繊維強化複合材料，シーエムシー出版，東京.
松井正文（2005）両生・爬虫類から見た里やま自然．生態学からみた里やまの自然と保護（石井実監修）：86–91．講談社，東京.
松本吏樹郎（2014）クモヒメバチ属群（*Polysphincta* group of genera）の自然史．*Acta Arachnologica*, 63: 41–53.
丸山徳次（2007）今なぜ里山学か．里山学のすすめ—「文化としての自然」再生に向けて：

1–26. 昭和堂. 京都.
三重県環境保全事業団 (2006) 三重県レッドデータブック 2005. 499pp.
三中信宏 (2009) 分類思考の世界. 講談社, 東京.
宮下　直 (2000) クモの生物学. 東京大学出版会, 東京.
村田浩平 (1995) 環境保全型水田におけるクモと被食者に関する研究—栽培管理が発生消長に与える影響. *Acta Arachnologica*, 44: 83–96.
守山　弘 (1988) 自然を守るとはどういうことか. 1–260. 農山漁村文化協会, 東京.
守山　弘 (1997) 水田を守るとはどういうことか—生物相の視点から. 1–260. 農山漁村文化協会, 東京.
文部科学省 (2011) 文部科学省による第 4 次航空機モニタリングの測定結果について (平成 23 年 12 月 16 日報道発表資料). http://www.mext.go.jp/.
矢野宏二 (2002) 水田の昆虫誌 イネをめぐる多様な昆虫たち. 東海大学出版会, 東京.
山岸健三 (1998) クロバチ上科・ハラビロクロバチ上科・ヒゲナガクロバチ上科. pp. 17–18. In: 日高敏隆 (監修) 日本動物大百科第 10 巻昆虫Ⅲ. 平凡社, 東京.
八幡明彦 (2004) コガネグモのコガネムシ類捕食. *Acta Arachnologica*, 53: 165.
八幡明彦 (2009) 自然海浜にすむイソコモリグモ. 自然保護, 509: 40–42.
湯本貴和 (1999) 熱帯雨林. 岩波新書, 東京, 205pp.
吉田　真・大脇　淳・宇都宮大輔 (2009) 角間の森のクモ類. くものいと 42: 22–33.
吉田　亮 (1979) イソコモリグモの生態について. *Atypus*, 74:23–28.
レッドデータブックおおいた 2011. http://www.pref.oita.jp/10550/reddata2011/index.html
レッドデータブック松山 2012. http://www.city.matsuyama.ehime.jp/shisei/hozen/red/group6/2/
鷲谷いづみ (2006) 生物多様性と農業. 地域と環境が蘇る 水田再生 (鷲谷いづみ 編): 9–68. 家の光協会, 東京.

(以上, 五十音順)

Agnarsson I, Kuntner M, Blackledge TA (2010) Bioprospecting finds the toughest biological material: extraordinary silk from a giant riverine orb spider. *PloS ONE*, 5: e11234.
Agnarsson I, Coddington J, Kuntner M (2013) Systematics: Progress in the study of spider diversity and evolution. In Penney, D. (eds.) *Spider Research in the 21st Century*. Trend and Perspectives. Siri Scientific Press, Manchester.
Agustí N, Shayler SP, Harwood JD, Vaughan IP, Sunderland KD, Symondson WOC (2003) Collembola as alternative prey sustaining spiders in arable ecosystems: prey detection within predators using molecular markers. *Molecular Ecology*, 12: 3467–3475.
Akimoto S (2014) Morphological abnormalities in gall-forming aphids in a radiation-contaminated area near Fukushima Daiichi: selective impact of fallout? *Ecology and Evolution*, 4: 355–369.
Amano T, Kusumoto Y, Okamura H, Baba YG, Hamasaki K, Tanaka K, Yamamoto S (2011) A macro-scale perspective on within farm management: how climate and topography alter the effect of farming practices. *Ecology Letters*, 14: 1263–1272.
An B, Hinman MB, Holland GP, Yarger JL, Lewis RV (2011) Inducing β-sheets formation in synthetic spider silk fibers by aqueous post-spin stretching. *Biomacromolecules*, 12: 2375–2381.
ap Rhisiart A, Vollrath F (1994) Design features of the orb web of the spider, *Araneus diadematus*. *Behavioral Ecology*, 5: 280–287.

Austin AD (1984a) The fecundity, development and host relationships of *Ceratobaeus* spp. (Hymenoptera: Scelionidae), parasites of spider eggs. *Ecological Entomology*, 9: 125–138.

Austin AD (1984b) Life history of *Clubiona robusta* L. Koch and related species (Araneae, Clubionidae) in South Australia. *Journal of Arachnology*, 12: 87–104.

Austin AD (1985) The function of spider egg sacs in relation to parasitoids and predators, with special reference to the Australian fauna. *Journal of Natural History*, 19: 359–376.

Avise JC (1994) *Molecular Markers, Natural History and Evolution.* Chapman and Hall, New York.

Avise JC (2000) *Phylogeography: The History and Formation of Species.* Harvard University Press, Cambridge.

Ayabe Y, Kanasashi T, Hijii N, Takenaka C (2014) Radiocesium contamination of the web spider *Nephila clavata* (Nephilidae: Arachnida) 1.5 years after the Fukushima Dai-ichi Nuclear Power Plant accident. *Journal of Enviornmental Radioactivity*, 127: 105–110.

Ayoub N, Garb JE, Tinghitella RM, Collin M, Hayashi CY (2007) Blueprint for a high-performance biomaterial: full-length spider dragline silk genes. *PloS ONE*, 2: e514.

Baba YG, Kusahara M, Maezono Y, Miyashita T (2014) Adjustment of web-building initiation to high humidity: a constraint by humidity-dependent thread stickiness in the spider *Cyrtarachne*. *Naturwissenschaften*, 101: 587–593.

Baldissera R, Ganade G, Fontoura SB (2004) Web spider community response along an edge between pasture and Araucaria forest. *Biological Conservation*, 118: 403–409.

Becker N, Oroudjev E, Mutz S, Cleveland JP, Hansma PK, Hayashi CY, Makarov DE, Hansma HG (2003) Molecular nanosprings in spider capture-silk threads. *Nature Materials*, 2: 278–283.

Begon M, Harper JL, Townsend CR (1996) *Ecology: Individulas, Populations and Communities, 3rd ed.* Blackwell Publishing, Malden

Birkhofer K, Scheu S, Wise DH (2007) Small-scale spatial pattern of web-building spiders (Araneae) in alfalfa: Relationship to disturbance from cutting, prey availability, and intraguild interactions. *Environmental Entomology*, 36: 801–810.

Birkhofer K, Entling MH, Lubin Y (2013) Agroecology: Trait composition, spatial relationships, trophic interactions. In: Pennyey D. (ed) *Spider Research in the 21st Century: Trends and Perspectives*, 200–228. Siri Scientific Press, Manchester, UK.

Bittencourt D, Dittmar K, Lewis RV, Rech EL (2010) A MaSP2-like gene found in the Amazon mygalomorph spider Avicularia juruensis. *Comparative Biochemistry and Physiology*, 155: 419–426.

Bjorkman-Chiswell BT, Kulinski MM, Muscat RL, Nguyen KA, Norton BA, Symonds MRE, Westhorpe GE, Elgar MA (2004) Web-building spiders attract prey by storing decaying matter. *Naturwissenschaften*, 91: 245–248.

Blackledge TA, Pickett KM (2000) Predatory interactions between mud-dauber wasps (Hymenoptera, Sphecidae) and *Argiope* (Araneae, Araneidae) in captivity. *Journal of Arachnology*, 28: 211–216.

Blackledge TA, Wenzel JW (1999) Do stabilimenta in orb webs attract prey or defend spiders? *Behavioral Ecology*, 10: 372–376.

Blackledge TA, Zevenbergen JM (2006) Mesh width influences prey retention in spider orb webs.

*Ethology*, 112: 1194–1201.

Blackledge TA, Scharff N, Coddington JA, Szüts T, Wenzel JW, Hayashi CY, Agnarsson I (2009) Reconstructing web evolution and spider diversification in the molecular era. *Proceedings of the National Academy of Sciences*, 106: 5229–5234.

Blackledge TA, Kuntner M, Agnarsson I (2011) The form and function of spider orb webs: Evolution from silk to ecosystems. In Casas, J. (eds.) *Advances in Insect Physiology*, vol. 41, Academic Press, Elsevier, London.

Blamires SJ, Tso IM (2013) Nutrient-mediated architectural plasticity of a predatory trap. *PloS ONE*, 8: e54558.

Blamires SJ, Hochuli DF, Thompson MB (2009) Prey protein influences growth and decoration building in the orb web spider *Argiope keyserlingi*. *Ecological Entomology*, 34: 545–550.

Bond JE, Hedin MC, Raminez MG, Opell BD (2001) Deep molecular divergence in the absence of morphological and ecological change in the Californian coastal dune endemic trapdoor spider Aptosticus simus. *Molecular Ecology*, 10: 899–910.

Bond JE, Garrison NL, Hamilton CA, Godwin RL, Hedin M, Agnarsson I (2014) Phylogenomics resolves a spider backbone phylogeny and rejects a prevailing paradigm for orb web evolution. *Current Biology*, 24: 1765–1771.

Bonte D, Vandenbroecke N, Lens L, Maelfait J-P (2003) Low propensity for aerial dispersal in specialist spiders from fragmented landscapes. *Proceedings of the Royal Society of London, Series B*, 270: 1601–1607.

Bormann FH, Likens GE (1979) *Pattern and Process in a Forested Ecosystem.* Springer Verlag, New York

Bowers JP, Richman DB, Ellington JJ (1998) *Pardosa sternalis* (Thorell), a new host record for *Hidryta frater* (Cresson) in the Mesilla Valley, Dona Ana County, New Mexico. *The Southwestern Entomologist*, 23: 91–92.

Brothers DJ, Finnamore AT (1993) Superfamily Vespoidea. pp. 161–278. In: Goulet H, Huber JT (eds.) *Hymenoptera of the World: An Identification Guide to Families.* Research Branch, Agriculture Canada, Canada.

Brown KM (1981) Foraging ecology and niche partitioning in orb-weaving spiders. *Oecologia*, 50: 380–385.

Bruce MJ, Herberstein ME, Elgar MA (2001) Signalling conflict between prey and predator attraction. *Journal of Evolutionary Biology*, 14: 786–794.

Brust GE, Stinner BR, McCartney DA (1985) Tillage and soil insecticide effects on predator-black cutworm (Lepidoptera: Noctuidae) interactions in corn agroecosystems. *Journal of Economic Entomology*, 78: 1389–1392.

Bryan M, Forster J, Stone A (2012) Doing whatever a spider can. *Journal of Physics Special Topics*, 11: 1–2.

Buddle CM, Spence JR, Langor DW (2000) Succession of boreal forest spider assemblages following wildfire and harvesting. *Ecography*, 23: 424–436.

Bultman TL, Uetz GW (1982) Abundance and community structure of forest floor spiders following litter manipulation. *Oecologia*, 55: 34–41.

Burt A, Trivers R (2006) *Genes in Conflict. The Biology of Selfish Genetic Elements*.The Belknap

Papers of Harvard University Press, Cambridge, 602 pp.［邦訳（2010）せめぎ合う遺伝子．利己的な遺伝因子の生物学．（藤原晴彦 監訳，遠藤圭子訳）共立出版（東京）644 pp.］

Calmon P, Thiry Y, Zibold G, Rantavaara A, Fesenko S (2009) Transfer parameter values in temperate forest ecosystems: a review. *Journal of Enviornmental Radioactivity*, 100: 757–766.

Cartan CK, Miyashita T (2000) Extraordinary web and silk properties of *Cyrtarachne* (Araneae, Araneidae): a possible link between orb-webs and bolas. *Biological Journal of the Linnean Society*, 71: 219–235.

Cebe P, Hu X, Kaplan DL, Zhuravlev E, Wurm A, Arbeiter D, Schick C (2013) Beating the heat - fast scanning melts silk Beta sheet crystals. *Scientific Reports*, 3: 1130.

Chatzaki M, Lymberakis P, Markakis G, Mylonas M (2005) The distribution of ground spiders (Araneae, Gnaphosidae) along the altitudinal gradient of Crete Greece: species richness, activity and altitudinal range. *Journal of Biogeography*, 32: 813–831.

Cheke RA, Mann C (2008) Family Nectariniidae (Sunbirds). In: del Hoyo J, Elliot A, Christie DA (eds.) *Handbook of the Birds of the World Volume 13: Penduline-tits to Shrikes*: 196–243. Lynx Edicions, Barcelona, Spain.

Chen B, Wise DH (1999) Bottom-up limitation of predaceous arthropods in a detritus-based terrestrial food web. *Ecology*, 80: 761–772.

Chen K, Tso I (2004) Spider diversity on Orchid Island, Taiwan: a comparison between habitats receiving different degrees of human disturbance. *Zoological Studies*, 43: 598–611.

Chmiel K, Herberstein ME, Elgar MA (2000) Web damage and feeding experience influence web site tenacity in the orb-web spider *Argiope keyserlingi* Karsch. *Animal Behaviour*, 60: 821–826.

Clement M, Posada D, Crandall KA (2000) TCS: a computer program to estimate gene genealogies. *Molecular Ecology*, 9: 1657–1660.

Coddington JA (2005) Phylogeny and classification of spiders . In: Ubick, D., Cushing, P. E., & Paquin P. eds. *Spiders of North America: An Identification Manual*. American Arachnological Society, New Hampshire.

Coddington JA, Levi HW (1991) Systematics and evolution of spiders (Araneae). *Annual Review of Ecology and Systematics*, 22: 565–592.

Collier KJ, Bury S, Gibbs M (2002) A stable isotope study of linkages between stream and terrestrial food webs through spider predation. *Freshwater Biology*, 47: 1651–1659.

Concepción ED, Díaz M, Kleijn D, Báldi A, Batáry P, Clough Y, Gabriel D, Herzog F, Holzschuh A, Knop E, Marshall EJP, Tscharntke T, Verhulst J (2012) Interactive effects of landscape context constrain the effectiveness of local agri - environmental management. *Journal of Applied Ecology*, 49: 695–705.

Copplestone D, Johnson MS, Jones SR, Toal ME, Jackson D (1999) Radionuclide behaviour and transport in a coniferous woodland ecosystem: vegetation, invertebrates and wood mice, *Apodemus sylvaticus*. *The Science of the Total Environment*, 239: 95–109.

Cox CB, Moore PD (2010) *Biogeography. An Ecological and Evolutionary Approach*. 8th ed. John Wiley & Sons, Inc., 498 pp.

Coyle FA (1981) Effects of clearcutting on the spider community of a southern Appalachian forest. *Journal of Arachnology*, 9: 285–298.

Craig CL (2003) *Spider Webs and Silk: Tracing Evolution from Molecules to Genes to Phenotypes*.

Oxford University Press, New York.
Craig CL, Riekel C, Herberstein ME, Weber RS, Kaplan D, Pierce NE (2000) Evidence for diet effects on the composition of silk proteins produced by spiders. *Molecular Biology and Evolution*, 17: 1904–1913.
Crawford RL, Sugg PM, Edwards JS (1995) Spider arrival and primary establishment on terrain depopulated by volcanic eruption at Mount St. Helens, Washington. *American Midland Naturalist*, 133: 60–75.
Cross FR, Jackson RR (2010) Mosquito-specialist spiders. *Current Biology*, 20: R622–R624.
Curtis DJ, Machado G (2007) Chapter 7. Ecology. pp. 280–308. In: Pinto da Rocha, R., Machad, G. & Giribet, G. (eds.) *The Harvestmen: The Biology of Opiliones*. Harvard University Press, Cambridge, Massachusetts, 597 pp.
de Crespigny FC, Herberstein ME, Elgar M (2001) The effect of predator-prey distance and prey profitability on the attack behaviour of the orb-web spider *Argiope keyserlingi* (Araneidae). *Australian Journal of Zoology*, 49: 213–221.
Denny M (1976) The physical properties of spider's silk and their role in the design of orb-webs. *Journal of Experimental Biology*, 65: 483–506.
Dimitrov D, Lopardo L, Giribet G, Arnedo MA, Alvarez-Padilla F, Hormiga G (2012) Tangled in a sparse spider web: single origin of orb weavers and their spinning work unravelled by denser taxonomic sampling. *Proceedings of the Royal Society of London. Series B*, 279: 1341–1350.
Dobzhansky Th, Epling C (1944) *Contributions to the Genetics, Taxonomy and Ecology of Drosophila pseudoobscura and its Relatives*. Carnegie Institution of Washington Publication, Washington, D.C.
Dupanloup I, Schneider S, Excoffier L (2002) A simulated annealing approach to define the genetic structure of populations. *Molecular Ecology*, 11: 2571–2581.
Eason RR, Peck WB, Whitcomb WH (1967) Notes on spider parasites, including a reference list. *Journal of the Kansas Entomological Society*, 40: 422–434.
Eberhard WG (1980) The natural history and behavior of the bolas spider, *Mastophora dizzydeani* sp. n.(Araneae). *Psyche*, 87: 143–169.
Eberhard WG (1988) Behavioral flexibility in orb web construction: effects of supplies in different silk glands and spider size and weight. *Journal of Arachnology*, 16: 295–302.
Eberhard WG (2000a) The natural history and behavior of *Hymenoepimecis argyraphaga* (Hymenoptera: Ichneumonidae) a parasitoid of *Plesiometa argyra* (Araneae: Tentragnathidae). *Journal of Hymenoptera Research*, 9: 220–240.
Eberhard WG (2000b) Spider manipulation by a wasp larva. *Nature*, 406: 255–256.
Eberhard WG (2010) Recovery of spiders from the effects of parasitic wasps: implications for fine-tuned mechanisms of manipulation. *Animal Behaviour*, 79: 375–383.
Eberhard WG (2014) A new view of orb webs: multiple trap designs in a single structure. *Biological Journal of the Linnean Society*, 111: 437–449.
Edgar WD (1971) The life-cycle, abundance and seasonal movement of the wolf spider, *Lycosa (Pardosa) lugubris*, in Central Scotland. *Journal of Animal Ecology*, 40: 303–322.
Excoffier L, Laval G, Schneider S (2005) Arlequin ver. 3.0: An integrated software package for population genetics data analysis. *Evolutionary Bioinformatics Online*, 1: 47–50.

Fahnestock SR, Bedzyk LA (1997) Production of synthetic spider dragline silk protein in pichia pastoris. *Applied Microbiology and Biotechnology*, 47: 33–39.

Fahnestock SR, Yao Z, Bedzyk LA (2000) Microbial production of spider silk proteins. *Journal of Biotechnology*, 74: 105–119.

Fernández R, Hormiga G, Gibiret G (2014) Phylogenomic analysis of spiders reveals nonmonophyly of orb weavers. *Current Biology*, 24: 1772–1777.

Finch OD (2005) The parasitoid complex and parasitoid-induced mortality of spiders (Araneae) in a Central European woodland. *Journal of Natural History*, 39: 2339–2354.

Finnamore AT, Michener CD (1993) Superfamily Apoidea. pp. 279–357. In: Goulet H, Huber JT (eds.) *Hymenoptera of the World: An Identification Guide to Families*. Research Branch, Agriculture Canada, Canada.

Fitton MG, Shaw MR, Austin AD (1987) The Hymenoptera associated with spiders in Europe. *Zoological Journal of the Linnean Society*, 90: 65–93.

Floren A, Deeleman-Reinhold C (2005) Diversity of arboreal spiders in primary and disturbed tropical forests. *Journal of Arachnology*, 33: 323–333.

Foelix R (2010) *Biology of Spiders*. Oxford University Press, New York.

Forster RR (1967) *The Spiders of New Zealand*. Part I. Otago Museum Bulletin. No. 1. Dunedin.

Fujimura S, Yoshioka K, Saito T, Sato M, Sato M, Sakuma Y, Muramatsu Y (2013) Effects of applying potassium, zeolite and vermiculite on the radiocesium uptake by rice plants grown in paddy field soils collected from Fukushima prefecture. *Plant Production Science*, 16: 166–170.

Garb JE, Gillespie RG (2009) Diversity despite dispersal: colonization history and phylogeography of Hawaiian crab spiders inferred from multilocus genetic data. *Molecular Ecology*, 18: 1746–1764.

Garb JE, DiMauro T, Vo V, Hayashi CY (2006) Silk genes support the single origin of orb webs. *Science*, 312: 1762.

Gaston KJ, Blackburn TM (2000) *Pattern and Process in Macroecology*. Blackwell Science, Oxford, 377 pp.

Gauld ID, Dubois J (2006) Phylogeny of the *Polysphincta* group of genera (Hymenoptera: Ichneumonidae; Pimplinae): a taxonomic revision of spider ectoparasitoids. *Systematic Entomology*, 31: 529–564.

Gauld ID, Wahl DB, Broad GR (2002) The suprageneric groups of the Pimplinae (Hymenoptera: Ichneumonidae): a cladistic re-evaluation and evolutionary biological study. *Zoological Journal of the Linnean Society*, 136: 421–485.

Gibson CWD, Hambler C, Brown VK (1992) Changes in spider (Araneae) assemblages in relation to succession and grazing management. *Journal of Applied Ecology*, 29: 132–142.

Gillespie R (2004) Community assembly through adaptive radiation in Hawaiian spiders. *Science*, 303: 356–359.

Gillespie RG, Baldwin BG, Waters JM, Fraser CI, Nikula R, Roderick GK (2011) Long-distance dispersal: a framework for hypothesis testing. *Trends in Ecology and Evolution*, 27: 47–56.

Giribet G, Tsurusaki N, Boyer SL (2006) Confirmation of the type locality and the distributional range of *Suzukielus sauteri* (Opiliones, Cyphophthalmi) in Japan. *Acta Arachnologica*, 55: 87–90.

Gonzaga MO, Vasconcellos-Neto J (2005) Testing the functions of detritus stabilimenta in webs of *Cyclosa fililineata* and *Cyclosa morretes* (Araneae: Araneidae): Do they attract prey or reduce the risk of predation? *Ethology*, 111: 479–491.

Gorlov IP, Tsurusaki N (2000) Analysis of the phenotypic effects of B chromosomes in a natural population of *Metagagrella tenuipes* (Arachnida: Opiliones). *Heredity*, 84: 209–217.

Gosline JM, Guerette PA, Ortlepp CS, Savage KN (1999) The mechanical design of spider silks: from fibroin sequence to mechanical function. *Journal of Experimental Biology*, 202(23): 3295–3303.

Gregorič M, Kiesbüy H, Quiñones Lebrón S, Rozman A, Agnarsson I, Kuntner M (2013) Optimal foraging, not biogenetic law, predicts spider orb web allometry. *Naturwissenschaften*, 100: 263–268.

Grimaldi D, Engel MS (2005) *Evolution of the Insects*. Cambridge University Press, NY, USA, 772pp.

Grip S, Rising A, Nummervoll H, Storkenfeldt E, McQueen- Mason SJ, Pouchkina-Stantcheva N, Vollrath F, Engström W, Fernandez-Arias A (2006) Transient expression of a major ampullate spidroin 1 gene fragment from *Euprosthenops* sp. in mammalian cells. *Cancer Genomics Proteomics*, 3: 83–88.

Griswold CE, Coddington JA, Hormiga G, Scharff N (1998) Phylogeny of the orb-web building spiders (Araneae, Orbiculariae: Deinopoidea, Araneoidea). *Zoological Journal of the Linnean Society*, 123: 1–99.

Griswold CE, Coddington JA, Platnick NI, Forster RR (1999) Towards a phylogeny of entelegyne spiders. *Journal of Arachnology*, 27: 53–63.

Gruber J, Hunt GS (1973) *Nelima doriae* (Canestrini), a south European harvestman in Australia, and New Zealand (Arachnida, Opiliones, Phalangiidae). *Records of the Australian Museum, Sidney*, 28: 383–392.

Grytnes JA, Vetaas OR (2002) Species richness and altitude: a comparison between null models and interpolated plant species richness along the Himalayan altitudinal gradient, Nepal. *American Naturalist*, 159: 294–304.

Guarisco, H. (2006) The wolf spider genus *Gladicosa* (Araneae: Lycosidae) in Kansas and egg sac predation by the mantisfly, *Mantispa interrupta* (Neuroptera: Mantispidae) and the wasp, *Idiolispa aestivalis* (Hymenoptera: Ichneumonidae) upon *Gladicosa bellamyi*, a new state record. *Transactions of the Kansas Academy of Science*, 109: 79–82.

Gunnarsson B (2007) Bird predation on spiders: ecological mechanisms and evolutionary consequences. *Journal of Arachnology*, 35: 509–529.

Halaj J, Wise DH (2002) Impact of a detrital subsidy on trophic cascades in a terrestrial grazing food web. *Ecology*, 83: 3141–3151.

Halaj J, Ross DW, Moldenke AR (2000) Importance of habitat structure to the arthropod food-web in Douglas-fir canopies. *Oikos*, 90: 139–152.

Haraguchi TF, Uchida M, Shibata Y, Tayasu I (2013) Contributions of detrital subsidies to aboveground spiders during secondary succession, revealed by radiocarbon and stable isotope signatures. *Oecologia*, 171: 935–944.

Harmer AMT, Herberstein ME (2009) Taking it to extremes: what drives extreme web elongation in Australian ladder web spiders (Araneidae: *Telaprocera maudae*)? *Animal Behaviour*, 78: 499–504.

Harmer AMT, Blackledge TA, Madin JS, Herberstein ME (2011) High-performance spider webs: integrating biomechanics, ecology and behaviour. *Journal of the Royal Society Interface*, 8: 457–471.

Hashimoto S, Ugawa S, Nanko K, Shichi K (2012) The total amounts of radioactively contaminated materials in forests in Fukushima, Japan. *Scientific Reports*, 2: 416 DOI 10.1038/srep 00416.

Haupt J (2003) The Mesothelae - a monograph of an exceptional group of spiders (Araneae: Mesothelae): (Morphology, behaviour, ecology, taxonomy, distribution and phylogeny). *Zoologica*, 154: 1–102.

Hausdorf B (1999) Molecular phylogeny of araneomorph spiders. *Journal of Evolutionary Biology*, 12: 980–958.

Hawthorn AC, Opell BD (2002) Evolution of adhesive mechanisms in cribellar spider prey capture thread: evidence for van der Waals and hygroscopic forces. *Biological Journal of Linnean Society*, 77: 1–8.

Hayasaka D, Korenaga T, Sánchez-Bayo F, Goka K (2012a) Differences in ecological impacts of systemic insecticides with different physicochemical properties on biocenosis of experimental paddy fields. *Ecotoxicology* 21: 191–201.

Hayasaka D, Korenaga T, Suzuki K, Saito F, Sánchez-Bayo F, Goka K (2012b) Cumulative ecological impacts of two successive annual treatments of imidacloprid and fipronil on aquatic communities of paddy mesocosms. *Ecotoxicology and Environmental Safety*, 80: 355–362.

Hayashi C, Lewis R (1998) Evidence from flagelliform silk cDNA for the structural basis of elasticity and modular nature of spider silks. *Journal of Molecular Biology*, 275: 773–784.

Hedin M, Tsurusaki N, Macías-Ordôñez R, Shultz JW (2012) Molecular systematics of sclerosomatid harvestmen (Opiliones, Phalangioidea, Sclerosomatidae): geography is better than taxonomy in predicting phylogeny. *Molecular Phylogenetics and Evolution*, 62: 224–236.

Heiling AM, Herberstein ME (1998) The web of *Nuctenea sclopetaria* (Araneae, Araneidae): relationship between body size and web design. *Journal of Arachnology*, 26: 91–96.

Heiling AM, Herberstein ME (1999) The role of experience in web-building spiders (Araneidae). *Animal Cognition*, 2: 171–177.

Heim M, Ackerschott CB, Scheibel T (2010) Characterization of recombinantly produced spider flagelliform silk domains. *Journal of Structural Biology*, 170: 420–425.

Hennig W (1966) *Phylogenetic Systematics*. University of Illinois Press, Urbana.

Henschel JR, Mahsberg D, Stumpf H (2001) Allochthonous aquatic insects increase predation and decrease herbivory in river shore food webs. *Oikos*, 93: 429–438.

Herberstein ME, Tso I (2011) Spider webs: evolution, diversity and plasticity. In: Herberstein ME (eds.) *Spider Behaviour: Flexibility and Versatility*: 57–98. Cambridge University Press, Cambridge.

Herberstein ME, Craig CL, Elgar MA (2000) Foraging strategies and feeding regimes: Web and decoration investment in *Argiope keyserlingi*. *Evolutionary Ecology Research*, 2: 69–80.

Hesse-Honegger C, Wallimann P (2008) Malformation of true bug (Heteroptera): a phenotype field study on the possible influence of artificial low-level radioactivity. *Chemistry and Biodiversity*,

5: 499–539.

Heublein D (1983) Raumliche Verteilung, Biotoppraferenzen und kleinraumige Wanderungen der epigaischen Sppinen-fauna eines Wald-Wiesen-Oekotons; ein Breitag zum Thema "Randeffekt". *Zoologische Jahrbuecher Systematik*, 110: 473–519.

Hijii N (1989) Arthropod communities in a Japanese cedar (*Cryptomeria japonica* D. Don) plantation: abundance, biomass and some properties. *Ecological Research*, 4: 243–260.

Hiyama A, Nohara C, Kinjo S, Taira W, Gima S, Tanahara A, Otaki JM (2012) The biological impacts of the Fukushima nuclear accident on the pale grass blue butterfly. *Scientific Reports*, 2: 570 DOI: 10.1038/srep 00570.

Hole DG, Perkins AJ, Wilson JD, Alexander IH, Grice PV, Evans AD (2005) Does organic farming benefit biodiversity? *Biological Conservation*, 122: 113–130.

Hormiga G, Griswold CE (2014) Systematics, phylogeny, and evolution of orb-weaving spiders. *Annual Review of Entomology*, 59: 487–512.

Horváth R, Magura T, Péter G, Tóthmérész B (2002) Edge effect on weevils and spiders. *Web Ecology*, 3: 43–47.

Hsieh Y-L, Linsenmair KE (2011) Underestimated spider diversity in a temperate beech forest. *Biodiversity and Conservation*, 20: 2953–2965.

Huemmerich D, Helsen CW, Quedzuweit S, Oschmann J, Rudolph R, Scheibel T (2004) Primary structure elements of spider dragline silks and their contribution to protein solubility. *Biochemistry*, 43: 13604–13612.

Huseynov EF, Jackson RR, Cross FR (2008) The meaning of predatory specialization as illustrated by *Aelurillus m-nigrum*, an ant-eating jumping spider (Araneae : Salticidae) from Azerbaijan. *Behavioural Processes*, 77: 389–399.

Hyodo F, Wardle DA (2009) Effect of ecosystem retrogression on stable nitrogen and carbon isotopes of plants, soils and consumer organisms in boreal forest islands. *Rapid Communications in Mass Spectrometry*, 23: 1892–1898.

IAEA (2011) Fukushima Nuclear Accident Update Log. http://www.iaea.org/newscentre/news.

Ishijima C, Motobayashi T, Nakai M, Kunimi Y (2004) Impacts of tillage practices on hoppers and predatory wolf spiders (Araneae: Lycosidae) in rice paddies. *Applied Entomology and Zoology*, 39: 155–162.

Jackson RR (1990a) Predatory versatility and intraspecific interactions of *Cyrba algerina* and *Cyrba ocellata*, web-invading spartaeine jumping spiders (Araneae: Salticidae). *New Zealand Journal of Zoology*, 17: 157–168.

Jackson RR (1990b) Predatory and silk utilisation behaviour of *Gelotia* sp. indet. (Araneae: Salticidae: Spartaeinae), a web-invading aggressive mimic from Sri Lanka. *New Zealand Journal of Zoology*, 17: 475–482.

Jackson RR, Brassington RJ (1987) The biology of *Pholcus phalangioides* (Araneae, Pholcidae): predatory versatility, araneophagy and aggressive mimicry. *Journal of Zoology*, 211: 227–238.

Jackson RR, Hallas SE (1986) Predatory versatility and intraspecific interactions of spartaeine jumping spiders (Araneae: Salticidae): *Brettus adonis*, *B. cingulatus*, *Cyrba algerina*, and *Phaeacius* sp. indet. *New Zealand Journal of Zoology*, 13: 491–520.

Jackson RR, Nelson XJ, Sune GO (2005) A spider that feeds indirectly on vertebrate blood by choosing female mosquitoes as prey. *Proceedings of the National Academy of Sciences of the United States of America*, 102: 15155–15160.

Jackson RR, Salm K, Nelson XJ (2010) Specialized prey selection behavior of two East African assassin bugs, *Scipinnia repax* and *Nagusta* sp. that prey on social jumping spiders. *Journal of Insect Science*, 10: Article 82.

Johnson NF (1992) *Catalog of world Proctotrupoidea excluding Platygastridae*. Memoirs of the American Entomological Institute 51, Gainesville, USA, 825pp.

Kalka MB, Smith AR, Kalko EK (2008) Bats limit arthropods and herbivory in a tropical forest. *Science*, 320: 71.

Kato C, Iwata T, Nakano S, Kishi D (2003) Dynamics of aquatic insect flux affects distribution of riparian web-building spiders. *Oikos*, 103: 113–120.

Kiritani K, Hokyo N, Sasaba, T, Nakasuji F (1970) Studies on population dynamics of the green rice leafhopper, *Nephotettix cincticeps* Uhler: Regulatory mechanism of the population density. *Researches on Population Ecology*, 12: 137–153.

Kiritani K, Kawahara S, Sasaba T, Nakasuji F (1972) Quantitative evaluation of predation by spiders on the green rice leafhopper, *Nephotettix cincticeps* Uhler, by a sight-count method. *Researches on Population Ecology*, 13: 187–200.

Kobayashi T, Takada M, Takagi S, Yoshioka A, Washitani I (2011) Spider predation on a mirid pest in Japanese rice fields. *Basic and Applied Ecology*, 12: 532–539.

Korenko S, Schmidt S, Schwarz M, Gibson GA, Pekár S (2013) Hymenopteran parasitoids of the ant-eating spider *Zodarion styliferum* (Simon)(Araneae, Zodariidae). *ZooKeys*, 262: 1–15.

Kreiter N, Wise DH (1996) Age-related changes in movement patterns in the fishing spider, *Dolomedes triton* (Araneae, Pisauridae). *Journal of Arachnology*, 24: 24–33.

Krivolutzkii DA, Pokarzhevskii AD (1992) Effects of radioactive fallout on soil animal populations in the 30 km zone of the Chernobyl atomic power station. *The Science of the Total Environment*, 112: 69–77.

Kumekawa Y, Ito K, Tsurusaki N, Hayakawa H, Ohga K, Yokoyama J, Tebayashi S, Arakawa R, Fukuda T (2014) Phylogeography of the laniatorid harvestman *Pseudobiantes japonicus* and its allied species (Arachnida: Opiliones: Laniatores: Epedanidae). *Annals of Entomological Society of America*, 107: 756–772.

Kuntner M, Gregorič M, Li D (2010) Mass predicts web asymmetry in *Nephila* spiders. *Naturwissenschaften*, 97: 1097–1105.

Kury AB (2011) Order Opiliones Sundevall 1833. In: Zhang, Z.-Q. (ed.) Animal biodiversity: An outline of higher -level classification and survey of taxonomic richness. *Zootaxa*, 3148: 112–114.

Lancefield DE (1929) A genetic study of crosses of two races or physiological species of *Drosophila obscura*. *Zeitschrift für Induktive Abstammungs- und Vererbungslehre*, 53: 287–317.

Larrivée M, Buddle CM (2009) Diversity of canopy and understorey spiders in north-temperate hardwood forests. *Agricultural and Forest Entomology*, 11: 225–237.

Larrivée M, Buddle CM (2010) Scale dependence of tree trunk spider diversity patterns in vertical and horizontal space. *Ecoscience*, 17: 400–410.

LaSalle J (1990) Tetrastichinae (Hymenoptera: Eulophidae) associated with spider egg sacs. *Journal of Natural History*, 24: 1377–1389.

Lazaris A, Arcidiacono S, Huang Y, Zhou J-F, Duguay F, Chretien N, Welsh EA, Soares JW, Karatzas CN (2002) Spider silk fibers spun from soluble recombinant silk produced in mammalian cells. *Science*, 259: 472–476.

Lee KS, Kim BY, Je YH, Woo SD, Sohn HD, Jin BR (2007) Molecular cloning and expression of the c-terminus of spider flagelliform silk protein from araneus ventricosus. *Journal of Biosciences*, 32: 705–712.

Lee SM. Pippel E, Gösele U, Dresbach C, Qin Y, Chandran CV, Bräuniger T, Hause G, Knez M (2009) Greatly increased toughness of infiltrated spider silk. *Science*, 324: 488–492.

Lehtinen PT (1967) Classification of the cribellate spiders and some allied families with notes on the evolution of the suborder Araneomorpha. *Annales Zoologici Fennici*, 4: 199–468.

Lewis RV, Hinman M, Kothakota S, Fournier MJ (1996) Expression and purification of a spider silk protein: a new strategy for producing repetitive proteins. *Protein Expression and Purification*, 7: 400–406.

Li D, Lee WS (2004) Predator-induced plasticity in web-building behavior. *Animal Behaviour*, 37: 309–318.

Liao CP, Chi KJ, Tso IM (2009) The effects of wind on trap structural and material properties of a sit-and-wait predator. *Behavioral Ecology*, 20: 1194–1203.

Lin Z, Huang W, Zhang J, Fan JS, Yang D (2009) Solution structure of eggcase silk protein and its implications for silk fiber formation. *Proceedings of the National Academy of Sciences of the United States of America*, 106: 8906–8911.

Linzen B, Gallowitz P (1975) Enzyme activity patterns in muscles of the lycosid spider, Cupiennius salei. *Journal of Comparative Physiology*, 96: 101–109.

Lomolino MV, Riddle BR, Whittaker RJ, Brown JH (2010) *Biogeography*. 4th ed. Sinauer Assoc., Sunderland, Massachusetts, 878 pp.

Losey JE, Denno RF (1998) Positive predator-predator interactions: enhanced predation rates and synergistic suppression of aphid populations. *Ecology*, 79: 2143–2152.

Loveless MD, Hamrick JL (1988) Genetic organization and evolutionary history in two North American species of *Cirsium*. *Evolution*, 42: 225–233.

Maas B, Clough Y, Tscharntke T (2013) Bats and birds increase crop yield in tropical agroforestry landscapes. *Ecology Letters*, 16: 1480–1487.

Manicom C, Schwarzkopf L, Alford RA, Schoener TW (2008) Self-made shelters protect spiders from predation. *Proceedings of the National Academy of Sciences of the United States of America*, 105: 14903–14907.

Martin EA, Reineking B, Seo B, Steffan-Dewenter I (2013) Natural enemy interactions constrain pest control in complex agricultural landscapes. *Proceedings of the National Academy of Sciences*, 110: 5534–5539.

Mas E De, Chust G, Pretus JL, Ribera C (2009) Spatial modelling of spider biodiversity: matters of scale. *Biodiversity and Conservation*, 18: 1945–1962.

Masters WM, Moffat AJM (1983) A functional explanation of top-bottom asymmetry in vertical orb webs. *Animal Behaviour*, 31: 1043–1046.

Mayntz D, Raubenheimer D, Salomon M, Toft S, Simpson, SJ (2005) Nutrient-specific foraging in invertebrate predators. *Science*, 307: 111–113.

Mayntz D, Toft S, Vollrath F (2009) Nutrient balance affects foraging behaviour of a trap-building predator. *Biology Letters*, 5: 735–738

Mayr E (1942) *Systematics and the Origin of Species, from the Viewpoint of a Zoologist.* Columbia University Press, New York.

Mayr E (1987) The species as category, taxon and population. *In: Histoire du Concept d'Espece dans les Sciences de la Vie*. Editions de la Faondation Singer-Polignac, Paris.

Meehan CJ, Olson EJ, Reudink MW, Kyser TK, Curry RL (2009) Herbivory in a spider through exploitation of an ant-plant mutualism. *Current Biology*, 19: R892–R893.

Menassa R, Zhu H, Karatzas CN, Lazaris A, Richman A, Brandle J (2004) Spider dragline silk proteins in transgenic tobacco leaves: accumulation and field production. *Plant Biotechnology Journal*, 2: 431–438.

Menhinick EF (1967) Structure, stability, and energy flow in plants and arthropods in a *Serica lespedeza* stand. *Ecological Monographs*, 37: 255–272.

Menin M, Rodrigues D, de Azevedo CS (2005) Predation on amphibians by spiders (Arachnida, Araneae) in the Neotropical region. *Phyllomedusa*, 4: 39–47.

Mestre L, Garcia N, Barrientos JA, Espadaler X, Piñol J (2013) Bird predation affects diurnal and nocturnal web-building spiders in a Mediterranean citrus grove. *Acta Oecologica*, 47: 74–80.

Miller JA, Carmichael A, Ramírez MJ, Spagna JC, Haddad CR, Rezác M, Johannesen J, Král J, Wang XP, Griswold CE (2010) Phylogeny of entelegyne spiders: Affinities of the family Penestomidae (NEW RANK), generic phylogeny of Erecidae, and asymmetric rates of change in spinning organ evolution (Araneae, Araneoidea, Entelegynae). *Molecular Phylogenetics and Evolution*, 55: 786–804.

Miyashita T (1992) Variability in food consumption rate of natural populations in the spider, *Nephila clavata*. *Researches on Population Ecology*, 34: 15–28.

Miyashita T, Takada M (2007) Habitat provisioning for aboveground predators decreases detritivores. *Ecology*, 88: 2803–2809.

Miyashita T, Shinkai A, Chida T (1998) The effects of forest fragmentation on web spider communities in urban areas. *Biological Conservation*, 86: 357–364.

Miyashita T, Sakamaki S, Shinkai A. (2001) Evidence against moth attraction by *Cyrtarachne*, a genus related to bolas spiders. *Acta Arachnologica*, 50: 1–4.

Miyashita T, Takada M, Shimazaki A (2003) Experimental evidence that aboveground predators are sustained by underground detritivores. *Oikos*, 103: 31–36.

Miyashita T, Takeda M, Shinkai A (2004) Indirect effects of deer herbivory by deer reduce abundance and species richness of web spiders. *Ecoscience*, 11: 74–79.

Miyashita T, Chishiki Y, Takagi SR (2012) Landscape heterogeneity at multiple spatial scales enhances spider species richness in an agricultural landscape. *Population Ecology*, 54: 573–581.

Miyashita T, Yamanaka M, Tsutui MH (2015) Distribution and abundance of organisms in paddy-dominated landscapes with implications for wildlife-friendly farming. In: Usio N, Miyashita T (eds) *Social-Ecological Restoration in Paddy Dominated Landscapes*. Springer. Tokyo. 308 pp.

Mizutani M, Hijii N (2002) The effects of arthropod abundance and size on the nestling diet of two *Parus* species. *Ornithological Science*, 1: 71–80.

Møller AP, Barnier F, Mousseau TA (2012) Ecosystems effects 25 years after Chernobyl:

pollinators, fruit set and recruitment. *Oecologia*, 170: 1155–1165.
Møller AP, Mousseau TA (2006) Biological consequences of Chernobyl: 20 years on. *Trends in Ecology and Evolution*, 21: 200–207.
Møller AP, Mousseau TA (2009) Reduced abundance of insects and spiders linked to radiation at Chernobyl 20 years after the accident. *Biological Letters*, 5: 356–359.
Møller AP, Nishiumi I, Suzuki H, Ueda K, Mousseau TA (2013) Differences in effects of radiation on abundance of animals in Fukushima and Chernobyl. *Ecological Indicators*, 24: 75–81.
Mori Y, Nakata K (2008) Optimal foraging and information gathering: how should animals invest in repeated foraging bouts within the same patch? *Evolutionary Ecology Research*, 10: 823–834.
Morse DH (1988) Interactions between the crab spider *Misumena vatia* (Clerck) (Araneae) and its ichneumonid egg predator *Trychosis cyperia* Townes (Hymenoptera). *Journal of Arachnology*, 16: 132–135.
Mousseau TA, Møller AP (2011) Landscape portrait: A look at the impacts of radioactive contaminations on Chernobyl's wildlife. *Bulletin of Atom Science*, 67: 38–46.
Moyle RG, Taylor SS, Oliveros, CH, Lim HC, Haines CL, Rahman MA, Sheldon FH (2011) Diversification of an endemic southeast Asian genus: phylogenetic relationships of the spiderhunters (Nectariniidae: *Arachnothera*). *The Auk*, 128: 777–788.
Murakami M, Ohte N, Suzuki T, Ishii N, Igarashi Y, Tanoi K (2014) Biological proliferation of cesium-137 through the detrital food chain in a forest ecosystem in Japan. *Scientific Reports*, 4: 3599 DOI: 10.1038/srep 03599.
Naef-Daenzer L, Naef-Daenzer B, Nager RG (2000) Prey selection and foraging performance of breeding Great Tits *Parus major* in relation to food availability. *Journal of Avian Biology*, 31: 206–214.
Nakanishi T, Matsunaga T, Kaorashi J, Atarashi-Andoh M (2014) $^{137}$Cs vertical migration in a deciduous forest soil following the Fukushima Dai-ichi Nuclear Power Plant accident. *Journal of Enviornmental Radioactivity*, 128: 9–14.
Nakasuji F, Yamanaka H, Kiritani K (1973) The disturbing effect of micryphantid spiders on the larval aggregation of the tobacco cutworm, *Spodoptera litura* (Lepidoptera: Noctuidae). *Kontyu*, 41: 220–227.
Nakata K (2007) Prey detection without successful capture affects spider's orb-web building behaviour. *Naturwissenschaften*, 94: 853–857.
Nakata K (2008) Spiders use airborne cues to respond to flying insect predators by building orb-web with fewer silk thread and larger silk decorations. *Ethology*, 114: 686–692.
Nakata K (2009) To be or not to be conspicuous: the effects of prey availability and predator risk on spider's web decoration building. *Animal Behaviour*, 78: 1255–1260.
Nakata K (2010a) Attention focusing in a sit-and-wait forager: a spider controls its prey-detection ability in different web sectors by adjusting thread tension. *Proceedings of the Royal Society B: Biological Sciences*, 277: 29–33.
Nakata K (2010b) Does ontogenetic change in orb-web asymmetry reflect biogenetic law? *Naturwissenschaften*, 97: 1029–1032.
Nakata K (2012) Plasticity in an extended phenotype and reversed up-down asymmetry of spider orb webs. *Animal Behaviour*, 83: 821–826.

Nakata K, Ushimaru A (1999) Feeding experience affects web relocation and investment in web threads in an orb-web spider, *Cyclosa argenteoalba*. *Animal Behaviour*, 57: 1251–1255.

Nakata K, Ushimaru A (2004) Difference in web construction behavior at newly occupied web sites between two *Cyclosa* species. *Ethology*, 110: 397–411.

Nakata K, Ushimaru A (2013) The effect of predation risk on spider's decisions on web-site relocation. *Behaviour*, 150: 103–114.

Nakata K, Zschokke S (2010) Upside-down spiders build upside-down orb webs - web asymmetry, spider orientation and running speed in *Cyclosa*. *Proceedings of the Royal Society B: Biological Sciences*, 277: 3019–3025.

Nelson XJ, Jackson RR (2006) A predator from East Africa that chooses malaria vectors as preferred prey. *PloS ONE*, 1: e132.

Nielsen BO, Funch P, Toft, S (1999) Self-injection of a dipteran parasitoid into a spider. *Naturwissenschaften*, 86: 530–532.

Nielsen E (1923) Contributions to the life history of the Pimpline spider parasites (*Polysphincta*, *Zaglyptus*, *Tromatobia*) (Hym. Ichneum.). *Entomologiske Meddelelser*, 14: 137–205.

Noyes JS (2014) Universal Chalcidoidea Database. Natural History Museum. Available from: http://www.nhm.ac.uk/chalcidoids (access 18 Oct 2014).

Nyffeler M, Knornschild M (2013) Bat predation by spiders. *PloS ONE*, 8: e58120.

Nyffeler M, Pusey BJ (2014) Fish predation by semi-aquatic spiders: A global pattern. *PloS ONE*, 9: e99459.

Nyffeler M, Sunderland KD (2003) Composition, abundance and pest control potential of spider communities in agroecosystems: a comparison of European and US studies. *Agriculture, Ecosystems and Environment*, 95: 579–612.

Omenetto FG, Kaplan DL (2010) New opportunities for an ancient material. *Science*, 329: 528–531.

Opatovsky I, Lubin Y (2012) Coping with abrupt decline in habitat quality: Effects of harvest on spider abundance and movement. *Acta Oecologica*, 41, 14–19.

Pearce S, Zalucki MP, Hassan E (2005) Spider ballooning in soybean and non-crop areas of southeast Queensland. *Agriculture, Ecosystems and Environments*, 105: 273–281.

Pekár S, Toft S, Hruskova M, Mayntz, D (2008) Dietary and prey-capture adaptations by which *Zodarion germanicum*, an ant-eating spider (Araneae: Zodariidae), specialises on the Formicinae. *Naturwissenschaften*, 95: 233–239.

Pekár S, Mayntz D, Ribeiro T, Herberstein ME (2010) Specialist ant-eating spiders selectively feed on different body parts to balance nutrient intake. *Animal Behaviour*, 79: 1301–1306.

Pekár S, Coddington JA, Blackledge TA (2011) Evolution of stenophagy in spiders (Araneae): evidence based on the comparative analysis of spider diets. *Evolution*, 66: 776–806.

Pekár S, Smerda J, Hruskova M, Sedo O, Muster C, Cardoso P, Zdrahal Z, Korenko S, Bures P, Liznarova E, Sentenska, L (2012)Prey-race drives differentiation of biotypes in ant-eating spiders. *Journal of Animal Ecology*, 81: 838–848.

Pekár S, Šobotník J, Lubin Y (2011) Armoured spiderman: morphological and behavioural adaptations of a specialised araneophagous predator (Araneae: Palpimanidae). *Naturwissenschaften*, 98: 593–603.

Perović DJ, Gurr GM, Simmons AT, Raman, A. (2011) Rubidium labelling demonstrates movement of predators from native vegetation to cotton. *Biocontrol Science and Technology*, 21: 1143–1146.

Pfannenstiel RS (2012) Direct consumption of cotton pollen improves survival and development of *Cheiracanthium inclusum* (Araneae: Miturgidae) spiderlings. *Annals of the Entomological Society of America*, 105: 275–279.

Pfannenstiel RS, Patt JM (2012) Feeding on nectar and honeydew sugars improves survivorship of two nocturnal cursorial spiders. *Biological Control*, 63: 231 − 236.

Pfiffner L, Luka H (2000) Overwintering of arthropods in soils of arable fields and adjacent semi-natural habitats. *Agriculture, Ecosystems and Environment*, 78: 215–222.

Philippe M, Garson JC, Arraudeau JP (2001) Cosmetic or dermatological somposition contacting at least one natural or recombinant spider silk or an analog. US Patent, US20020064539 A1. (US09/861,597)

Pinzon J, Spence JR, Langor DW (2011) Spider assemblages in the overstory, understory, and ground layers of managed stands in the western boreal mixedwood forest of Canada. *Environmental Entomology*, 40: 797–808.

Pinzon J, Spence JR, Langor DW (2013) Diversity, species richness, and abundance of spiders (Araneae) in different strata of boreal white spruce stands. *The Canadian Entomologist*, 145: 61–76.

Platnick NI (2014) The World Spider Catalog, Version 15: http://research.amnh.org/iz/spiders/catalog_15.0/TETRAGNATHIDAE.html

Platnick NI, Gertsch WJ (1976) The suborders of spiders: a cladistic analysis (Arachnida, Araneae). *American Museum Novitates*, 2807: 1–15.

Platnick NI, Coddington JA, Forster RR, Griswold CE (1991) Spinneret morphology and the phylogeny of haplogyne spiders (Araneae, Araneomorphae). *American Museum Novitates*, 3016: 1–73.

Polis GA, Strong DR (1996) Food web complexity and community dynamics. *American Naturalist*, 147: 813–846.

Prince J, Mcgrath K, Digirolamo C, Kaplan DL (1995) Construction, cloning, and expression of synthetic genes encoding spider dragline silk. *Biochemistry*, 34: 10879–10885.

Pringle RM, Fox-Dobbs K (2008) Coupling of canopy and understory food webs by ground-dwelling predators. *Ecology Letters*, 11: 1328–1337.

Pywell RF, James KL, Herbert I, Meek WR, Carvell C, Bell D, Sparks TH (2005) Determinants of overwintering habitat quality for beetles and spiders on arable farmland. *Biological Conservation*, 123: 79–90.

Raminez MG, Froehlig JL (1997) Minimal genetic variation in a coastal dune arthropod: the trapdoor spider Aptostichus simus (Cytaucheniidae). *Conservation Biology*, 11: 256–259.

Rayor LS (1996) Attack strategies of predatory wasps (Hymenoptera: Pompilidae; Sphecidae) on colonial orb web-building spiders (Araneidae: *Metepeira incrassata*). *Journal of the Kansas Entomological Society*, 69: 67–75.

Redborg KE (1998) Biology of the Mantispidae. *Annual Review of Entomology*, 43: 175–194.

Reichele DE (1967) Relation of body size to food intake, oxygen consumption, and trace element metabolism in forest floor arthropods. *Ecology*, 49: 538–542.

Richardson ML, Hanks LM (2009) Effects of grassland succession on communities of orb-weaving spiders. *Environmental Entomology*, 38: 1595–1599.

Rising A, Widhe M, Johansson J, Hedhammar M (2011) Spider silk proteins: recent advances in recombinant production, structure-function relationships and biomedical applications. *Cellular and Molecular Life Sciences*, 68: 169–184.

Roewer CF (1927) Ostasiatische Opiliones, con Hern Prof. F. Silvestri in Jahre 1925 erbeutet. *Bollettino del Laboratorio di Zoologia Generale e Agraria della Facoltà Agraria in Portici*, 20: 191–210.

Rogers H, Lambers JHR, Miller R, Tewksbury JJ (2012) 'Natural experiment' demonstrates top-down control of spiders by birds on a landscape level. *PloS ONE*, 7: e43446.

Rudge S, Johnson M, Leah RT, Jones SR (1993) Biological transport of radiocaesium in a semi-natural grassland ecosystem. 1. Soils, vegetation and invertebrates. *Journal of Enviornmental Radioactivity*, 19: 173–198.

Rypstra AL, Buddle CM (2013) Spider silk reduces insect herbivory. *Biology Letters*, 9: 20120948.

Rypstra AL, Marshall SD (2005) Augmentation of soil detritus affects the spider community and herbivory in a soybean agroecosystem. *Entomologia Experimentalis et Applicata*, 116: 149–157.

Sandidge JS (2003) Scavenging by brown recluse spiders. *Nature*, 426: 30–30.

Sandoval CP (1994) Plasticity in web design in the spider *Parawixia bistriata*: a response to variable prey type. *Functional Ecology*, 8: 701–707.

Scharff N, Coddington JA (1997) A phylogenetic analysis of the orb-weaving spider family Araneidae (Arachnida, Araneae). *Zoological Journal of the Linnean Society*, 120: 335–434.

Scheller J, Gührs K-H, Grosse F, Conrad U (2001) Production of spider silk proteins in tobacco and potato. *Nature Biotechnology*, 19: 573–577.

Scheller J, Henggeler D, Viviani A, Conrad U (2004) Purification of spider silk-elastin from transgenic plants and application for human chondrocyte proliferation. *Transgenic Research*, 13: 51–57.

Schlinger EI (1987) The biology of Acroceridae (Diptera): true endoparasitoids of spiders. pp. 319–327. In: Nentwig W (eds.) *Ecophysiology of Spiders*. Springer, Berlin Heidelberg, Germany.

Schmidt JM, Peterson JA, Lundgren JG, Harwood JD (2013) Dietary supplementation with pollen enhances survival and Collembola boosts fitness of a web-building spider. *Entomologia Experimentalis et Applicata*, 149: 282–291.

Schmidt MH, Tscharntke T (2005) The role of perennial habitats for central European farmland spiders. *Agriculture, Ecosystems and Environment*, 105: 235–242.

Schmidt MH, Roschewitz I, Thies C, Tscharntke T (2005) Differential effects of landscape and management on diversity and density of ground-dwelling farmland spiders. *Journal of Applied Ecology*, 42: 281–287.

Schmidt MH, Thies C, Nentwig W, Tscharntke T (2008) Contrasting responses of arable spiders to the landscape matrix at different spatial scales. *Journal of Biogeography*, 35: 157–166.

Schmitz OJ, Beckerman AP, O'Brien KM (1997) Behaviorally mediated trophic cascades: effects

of predation risk on food web interactions. *Ecology*, 78: 1388–1399.
Schoener TW, Spiller DA (1987) Effect of lizards on spider populations: manipulative reconstruction of a natural experiment. *Science*, 236: 949–952.
Schoener TW, Toft CA (1983) Spider populations: extraordinarily high densities on islands without top predators. *Science*, 219: 1353–1355.
Schönhofer AL (2013) A taxonomic catalogue of the Dyspnoi Hansen and Sørensen, 1904 (Arachnida: Opiliones). *Zootaxa*, 3679: 1–68.
Schulz M (2000) Diet and foraging behavior of the golden-tipped bat, *Kerivoula papuensis*: A spider specialist? *Journal of Mammalogy*, 81: 948–957.
Schwarz M, Shaw MR (2000) Western Palaearctic Cryptinae (Hymenoptera: Ichneumonidae) in the National Museums of Scotland, with nomenclatural changes, taxonomic notes, rearing records and special reference to the British check list. Part 3. Tribe Phygadeuontini, subtribes Chiroticina, Acrolytina, Hemitelina and Gelina (excluding *Gelis*), with descriptions of new species. *Entomologist's Gazette*, 51: 147–186.
Settle WH, Ariawan H, Astuti ET, Cahyana W, Hakim AL, Hindayana D, Lestari AS, Pajarningsih, Sartanto (1996) Managing tropical rice pests through conservation of generalist natural enemies and alternative prey. *Ecology*, 77: 1975–1988.
Sharkey MJ, Carpenter JM, Vilhelmsen L, Heraty J, Liljeblad J, Dowling APG, Schulmeister S, Murray D, Deans AR, Roquist F, Krogmann L, Wheeler WC (2012) Phylogenetic relationships among superfamilies of Hymenoptera. *Cladistics*, 28: 80–112.
Sharley DJ, Hoffmann AA, Thomson LJ (2008) The effects of soil tillage on beneficial invertebrates within the vineyard. *Agriculture and Forest Entomology*, 10: 233–243.
Shaw MR (2002) Hymenoptera and Diptera as natural enemies of British spiders. pp. 9–11. In: Harvey PR, Nellist DR, Telfer MG (eds.) *Provisional Atlas of British Spiders (Arachnida, Araneae), Volume 1*. Biological Records Centre, Centre for Ecology and Hydrology, Cambridgeshire, UK.
Sherman PM (1994) The orb-web: an energetic and behavioural estimator of a spider's dynamic foraging and reproductive strategies. *Animal Behaviour*, 48: 19–34.
Shimazaki A, Miyashita T (2005) Variable dependence on detrital and grazing food webs by generalist predators: aerial insects and web spiders. *Ecography*, 28: 485–494.
Shimizu A, Nishimoto Y, Makino S, Sayama K, Okabe K, Endo T (2012) Brood parasitism in two species of spider wasps (Hymenoptera: Pompilidae, *Dipogon*), with notes on a novel reproductive strategy. *Journal of Insect Behavior*, 25: 375–391.
Shimojana M (2012) A new species of the marine spider genus *Paratheuma* (Araneae: Agelenidae) from Okinawajima Island, Japan. *Acta Arachnologica*, 61: 93–96.
Shinkai A, Ando A, Tanikawa A (2004) 県別クモ類分布図 Ver. 2004（CD）.
Smith RB, Mommsen TP (1984) Pollen feeding in an orb-weaving spider. *Science*, 226: 1330–1332.
Snowman CV, Zigler KS, Hedin M (2010) Caves as islands: mitochondrial phylogeography of the cave-obligate spider species *Nesticus barri* (Araneae: Nesticidae). *Journal of Arachnology*, 38: 49–56.
Spiller DA, Schoener TW (1990) Lizards reduce food consumption by spiders: mechanisms and

consequences. *Oecologia*, 83: 150–161.

Spiller DA, Schoener TW (1998) Lizards reduce spider species richness by excluding rare species. *Ecology*, 79: 503–516.

Sponner A, Vater W, Rommerskirch W, Vollrath F, Unger E, Grosse F, Weisshart K (2005) The conserved C-termini contribute to the properties of spider silk fibroins. *Biochemical and Biophysical Research Communications*, 338: 897–902.

Stark M, Grip S, Rising A, Hedhammar M, Engstrom W, Hjalm G, Johansson J (2007) Macroscopic fibers self-assembled from recombinant miniature spider silk proteins. *Biomacromolecules*, 8: 1695–1701.

Steven E, Saleh RW, Lebedev V, Acquah S, Laukhin V, Alamo RG, Brooks JS (2013) Carbon nanotubes on a spider silk scaffold. *Nature Communications*, 4(2435): ncomms3435.

Stevens NB, Austin, AD (2007) Systematics, distribution and biology of the Australian 'micro-flea' wasps, *Baeus* spp. (Hymenoptera: Scelionidae): parasitoids of spider eggs. *Zootaxa*, 1499: 1–45.

Su Y-C, Chang Y-H, Lee S-C, Tso I-M (2007) Phylogeography of the giant wood spider (*Nephila pilipes*, Araneae) from Asian–Australian regions. *Journal of Biogeography*, 34: 1365–2699

Suter RB (1999) Cheap transport for fishing spiders (Araneae, Pisauridae): the physics of sailing on the water surface. *Journal of Arachnology*, 27: 489–496.

Suzuki S (1973) Opiliones from the South-west Islands, Japan. Journal of Science of the Hiroshima University, Series B, Division 1 (Zoology). 24: 205–279.

Suzuki S (1974) The Japanese species of the genus *Sabacon* (Arachnida, Opiliones, Ischyropsalididae). Journal of Science of the Hiroshima University, Series B, Division 1 (Zoology). 25: 83–108.

Suzuki S, Tsurusaki N (1983) Opilionid fauna of Hokkaido and its adjacent areas. Journal of the Faculty of Science, Hokkaido University, Series VI, Zoology, 23: 195–243..

Suzuki S, Tsurusaki N, Kodama Y (2006) Distribution of an endangered burrowing spider *Lycosa ishikariana* in the San'in Coast of Honshu, Japan (Araneae: Lycosidae). *Acta Arachnologica*, 55: 79–86.

Swift MJ, Heal OW, Anderson JM (1979) *Studies in Ecology Volume 5. Decomposition in Terrestrial Ecosystems.* University of California Press, Berkeley.

Takada M, Miyashita T (2004) Additive and non-additive effects from a larger spatial scale determine small-scale densities in a web spider *Neriene brongersmai*. *Population Ecology*, 46: 129–135.

Takada M, Baba YG, Yanagi Y, Terada S, Miyashita T (2008) Contrasting responses of web-building spiders to deer browsing among habitats and feeding guilds. *Environmental Entomology*, 37: 938–946.

Takada MB, Miyashita T (2014) Dispersal-mediated effect of microhabitat availability and density dependence determine population dynamics of a forest floor web spider. *Journal of Animal Ecology*, 83: 1047-1056.

Takada MB, Yoshioka A, Takagi S, Iwabuchi S, Washitani I (2012) Multiple spatial scale factors affecting mirid bug abundance and damage level in organic rice paddies. *Biological Control*, 60: 169–174.

Takada MB, Kobayashi T, Yoshioka A, Takagi S, Washitani I (2013) Facilitation of ground-dwelling wolf spider predation on mirid bugs by horizontal webs built by *Tetragnatha* spiders in organic paddy fields. *Journal of Arachnology*, 41: 31–35.

Takada MB, Takagi S, Iwabuchi S, Mineta T, Washitani I (2014) Comparison of generalist predators in winter-flooded and conventionally managed rice paddies and identification of their limiting factors. *Springer Plus*, 3: 418.

Tanaka K, Ito Y (1982) Decrease in respiratory rate in a wolf spider, *Pardosa astrigera* (L. Koch), under starvation. *Researches on Population Ecology*, 24: 360–374.

Tanaka K, Endo S, Kazano H (2000) Toxicity of insecticides to predators of rice planthoppers: Spiders, the mirid bug and the dryinid wasp. *Applied Entomology and Zoology*, 35: 177–187.

Tanikawa A (2013a) Taxonomic revision of the spider genus *Ryuthela* (Araneae: Liphistiidae). *Acta Arachnologica*, 62: 33–40.

Tanikawa A (2013b) Two new species of the genus *Cyrtarachne* (Araneae: Araneidae) from Japan hitherto identified as *C. inaequalis*. *Acta Arachnologica*, 62: 95–101.

Tanikawa A, Miyashita T (2014) Discovery of a cryptic species of *Heptathela* from the northern most part of Okinawajima Is., Southwest Japan, as revealed by mitochondrial and nuclear DNA. *Acta Arachnologica*, 63: 65–72.

Taylor RM, Pfannenstiel RS (2008) Nectar feeding by wandering spiders on cotton plants. *Environmental Entomology*, 37: 996–1002.

Termonia Y (1994) Molecular modeling of spider silk elasticity. *Macromolecules*, 27: 7378–7381.

Teule F, Cooper AR, Furin WA, Bittencourt D, Rech EL, Brooks A, Lewis RV (2009) A protocol for the production of recombinant spider silk-like proteins for artificial fiber spinning. *Nature Protocol*, 4: 324–355.

Thorbek P, Bilde T (2004) Reduced numbers of generalist arthropod predators after crop management. *Journal of Applied Ecology*, 41: 526–538.

Toal ME, Copplestone D, Johnson MS, Jackson D, Jones SR (2002) Quantifying $^{137}$Cs aggregated transfer coefficients in a semi-natural woodland ecosystem adjacent to a nuclear reprocessing facility. *Journal of Enviornmental Radioactivity*, 63: 85–103.

Townes H (1969) *The genera of Ichneumonidae, part 1.* Memoirs of the American Entomological Institute 11. Michigan, USA, 300pp.

Tsai Z, Huang P, Tso I (2006) Habitat management by aboriginals promotes high spider diversity on an Asian tropical island. *Ecography*, 29: 84–94.

Tscharntke T, Klein AM, Kruess A, Steffan - Dewenter I, Thies C (2005) Landscape perspectives on agricultural intensification and biodiversity–ecosystem service management. *Ecology Letters*, 8: 857–874.

Tseng L, Tso IM (2009) A risky defence by a spider using conspicuous decoys resembling itself in appearance. *Animal Behaviour*, 78: 425–431.

Tso IM (2004) The effect of food and silk reserve manipulation on decoration-building of *Argiope aetheroides*. *Behaviour*, 141: 606–616.

Tso IM, Wu HC, Hwang IR (2005) Giant wood spider *Nephila pilipes* alters silk protein in response to prey variation. *Journal of Experimental Biology*, 208: 1053–1061.

Tsuji M, Ushimaru A, Osawa T, Mitsuhashi H (2011) Paddy-associated frog declines via urbanization: A test of the dispersal-dependent-decline hypothesis. *Landscape and Urban Planning*, 103: 318–325.

Tsurusaki N (1993) Geographic variation of the number of B-chromosomes in *Metagagrella tenuipes* (Opiliones, Phalangiidae, Gagrellinae). *Memoirs of the Queensland Museum*, 33: 659–665.

Tsurusaki N (2003) Phenology and biology of harvestmen in and near Sapporo, Hokkaido, Japan, with some taxonomical notes on *Nelima suzukii* n. sp. and allies (Arachnida: Opiliones). *Acta Arachnologica*, 52(1), 5–24.

Tsurusaki N (2007) Chapter 6. Cytogenetics. In: Pinto da Rocha, R. et al. (eds.) *The Harvestmen: The Biology of Opiliones*. Harvard University Press, Cambridge, Massachusetts, 597 pp.

Tsurusaki N, Cokendolpher JC (1990) Chromosomes of sixteen species of harvestmen (Arachnida, Opiliones, Caddidae and Phalangiidae). *Journal of Arachnology*, 18: 151–166.

Tsurusaki N, Kawato S (2014) Highly conserved karyotypes of *Systenocentrus japonicus* and *Paraumbogrella pumilio* (Opiliones: Sclerosomatidae: Gagrellinae) supporting their close relationship. *Acta Arachnologica*, 63: 15–21.

Tsurusaki N, Shimada T (2004) Geographic and seasonal variations of the number of B-chromosomes and external morphology in *Psathyropus tenuipes* (Arachnida: Opiliones). *Cytogenetic and Genome Research*, 106: 365–375.

Tsurusaki N, Takanashi M, Nagase N, Shimada T (2005) Fauna and biogeography of harvestmen (Arachnida: Opiliones) of the Oki Islands, Japan, *Acta Arachnologica*, 54(1): 51–63.

Turner J, Vollrath F, Hesselberg T (2011) Wind speed affects prey-catching behaviour in an orb web spider. *Naturwissenschaften*, 98: 1063–1067.

Turner M, Polis GA (1979) Patterns of Co-Existence in a Guild of Raptorial Spiders. *Journal of Animal Ecology*, 48: 509–520.

van Beek JD, Hess S, Vollrath F, Meier BH (2002) The molecular structure of spider dragline silk: folding and orientation of the protein backbone. *Proceedings of the National Academy of Sciences of the United States of America*, 99: 10266–10272.

Venner S, Casas J (2005) Spider webs designed for rare but life-saving catches. *Proceedings of the Royal Society B: Biological Sciences*, 272: 1587–1592.

Vetter RS, Vincent LS, Itnyre AA, Clarke DE, Reinker KI, Danielsen DW, Robinson LJ, Kabashima JN, Rust MK (2012) Predators and parasitoids of egg sacs of the widow spiders, *Latrodectus geometricus* and *Latrodectus hesperus* (Araneae: Theridiidae) in southern California. *Journal of Arachnology*, 40: 209–214.

Virant-Doberlet M, King RA, Polajnar J, Symondson WOC (2011) Molecular diagnostics reveal spiders that exploit prey vibrational signals used in sexual communication. *Molecular Ecology*, 20: 2204–2216.

Vollrath F, Knight D (2001) Liquid crystalline spinning of spider silk. *Nature*, 410: 541–548.

Vollrath F, Downes M, Krackow S (1997) Design variability in web geometry of an orb-weaving spider. *Physiology and Behavior*, 62: 735–743.

Wardle DA, Walker LR, Bardgett RD (2004) Ecosystem properties and forest decline in contrasting long-term chronosequences. *Science*, 305: 509–13.

Watanabe T (1999) Prey attraction as a possible function of the silk decoration of the uloborid spider *Octonoba sybotides*. *Behavioral Ecology*, 5: 607–611.

Wen H, Lan X, Zhang Y, Zhao T, Wang Y, Kajiura Z, Nakagaki M (2010) Transgenic silkworms (*Bombyx mori*) produce recombinant spider dragline silk in cocoons. *Molecular Biology Reports*, 37: 1815–1821.

Wesner JS (2012) Predator diversity effects cascade across an ecosystem boundary. *Oikos*, 121: 53–60.

Widhe M, Byseli H, Nystedt S, Schenning I, Malmsten M, Johansson J, Rising A, Hedhammar M (2010) Recombinant spider silk as matrices for cell culture. *Biomaterials*, 31: 9575–9585.

Widmaier DM, Tullman-Ercek D, Mirsky EA, Hill R, Govind- arajan S, Minshull J, Voigt CA (2009) Engineering the salmonella type III secretion system to export spider silk monomers. *Molecular Systems Biology*, 5: 309.

Wignall AE, Taylor PW (2008) Biology and life history of the araneophagic assassin bug *Stenolemus bituberus* including a morphometric analysis of the instars (Heteroptera, Reduviidae). *Journal of Natural History*, 42: 59–76.

Wignall AE, Taylor PW (2009) Alternative predatory tactics of an araneophagic assassin bug (*Stenolemus bituberus*). *Acta Ethologica*, 12: 23–27.

Wignall AE, Taylor PW (2010) Predatory behaviour of an araneophagic assassin bug. *Journal of Ethology*, 28: 437–445.

Wignall AE, Taylor PW (2011) Assassin bug uses aggressive mimicry to lure spider prey. *Proceedings of the Royal Society B: Biological Sciences*, 278: 1427–1433.

Wilder SM (2011) Spider nutrition: An integrative perspective. In: Casas, J. (eds.) *Advances in Insect Physiology*, vol. 40, Academic Press, Elsevier, London.

Williams-Guillén K, Perfecto I, Vandermeer J (2008) Bats limit insects in a neotropical agroforestry system. *Science*, 320: 70–70.

Wise DH (1993) *Spiders in Ecological Webs*. Cambridge University Press, Cambridge.

Wise DH, Snyder WE, Tuntibunpakul P, Halaj J (1999) Spiders in decomposition food webs of agroecosystems: theory and evidence. *Journal of Arachnology*, 27: 363–370.

World Spider Catalog Ver. 15.5, http://wsc.nmbe.ch/

Wu CC, Blamires SJ, Wu CL, Tso IM (2013) Wind induces variations in spider web geometry and sticky spiral droplet volume. *Journal of Experimental Biology*, 216: 3342–3349.

Xia XX, Qian ZG, Ki CS, Park YH, Kaplan DL, Lee SY (2010) Native-sized recombinant spider silk protein produced in metabolically engineered Escherichia coli results in a strong fiber. *Proceedings of the National Academy of Sciences of the United States of America*, 107: 14059–14063.

Xu HT, Fan BL, Yu SY, Huang YH, Zhao ZH, Lian ZX, Dai YP, Wang LL, Liu ZL, Fei J, Li N (2007) Construct synthetic gene encoding artificial spider dragline silk protein and its expression in milk of transgenic mice. *Animal Biotechnology*, 18: 1–12.

Yang J, Barr LA, Fahnestock SR, Liu ZB (2005) High yield recombinant silk-like protein production in transgenic plants through protein targeting. *Transgenic Research*, 14: 313–324.

Yasumoto Y, Uda T, Matsubara Y, Hirano G (2007) Beach Erosion along Tottori Coast and Comprehensive Sediment Management. *Journal of Coastal Research. Sp. Iss.*, 50: 82–87.

Yoshida M (1981) Preliminary study on the ecology of three horizontal orb weavers, *Tetragnatha praedonia*, *T. japonica* and *T. pinicola* (Araneae: Tetragnathidae). *Acta Arachnologica*, 30: 49–64.

Yoshida T, Hijii N (2005) The composition and abundance of microarthropod communities on arboreal litter in the canopy of *Cryptomeria japonica* trees. *Jounal of Forest Research*, 10: 35–42.

Yoshimura M, Akama A (2014) Radioactive contamination of aquatic insects in a stream impacted by the Fukushima nuclear power plant accident. *Hydrobiologia*, 722: 19–30.

Yu DSK, Van Achterberg C, Horstmann K (2012) Taxapad 2012-World Ichneumonoidea 2011. Taxonomy, biology, morphology and distribution. On USB flash drive. Ottawa, Ontario, Canada. Available from: http://www.taxapad.com

Zschokke S (2002) Form and function of the orb-web. In: Toft S, Scharff N (eds.) *European Arachnology 2000*: 99–106. Aarhus University Press, Aarhus.

Zschokke S, Nakata K (2010) Spider orientation and hub position in orb-webs. *Naturwissenschaften*, 97: 43–52.

Zschokke S, Nakata K (2015) Vertical asymmetries in orb webs. *Biological Journal of the Linnean Society*, 114: 659–672.

（以上，アルファベット順）

# 種名索引

この索引は本書に登場するクモおよびザトウムシの種名索引である。和名に続けて学名を記した。

〔和名〕

## ア



## イ



## ウ



## エ



## オ



## カ



## キ



## ク

## フ



## ホ



## マ



## ミ



## ム



## モ



## ヤ



## ユ



## ワ



〔学名〕

## A



## B



## C

D



E



H



L



M



N



O



P

# 事項索引

ぬ



の



は



ひ



ふ



へ



ほ



ま



み



む



め



や



ゆ



よ



り



れ

環境Eco選書 11

# クモの科学最前線

—進化から環境まで—

平成 27 年 3 月 20 日　初版発行

〈図版の転載を禁ず〉



編　集　宮　下　直
発行者　福　田　久　子
発行所　株式会社 北 隆 館
〒108-0074 東京都港区高輪3-8-14
電話03(5449)4591 振替00140-3-750
http://www.hokuryukan-ns.co.jp/
e-mail : hk-ns2@hokuryukan-ns.co.jp
印刷所　倉敷印刷株式会社

ISBN978-4-8326-0761-3 C0345